Ökologische Baustellen aus Sicht der Ökonomie

Christian J. Jäggi

Ökologische Baustellen aus Sicht der Ökonomie

Verlierer – Gewinner – Alternativen

Christian J. Jäggi
Meggen, Schweiz

ISBN 978-3-658-16820-9   ISBN 978-3-658-16821-6   (eBook)
DOI 10.1007/978-3-658-16821-6

Die Deutsche Nationalbibliothek verzeichnet diese Publikation in der Deutschen Nationalbibliografie; detaillierte bibliografische Daten sind im Internet über http://dnb.d-nb.de abrufbar.

Springer Gabler

Gedruckt auf säurefreiem und chlorfrei gebleichtem Papier

Springer Gabler ist Teil von Springer Nature
Die eingetragene Gesellschaft ist Springer Fachmedien Wiesbaden GmbH
Die Anschrift der Gesellschaft ist: Abraham-Lincoln-Str. 46, 65189 Wiesbaden, Germany

Inhaltsverzeichnis

1 **Die Verlierer bezahlen die Kosten** 1
   1.1 Märkte, Güter und Dienstleistungen 2
   1.2 Mobilität. 8
   1.3 Lärm. 22
      1.3.1 Was ist Lärm?. 23
      1.3.2 Lärm als Eigentumsbeschneidung 28
      1.3.3 Was kostet Lärm?. 31
   1.4 Elektrosmog. 37
      1.4.1 Gesundheitskosten elektromagnetischer Felder. 49
      1.4.2 Wertverminderungen durch elektromagnetische Immissionen . . . 55
   1.5 Gesundheit. 56
   1.6 Ökologische Kosten der heutigen Wirtschaft. 73
   Literatur. 74

2 **Wer gewinnt durch den Status quo?** 83
   2.1 Märkte und Gewinne 83
   2.2 Mobilitätsmärkte 86
   2.3 Märkte für Verbrennungsmotoren 88
   2.4 Elektronikmärkte 91
   2.5 Gesundheitsmärkte. 92
   Literatur. 99

3 **Was tun?** 103
   3.1 Grüne Wirtschaft 105
   3.2 Selbstbestimmte Lebensweise statt Mobilität um jeden Preis 118
   3.3 Lärmprävention 120
   3.4 Systematische Reduktion elektromagnetischer Strahlung. 126
   3.5 Substitution der Rohstoffe durch nachwachsende Rohstoffe. 129
   3.6 Slow-down. 133
   3.7 Ökologischer Fußabdruck 138

3.8   Health Literacy.   144
3.9   Innovationen.   149
Literatur.   165

4   Fazit und Ausblick.   171

Einführung

Der aktuelle ökologische Diskurs ist sehr einseitig. Er zeichnet sich dadurch aus, dass einzelne ökologische Themen in Medien und Öffentlichkeit sehr präsent sind – wie z. B. der Klimawandel, die Energiethematik, Urbanisierungsfragen oder die demografische Entwicklung. Dagegen werden andere Fragestellungen nur teilweise – z. B. die Reduktion der Mobilitätsfrage auf eine reine Verkehrsthematik – oder kaum thematisiert – wie z. B. die Lärmproblematik. Wieder andere Problembereiche sind an vielen Orten noch gar nicht als solche erkannt worden – so z. B. die Auswirkungen von Elektrosmog. Dabei ist eine wachsende Zahl von Menschen von diesen Problemen betroffen. So leiden zum Beispiel in der Schweiz mehr als 50 % der Bevölkerung unter dem Lärm, und vielerorts wird die Lärmfrage von der Bevölkerung als größtes Umweltproblem wahrgenommen, während die entsprechenden Lärmschutzmaßnahmen hinterher hinken. Immer mehr Menschen werden durch elektromagnetische Immissionen beeinträchtigt – aber unter dem Druck der Telekommunikationsanbieter werden die zulässigen Grenzwerte eher nach oben erhöht statt reduziert.

In vielen Bereichen bleiben die Lösungsansätze und geforderten Maßnahmen eigenartig vage bis zahnlos – z. B. in Bezug auf den Klimawandel – oder werden einseitig den ökonomischen Gegebenheiten und Interessen untergeordnet: So wird etwa die Frage der Atomenergie über weite Teile von ökonomischen Überlegungen oder von angeblich fehlenden Alternativen dominiert, die sich erschöpfenden Rohstoffe – die in den 1960er- und 1970er-Jahren **das** zentrale Umweltthema waren – werden lediglich über die Entwicklung der Rohstoffpreise wahrgenommen, und die Frage der elektromagnetischen Strahlung und ihrer Kosten angesichts der zunehmenden elektronischen Vernetzung wird schlicht als inexistent oder „nicht nachweisbar" abqualifiziert.

Ökologische Minimalstandards werden in den Bereich der nicht verpflichtenden, rein freiwilligen „Corporate Governance" und der „Corporate Social Responsibility" abgeschoben und Nachhaltigkeitskonzepte lassen sich über das wunderbare Gleichgewicht von ökologischen, wirtschaftlichen und sozialen Aspekten aus, wobei nur wenige Autoren auf die knallharten und teilweise unüberwindbaren Gegensätze insbesondere betriebswirtschaftlicher Partikularinteressen und ökologisch-volkswirtschaftlicher Gemeininteressen hinweisen.

Grundlegende Fragen – zum Beispiel, ob wirtschaftliches Wachstum grundsätzlich ökologiekompatibel ist – werden meist schon gar nicht (mehr?) gestellt. So schreibt etwa Zimmermann (2016, S. 13): „Wie die Diskussion um Corporate Social Responsibility (CSR) und das Beispiel der BMW Group gezeigt haben, setzen sich in der unternehmerischen, aber auch in der entwicklungspolitischen Diskussion mehr und mehr die Ansichten durch, dass wirtschaftliches Wachstum zwar eine notwendige, aber keine hinreichende Voraussetzung für eine nachhaltige Entwicklung darstellt". Mit Verlaub: Welches Wachstum: Ein exponentiales – mit entsprechender Verschleuderung nicht erneuerbarer Rohstoffe –, ein relatives – d. h. nur das Bevölkerungswachstum kompensierendes Wirtschaftswachstum, oder eine Schrumpfung der wirtschaftlichen Produktion, um die intergenerationale Gerechtigkeit durchzusetzen?

In den letzten Jahren ist es vonseiten der Umweltverbände zunehmend zu Widerstand gegen eine ökonomische Betrachtung der Natur gekommen. So befürchten nicht wenige Umweltaktivisten, dass der ökonomische Zugang einen angemessenen und sinnvollen Naturschutz erschwere oder gar verhindere. Dies, weil einer Monetarisierung der Natur durch ökonomische Bewertungen jeweils immer eine Vermarktung der Natur folge, was letztlich zu einem Verlust staatlichen Einflussnahme und zu einer Privatisierung der Umwelt führe (vgl. Hansjürgens und Lienhoop 2015, S. 12). Das mag zwar der Fall sein. Doch die Antwort kann nicht darin liegen, die ökonomische Sichtweise einfach abzulehnen – dafür sind sie und die Tendenz zur Vermarktung der Rohstoffe und der Natur viel zu stark. Vielmehr sollten Umweltaktivisten lernen, ökonomische Methoden, Instrumente und Strategien anzuwenden, um ihre Ziele auf den ökologisch relevanten Märkten – und das sind die meisten Märkte – besser durchzusetzen.

Im vorliegenden Band werden einige ökologische Baustellen aufgegriffen, die in der öffentlichen Diskussion entweder zu kurz kommen oder sehr einseitig thematisiert werden.

Exemplarisch werden dabei grundsätzliche Fragen der Mobilität, des Lärms und des Elektrosmogs thematisiert.

Dabei wird immer gefragt, wer ökonomisch von diesen Baustellen und der heutigen Situation profitiert und wer die Kosten bezahlt. Konkret zeigt sich das im Gesundheitsbereich, der wiederum einerseits ein *big business* und einen wachsenden Markt darstellt, andererseits aber auch hohe Kosten verursacht. Abschließend werden einige mögliche Strategien und Lösungsansätze diskutiert.

Literatur

Hansjürgens, Bernd / Lienhoop, Nele 2015: Was uns die Natur wert ist. Potenziale ökonomischer Bewertung. Marburg: Metropolis.
Zimmermann, Friedrich M. 2016: Was ist Nachhaltigkeit – eine Perspektivenfrage? In: Zimmermann, Friedrich M. (Hrsg.): Nachhaltigkeit wofür? Von Chancen und Herausforderungen für eine nachhaltige Zukunft. Berlin / Heidelberg: Springer Spektrum. 1ff.

Die Verlierer bezahlen die Kosten 1

Ökologie kann verstanden werden als die „Lehre von den Wechselwirkungen zwischen den Lebewesen untereinander und ihrer unbelebten Umwelt" (Siegenthaler 2006, S. 29). Dabei stellt die Ökologie eine Metawissenschaft dar und ist Bestandteil der Naturwissenschaften. Die Ökologie als Wissenschaft umfasst neben dem dynamischen Gleichgewicht zwischen Lebewesen auf den verschiedensten Ebenen Fragen der Stoffkreisläufe, Energieflüsse, der Sukzession und Dynamik von Populationen, aber auch Aspekte der Selbstregulierung und des Bezugs zur Welt außerhalb des betreffenden Ökosystems. Dabei ist die Komplexität enorm: Allein im Rahmen der Zivilisationsökologie – also desjenigen Teils der Ökologie, die sich auf Prozesse und Rahmenbedingungen menschlicher Existenz konzentriert – wurden bis 2006 18 Mio. Substanzen synthetisiert, von denen rund 1 Mio. industriell genutzt und rund 2000 in Mengen von mehr als 100.000 Tonnen im Jahr produziert werden. Von diesen 2000 Substanzen waren bis 2006 erst rund 500 ökologisch erforscht worden (vgl. Siegenthaler 2006, S. 30). Aufgrund der zunehmenden Anthropologisierung des Planeten – also der immer weiter gehenden Unterwerfung des Planeten unter die meist kurzfristigen Bedürfnisse der Menschen – wird Ökologie zunehmend zur Zivilisationsökologie, ökologische und ethische Fragen werden – wenn überhaupt – aus der Sicht eines anthropozentrischen Weltbildes gestellt. Dabei wäre die Frage nach dem Platz des Menschen in der Ökologie aus der Sicht eines biozentrischen Weltbildes *die* zentrale Thematik.

Siegenthaler (2006, S. 32) hat aus dieser Sicht völlig recht, wenn er darauf hinweist, dass Umweltprobleme keine Probleme der Natur sind, sondern Probleme, die sich aus der Stellung der menschlichen Beobachter und Akteure ergeben, die in gegebene ökologische Zusammenhänge eingreift, sie verändert und als erwünscht oder als unerwünscht beurteilt – immer aus seiner Sicht, versteht sich. Und die Grundschwierigkeit besteht darin, dass sich der Mensch der komplexen Auswirkungen seines Handelns entweder gar nicht bewusst ist, oder dessen Folgen erst mit großer zeitlicher Verzögerung erkennt.

© Springer Fachmedien Wiesbaden GmbH 2017
C.J. Jäggi, *Ökologische Baustellen aus Sicht der Ökonomie*,
DOI 10.1007/978-3-658-16821-6_1

Und etwas polemisch könnte man anfügen, dass sich einige Menschen sogar weigern – oft aus sehr eigennützigen Interessen –, die ökologischen Folgen ihres Handelns zu sehen und dafür die Verantwortung zu übernehmen. Wie wäre es sonst zu erklären, dass immer noch eine Reihe anerkannter Wissenschaftler und noch mehr Politiker leugnen, dass der Klimawandel zu einem erheblichen Anteil von Menschen verursacht wurde?

Aus all dem folgt Siegenthaler (2006, S. 33), dass die Umweltproblematik „tatsächlich ein soziales Problem, ein kulturelles Konstrukt" ist.

Ökonomisch stellen sich in Bezug auf die Ökosysteme zwei zentrale Fragen:

1. Wie kann die Entnahme von Rohstoffen intertemporal – also über längere Zeit hinweg – und sozial – also zum Nutzen aller Menschen – optimiert werden? Auf diese Fragen versucht die *Ressourcenökonomie* eine Antwort zu geben.
2. Wie ist dabei die Umweltbelastung zu ermitteln und zu minimieren, und wie können die durch diese Umweltbelastung verursachten externen Kosten in die Gesamtrechnung einbezogen werden? Diese Fragen sind Inhalt der *Ökonomie der Umweltbelastung*. Interessant ist dabei, dass gerade die Neoklassik durch die Ausarbeitung der Theorie der externen Kosten in der ersten Hälfte des 20. Jahrhunderts „sozusagen das Modell des allgemeinen Gleichgewichts gerettet, resp. immunisiert" (Siegenthaler 2006, S. 42) hat.

Aus diesen Hinweisen ergibt sich schnell, wer zu den Verlierern einseitiger Nutzung von Umweltressourcen gehört: Auf der einen Seite alle Menschen ohne Zugang zu solchen Ressourcen, benachteiligte und marginalisierte Gruppen, und auf der anderen Seite all diejenigen Menschen, die noch nicht geboren sind und die erst in der Zukunft leben werden. All diese Menschen zahlen entweder bereits heute oder in der Zukunft die Kosten eines unsorgfältigen oder gar missbräuchlichen Umgangs mit den natürlichen Ressourcen.

Hier ist zweifellos die Ökonomie gefordert. Denn sie befasst sich mit Fragen der Allokation und Distribution von knappen Gütern an möglichst alle Menschen. Wenn sie ihren relativ engen Blickwinkel auf die aktuell lebenden und in den Märkten präsenten Menschen ausweiten kann, wird sie einen wichtigen und kaum zu überschätzenden Beitrag an die Umweltthematik leisten können.

1.1   Märkte, Güter und Dienstleistungen

Die amerikanische Ökonomin Hazel Henderson (1985, S. 42) schrieb polemisch: „... wirtschaftspolitische Maßnahmen sind heute zu wichtig, als dass man sie den Ökonomen überlassen dürfte". Zweifellos sind heutzutage viele Menschen der Meinung, dass Wirtschaftsfragen und ökologische Fragen äußerst kompliziert sind und dass sie nichts davon verstehen. Doch wirtschaftspolitische, volkswirtschaftliche und ökologische Entscheide von so großer Tragweite betreffen uns alle dermaßen –

direkt oder indirekt –, dass sich eine Beschäftigung damit auf jeden Fall lohnt. Alle Menschen sollten zumindest über ein volkswirtschaftliches und ein ökologisches Grundwissen verfügen – und dieses auch ethisch reflektieren.

Doch worum geht es in der Volkswirtschaftslehre? Peter Bofinger (2015, S. 3) stellte fest, dass es in der Volkswirtschaftslehre vor allem um Märkte geht: Dazu gehören

- Gütermärkte,
- Arbeitsmärkte,
- Dienstleistungsmärkte,
- Aktienmärkte,
- Finanzmärkte sowie
- Immobilienmärkte.

Deshalb macht es Sinn, ökologische Fragestellungen aus der Sicht der Ökonomie von ihrer Marktrelevanz her anzugehen.

Volkswirtschaftslehre kann man also als Lehre von den Märkten umschreiben. Märkte sind faszinierende Einrichtungen:

- Sie sorgen dafür, dass jeder Einzelne sich mit notwendigen Gütern versorgen kann.
- Sie setzen Anreize für die Produzenten, immer bessere Güter und Dienstleistungen für die Konsumenten zu entwickeln.
- Sie begrenzten durch den Wettbewerb einseitige wirtschaftliche Macht und richten sich nach den Wünschen der Kunden.
- Sie zwingen Unternehmen, kostengünstig zu produzieren und mit den Produktions-mitteln haushälterisch umzugehen.
- Sie bewirken, dass Güter vornehmlich von denjenigen Konsumenten erworben werden, die ihnen den höchsten Wert beimessen (nach Bofinger 2007, S. 34 sowie 2015, S. 14).

Doch neben großen Stärken der Märkte in Bezug auf die Produktion und Distribution von Gütern und Dienstleistungen besitzen die Märkte auch Schwächen:

- Löhne und damit die Fähigkeit, Güter zu erwerben werden nicht nach Bedürftigkeit der Menschen, sondern nach ihrer Leistungsfähigkeit festgelegt. Das bedeutet, dass es Menschen gibt, die trotz großen Anstrengungen nicht einmal so viel verdienen, dass ihr Überleben gesichert ist. So liegt das Bruttoinlandprodukt pro Kopf zwischen den armen und ärmsten Ländern südlich der Sahara und den reichen und reichsten Länder Europas wie Norwegen oder der Schweiz um den Faktor 50 bis 220 auseinander (vgl. Länderdaten.info 2016 sowie Bofinger 2007, S. 35 und 2015, S. 596 ff.).
- Wenn es für Güter oder Dienstleistungen keine Preise und damit auch keine Märkte gibt, besteht auch kein Steuerungseffekt. So kann die Umwelt in vielen Ländern und Bereichen immer noch zerstört oder verschmutzt werden, ohne dass dafür ein entspre-chender Preis bezahlt werden muss.

- Unternehmer unterliegen immer wieder der Versuchung, sich durch Preisabsprachen, den Aufkauf von Konkurrenten oder durch Kartelle dem harten Konkurrenzdruck des Marktes zu entziehen.
- Die wirtschaftliche Entwicklung verläuft nicht gleichmäßig, sondern in Brüchen, Diskontinuitäten, Krisen und Blasen. Durch Inflation – also Geldentwertung – oder Deflation können die Märkte gestört, blockiert oder verzerrt werden und im Extremfall sogar zusammenbrechen.

Zusammenfassend können wir sagen, das Märkte **zwei Grundfunktionen** haben: Sie **führen Anbieter und Nachfrager von Gütern zusammen** und ermöglichen ihnen den Tausch von Gütern/Dienstleistungen gegen Geld. Darüber hinaus **bringen** sie die **Verkaufspläne der Anbieter und die Kaufpläne der Nachfrager** möglichst weitgehend **zur Deckung.**

Der Befreiungstheologe (Franz-Josef Hinkelammert 1999; vgl. Lukoschek 2013, S. 331) hat kritisiert, dass der Markt sozusagen zu einem Mythos werde:

> Nach den Thesen von Adam Smith wird der Markt als eine Instanz dargestellt, die es ermöglicht, die vielfältigen Interessen der Mitglieder einer Gesellschaft miteinander zu verknüpfen und zu realisieren. Der Weg zur Harmonisierung der unterschiedlichen Interessen beginnt damit, dass jedes individuelle Mitglied einer Gesellschaft konsequent seine eigenen Interessen verfolgt. Der Markt wiederum vermag sicherzustellen, dass das Eigeninteresse eines Individuums nur dann durchgesetzt werden kann, wenn damit auch dem Interesse mindestens eines anderen Individuums gedient ist. Es entsteht eine Gesellschafft, die auf dem Austausch gegenseitiger Dienstleitungen beruht. Auf diese Weise verwandelt der Markt kraft seiner ‚Vorsehung' oder ‚unsichtbaren Hand' das egoistische Streben der Individuen in eine Förderung des Allgemeininteressens (Lukoschek 2013, S. 331).

Dagegen geht die klassische Sichtweise von den Annahmen aus,

- dass die Märkte bei egoistischer Motivation der Akteure optimal funktionieren und die Teilnehmenden aus Selbstinteresse eingegangene Verpflichtungen erfüllen und Verträge nicht brechen,
- dass der unterschiedliche Informationsstand der Marktteilnehmenden keine erhebliche Rolle spielt, weil er durch die Marktteilnehmenden überwunden werden kann,
- dass die angebotenen Güter und Dienstleistungen homogen, also vergleichbar sind,
- dass das Auseinanderklaffen von Eigen- und Unternehmensinteressen nicht gravierend ist, weil es durch Incentives und entsprechende Anreize überwunden werden kann,
- dass sich bei zunehmender Marktgröße diese Probleme eher verringern,
- dass der Tausch in einem funktionierenden Rechtsrahmen stattfindet (keine Verletzung der Marktregeln, Ahndung von Betrügereien usw.).

Koslowski (2009, S. 23) hat zu Recht darauf hingewiesen, dass sich viele dieser Annahmen in der Praxis als unzutreffend erweisen können. Entsprechend sieht die Ethische Ökonomie alle genannten Punkte genau umgekehrt: Die Ethische Ökonomie geht davon aus, dass Märkte bei egoistischer Motivation der Akteure nicht ohne Rückgriff auf ethische Motivation zum Optimum führen. Sie geht weiter davon aus, dass die Akteure aus Selbstinteresse dazu neigen, die von ihnen eingegangenen Verpflichtungen nicht zu erfüllen und die Verträge zu brechen, wenn sich vorteilhaftere Alternativen als die vertraglich vereinbarten zeigen und die Sanktionen des Rechts, also die Klage vor und Verurteilung von einem Zivilgericht, nicht greifen, weil vor allem bei unvollständigen Verträgen und bei komplizierten Sachverhalten, bei denen die Beweisbarkeit nicht gegeben ist, der Vertragsbruch kaum justitiabel ist (Koslowski 2009, S. 23).

Um die Bedürfnisse von Menschen zu befriedigen, werden Güter und Dienstleistungen hergestellt, die auf Märkten verkauft und gekauft werden. Es gibt verschiedene Arten von Gütern, siehe Abb. 1.1.

Freie Güter sind Güter, die allen in unbegrenztem Maß zur Verfügung stehen und für die nichts bezahlt werden muss. Dazu gehören Luft, in einigen Ländern Trinkwasser aus Flüssen, aber auch Liebe. Für freie Güter gibt es keinen Markt, weil weder Knappheit besteht, noch die Menschen bereit sind, dafür zu bezahlen.

Eine besondere Form von Wirtschaftsgütern sind **öffentliche Güter** – auch Kollektivgüter genannt: Öffentliche Güter sind Güter, die zwar in Form eines Produktionsprozesses hergestellt werden, die aber nicht über den Markt an den (individuellen) Nachfrager gebracht werden. Öffentliche Güter sind zum Beispiel die öffentliche Sicherheit, die Landesverteidigung, Stadtparks oder die Straßenbeleuchtung. Allerdings gibt es – streng genommen – auch für öffentliche Güter einen Markt auf der Anbieterseite. Das zeigt sich etwa daran, dass öffentliche Güter auch durch private Dienstleister erbracht werden können, die durchaus auch miteinander konkurrieren (z. B. Bau von privaten Gefängnissen in

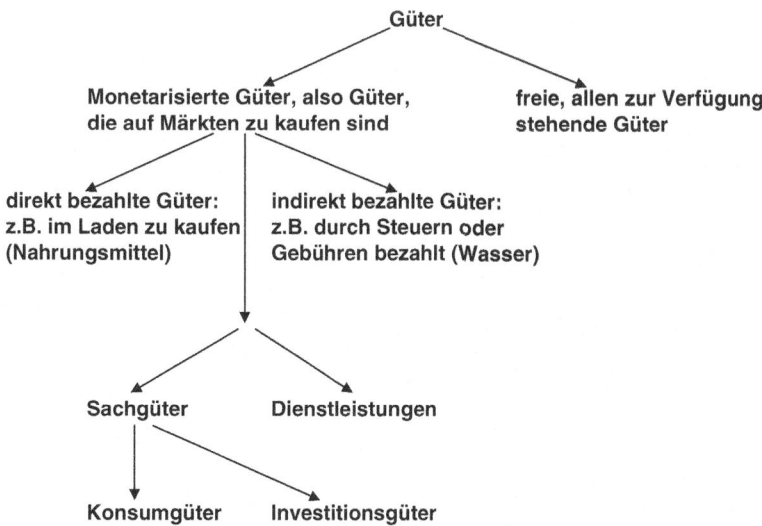

Abb. 1.1 Arten von Gütern. (Quellen: Eisenhut 2012, S. 16, ergänzt durch CJ)

den USA neben den Staatsgefängnissen, Private Public Partnerships etwa für die Erzeugung von Elektrizität oder für die Wasserversorgung usw.).

Kennzeichnend für die öffentlichen Güter ist, dass die Konsumenten nicht um diese Güter konkurrieren – sie verhalten sich sozusagen als „Trittbrettfahrer" (Eisenhut 2012, S. 55): Sie profitieren von den öffentlichen Gütern, aber es gibt keine begrenzte Zuteilung an die einzelnen Konsumentinnen oder Konsumenten. Klassische öffentliche Güter werden in der Regel indirekt – z. B. über Steuern oder Gebühren – finanziert, wobei allerdings die Gebühren nie die gesamten Kosten decken (z. B. öffentliche Bildung, staatliches Fernsehen usw.).

Während Sachgüter sinnhaft fassbar und damit materiell sind, haben die Dienstleistungen immateriellen Charakter. Investitionsgüter sind Produkte, die zur Herstellung von anderen Gütern – wie zum Beispiel Konsumgütern – benötigt werden, z. B. Maschinen.

Zur Herstellung von Gütern und Dienstleistungen sind drei Prinzipien von Bedeutung:

• Das **Minimumprinzip:** Die Herstellung des Sachguts oder der Dienstleistung erfolgt mit möglichst geringem Einsatz. Die Bedürfnisbefriedigung geschieht durch einen möglichst geringen Input.
• Das **Maximumprinzip:** Mit einem vorgegebenen Einsatz oder festen Mitteln werden möglichst viele Sachgüter oder Dienstleistungen erzeugt. Der vorgegebene Input führt zu einer möglichst weitgehenden Bedürfnisbefriedigung oder zu einem möglichst großen Output.
• Das **Optimumprinzip:** Mit möglichst geringen Mitteln oder möglichst kleinem Einsatz von Produktionsfaktoren wird ein möglichst großes oder gutes Ergebnis erzielt: Mit möglichst geringem Input erfolgt ein möglichst großer Output (vgl. dazu Eisenhut 2010, S. 19; Brauchle und Pifko 2006, S. 17).

Diese drei Prinzipien zeigen das Dilemma der Volkswirtschaft: Auf der einen Seite sollen die Bedürfnisse möglichst aller Menschen befriedigt werden, auf der anderen Seite soll das möglichst effizient – also kostengünstig – und ohne gravierende Schäden an Natur und Mensch geschehen. Das bedeutet, dass zu diesen drei Prinzipien ein weiteres Prinzip hinzukommen müsste:

• Das **Nachhaltigkeitsprinzip:** Wirtschaftliche Prozesse sind so zu gestalten, dass sie weder den Lebensraum der Menschen schädigen – auch nicht lokal –, noch die Menschen selbst in Bezug auf Gesundheit, soziales Wohlergehen und Lebensqualität beeinträchtigen. Das gilt sowohl für die heute lebenden Menschen als auch für die künftigen Generationen.

Dabei ist zu bedenken, dass die Marktwirtschaft – oder wenn man lieber will: die kapitalistische Produktionsweise – in den vergangenen 70 Jahren eine gewaltige Entwicklung durchgemacht hat.

Laut Jürg Huffschmid (2002, S. 17) befindet sich heute die Marktwirtschaft in ihrer dritten Phase. In der Zeit nach 1945 bis ungefähr Mitte der 1970er-Jahre entwickelte sich –

als erste Phase – die soziale Marktwirtschaft, oder wie Huffschmid (2002, S. 17) sagt, der Reformkapitalismus. Dieser wurde stark durch die Arbeiter- und Gewerkschaftsbewegung geprägt und sah eine ganze Reihe von sozialen Sicherungen bis hin zur Mitbestimmung der Arbeitnehmenden vor. Diese Form der Marktwirtschaft wurde so ab Mitte der 1970er-Jahre durch ein anderes Modell der Marktwirtschaft überlagert, nämlich durch die neoliberale Marktwirtschaft oder den Neo-Liberalismus. Darin spielten die Finanzmärkte eine entscheidende und immer wichtigere Rolle. Der Neo-Liberalismus dauerte bis spätestens 2007, also bis zum Beginn der Finanzkrise. Laut Huffschmid (2002, S. 17) begann sich ab den 1990er-Jahren, spätestens aber seit der Jahrtausendwende ein drittes Muster der Marktwirtschaft auszubilden, in welchem „die offene, staatliche und nichtstaatliche Gewalt das Gesetz der Märkte überlagert". Diese drei Formen überlagerten sich teilweise, und in allen drei Ausprägungen kamen die drei Elemente Reform, Gegenreform und Gewalt mehr oder weniger stark vor. Man könnte auch sagen, dass heute infolge der Globalisierung in vielen Teilen der Erde aufgrund fehlender oder schwacher nationalstaatlicher Gewaltmonopole und in Form vieler lokaler Gewaltmärkte anarchische Formen der Marktwirtschaft dominieren.

Holger Rogall (2015, S. 196) hat die Sichtweisen, Ziele und Strategien der klassischen, kapitalistischen Marktwirtschaft mit denjenigen einer nachhaltigen Marktwirtschaft verglichen (siehe Tab. 1.1).

Tab. 1.1 Vergleich kapitalistische und nachhaltige Marktwirtschaft. (Quelle: Rogall 2015, S. 196)

	Kapitalistische Marktwirtschaften	Nachhaltige Marktwirtschaft
1. Natürliche Ressourcen	Schwache Eingriffe	Ökologische Leitplanken zum nachhaltigen Umbau der Volkswirtschaften
2. Allokationsmechanismus	Marktmechanismus (Preise, Wettbewerb)	Einsatz von Leitplanken zur Erreichung des Zielsystems
3. Wohlfahrt Angebot	Marktprozesse Gewinn	Sozial-ökologische Leitplanken Nachfrage aufgrund von Leitplanken
4. Krisenreaktion	Glaube an Selbstheilungskräfte	Nachhaltige Wirtschaftspolitik
5. Ethische Grundlagen	Selbstverantwortung der Menschen	Prinzipien der Nachhaltigkeit, z. B. Gerechtigkeit und Verantwortung
6. Arbeitsbeziehungen	Nach Machtposition	Soziale Leitplanken (Arbeitnehmerschutz, Mindestlöhne)
7. Staatsaufgaben	Innere und äußere Sicherheit	Leitplanken bei Marktversagen, zur Erreichung des Zielsystems
8. Ziel des Wirtschaftens	Gewinn- und Nutzenmaximierung	Ausreichend hohe Standards im Rahmen der natürlichen Tragfähigkeit. Hierzu angemessener Gewinn

Wenn man diese beiden – in einigen Punkten diametral entgegengesetzten – Sichtweisen miteinander vergleicht, zeigt sich rasch, dass eine nachhaltige Marktwirtschaft nur durch einen radikalen Umbau der Wirtschaft möglich ist.

Das betrifft auch das Konsumverhalten der Marktteilnehmer: Statt einzig den maximalen ökonomischen Nutzen als Handlungsantrieb zu sehen, sieht Rogall (2015, S. 199) vier zentrale Einflussfaktoren: Ökonomisch-rationale Faktoren, sozio-kulturelle Faktoren, psychologische Faktoren und idealistische Faktoren für das Konsumverhalten. Das bedeutet, dass sich in der klassischen Ökonomie und in einer nachhaltigen Marktwirtschaft auch zwei völlig unterschiedliche Menschenbilder entgegenstehen.

Wie ich an anderer Stelle gezeigt habe (vgl. Jäggi 2016c, S. 36 ff., 85 ff. sowie 105 ff.), ist ein Grundproblem sowohl der volkswirtschaftlichen Analyse als auch ethischer Forderungen das Wachstumsparadigma. Die Frage des Wachstums stellt sich sowohl endogen, also aus dem sich erschöpfenden Wachstumspotenzial kapitalistischer Wirtschaften aufgrund der Nachfragesättigung in vielen Bereichen, als auch exogen, also infolge der sich erschöpfenden Rohstoffe und der durch ihre Förderung ausufernden ökologischen und sozialen Umweltfolgen (z. B. Fracking, Abfallbewirtschaftung, Entsorgung radioaktiver Abfälle, Gewaltmärkte infolge schonungslosen Rohstoffabbaus usw.). Dazu kommt, dass trotz einer weit verbreiteten Zentralbankenpolitik des Quantitative Easings in den wichtigsten Industrieländern das Wachstum nicht mehr oder nicht so richtig anspringen will oder sich auf sehr tiefem Niveau bewegt. Gleichzeitig wachsen die sozialen Spannungen und die Wut der zu kurz gekommenen Bürgerinnen und Bürger, wie etwa die Brexit-Abstimmung in Großbritannien oder die Präsidentschaftswahlen im November 2016 in den USA gezeigt haben.

1.2   Mobilität

Eines der wichtigsten Bedürfnisse des modernen Zeitalters ist das Bedürfnis nach Mobilität.

Die Mobilität ist zentraler Bestandteil der persönlichen Freiheit und ermöglicht es, den Lebens- und Arbeitsort frei zu wählen. Außerdem ermöglicht erst die Mobilität den Zugang zu Bildungsangeboten. Allerdings sind nicht nur die Bedürfnisse nach Mobilität unterschiedlich, sondern auch die Möglichkeiten und Angebote.

Auch objektiv nimmt das Bedürfnis nach Mobilität zu: So sollen laut Prognosen 2040 70 % der Menschen in urbanen Räumen – also in Städten und Agglomerationen – leben, während es heute je nach Schätzungen erst 40–50 % sind. Dadurch entsteht – so Vögeli (2016, S. 10) – ein enormes Marktpotenzial. Doch warum eigentlich? Weil Menschen in den Städten sehr viel mobiler sind und sein wollen als Menschen, die in ländlichen Gegenden leben.

▶ **Mobilität** Der Mobilitätsbegriff wird in einem zweifachen Sinn verstanden: „Einmal als horizontale Mobilität, wenn es darum geht, von A nach B umzuziehen, um aus bestimmten Gründen den Arbeitsplatz oder den Wohnort zu wechseln, zum anderen als vertikale Mobilität, die den sozialen Auf- bzw. Abstieg von Einzelpersonen innerhalb der Gesellschaft beschreibt" (Freyer 2015, S. 31).

Es wird heute kaum bestritten, dass Mobilität ein Grundbedürfnis der Menschen ist – auch wenn es durch nationalstaatliche Regelungen (Einwanderung, Niederlassung, Grenzkontrollen usw.) stark eingeschränkt wird. Aus ethischer Sicht hat Carl Friedrich Gethmann (2015, S. 378) die Frage gestellt, ob das Recht auf Mobilität ein uneingeschränktes Grundrecht ist. Einwände gegen unbeschränkte Mobilität kommen etwa aus umweltethischer Sicht, von ökonomischer Seite (direkte und indirekte Kosten) und aus psychologischer Sicht (zu große Mobilität kann zu gesundheitlichen Problemen führen).

Einige Forscher sprechen heute sogar von einem „mobility turn" (vgl. Widersprüche 2015, S. 4).

Es gibt unterschiedliche wissenschaftliche Theorien und Erklärungsmodelle zum Thema der hohen Mobilität (high mobility).

Die **post-strukturalistische Schule** sieht die hohe **Mobilität als Bestandteil einer größeren epochalen Wende.** Dabei werden soziale Kategorien durchlässig oder verschwinden sogar. Gesellschaften, die auf Staaten, räumliche Unterteilungen wie Stadt/ Land oder auch Minderheiten/Mehrheiten beruhen, brechen auseinander. Obwohl von den technischen Reise- und Transportmitteln her die Bewegung von A nach B kein Problem mehr darstellt, wird es irgendwie unmöglich, effektiv die Heimat zu verlassen, daraus aufzubrechen und sich anderswo niederzulassen, weil es gar keine klaren Grenzen mehr gibt, die überquert werden können. Diese Art der Mobilität zeigt sich auf der einen Seite in Form von Distanzbeziehungen und der Gleichzeitigkeit zweier oder mehrerer Wohnsitze – wie etwa in Form der Transnationalität (vgl. Jäggi 2016b, S. 65 ff.). Auf der anderen Seite entsteht zunehmend eine Art von Neo-Nomadismus als neue Lebensform (vgl. Kaufmann und Viry 2015, S. 2). Kulturanthropologen im angelsächsischen Gebiete sprechen sogar von einem „nomadic turn" (vgl. Rolshoven 2014, S. 12).

Ein anderer, eher **kulturwissenschaftlicher Ansatz** versteht die hohe Mobilität als Konsequenz einer **Ideologie der Geschwindigkeit.** Aus dieser Perspektive besteht eine soziale Notwendigkeit und ein entsprechender Druck, immer mobiler zu werden – insbesondere auf dem Arbeitsmarkt. Gleichzeitig steigt die Erreichbarkeit auf (fast) 100 %. Menschen – und Mitarbeiter – die dynamisch, professionell und motiviert sein wollen – oder müssen – demonstrieren, rasch, effizient und mobil zu sein, auch privat. Das zeigt sich etwa in der Zunahme längerer Reisedistanzen, aber auch darin, dass viele Regierungen in Hochgeschwindigkeits-Verkehrsmittel investieren. Dabei wird der Planet in der Wahrnehmung immer kleiner (vgl. dazu Kaufmann und Viry 2015, S. 2 f.).

Ein dritter Ansatz sieht die hohe Mobilität als **Zeichen einer individualistischen Gesellschaft.** Dabei wird Mobilität als Ausdruck individueller Freiheit, persönlicher Autonomie und privater Effizienz verstanden – und als Befreiung von einengenden Klassenstrukturen, Geschlechterrollen und Zwängen der Gemeinschaft (vgl. Kaufmann und Viry 2015, S. 3). Allerdings beruht diese Sichtweise auf einem etwas naiv-liberalen Menschenbild. Denn die Kehrseite des Individualismus ist – besonders in modernen und post-modernen Gesellschaften – immer auch Konformismus. Und ein ausschließlich individualistisches Menschenbild vernachlässigt die kollektiven Aspekte in modernen Gesellschaften (vgl. Kaufmann und Viry 2015, S. 5).

Kaufmann und Viry (2015, S. 9) haben vorgeschlagen, Mobilität als doppeltes Phänomen räumlich-sozialer Bewegung zu verstehen, also sowohl als sozialen Wandel als auch als räumliche Bewegung. Dabei geht es in der Mobilitätsforschung vor allem auch um die Überschneidung verschiedener Lebensräume, etwa von Arbeits- und Freizeitsphären, Wohn- und Arbeitsorten, Binationalitäten usw. (vgl. dazu Rolshoven 2014, S. 20).

Im Bereich des Mobilitätsmarktes entstehen viele neue Angebote – und Nachfragen:

- Die Sharing-Economy – wie etwa Carsharing – machte 2016 in der Schweiz gerade mal 0,95 % des Bruttoinlandprodukts aus, aber bereits dieser geringe Anteil generierte gegen 6 Mrd. Franken jährlich (vgl. Vögeli 2016, S. 10).
- Enormes Potenzial sehen Verkehrsexperten in autonomen, selbst fahrenden und elektrisch angetriebenen Fahrzeugen. Die Idee: „Man tippt über eine App sein Mobilitätsbedürfnis ein, wird zu Hause abgeholt und erreicht pünktlich und entspannt sein Ziel" (Vögeli 2016, S. 10). Dieser Vision dürfte allerdings der von der Automobilindustrie so erfolgreich gepflegte Touch von „Freiheit und Abenteuer" im eigenen, selbst gelenkten Wagen entgegenstehen.
- Des Weiteren werden künftig integrierte Plattformen und Angebote eine entscheidende Rolle spielen. So genannte „Shared Mobility" wird sich durchsetzen: „Die Menschen können nicht mehr nur auf ein Verkehrsmittel zugreifen, sondern sich individuelle Mobilitätsketten zusammenstellen. Die Erfahrung anderer Branchen (zum Beispiel Medien) zeigt, dass sich mit dem Betreiben der Plattformen Geld verdienen lässt, nicht mehr in erster Linie mit der Produktion des Inhalts" (Vögeli 2016, S. 10).

Eine besondere Form von – sozialer und geografischer – Mobilität zeigt sich in der so genannten „Freelance-Economy":

So arbeiteten 2016 in der Schweiz rund 25 % der Bevölkerung im erwerbsfähigen Alter als Freelancer (vgl. Fiechter 2016, S. 12). Gleichzeitig plante jeder dritte Nicht-Freelancer, sich in den nächsten zwölf Monaten als Freelancer zu betätigen. In den USA gingen 2016 bereits 53 Mio. Menschen „haupt- oder nebenberuflich projektbasierten, temporären oder zusätzlichen Tätigkeiten" (Fiechter 2016, S. 12) nach. Laut Prognosen sollen bis 2020 rund die Hälfte aller Arbeitskräfte in dieser Form tätig sein. Dabei ist die Situation ambivalent: Neben größeren persönlichen Freiheiten steigen auch die Risiken, etwa das Risiko, aus dem Arbeitsmarkt herauszufallen oder ein stabiles und ausreichendes Einkommen zu erwirtschaften. Dazu kommt: „Die Folgen dieses schwer planbaren, schwankenden Auftragsvolumens sind ein beträchtliches Liquiditäts- und Bonitätsrisiko. Sogar gutverdienende Freischaffende mit einem Jahreshonorarertrag von über 200 000 Franken bekunden häufig Mühe, einen Kontokorrent-Kreditrahmen oder eine Kreditkarte zu erhalten, weil sie aufgrund ihres kleinteiligen Geschäfts und ihres unregelmäßigen Einkommens durch das Kriterienraster einer klassischen Bank fallen" (Fiechter 2016, S. 12).

Eine besondere Form und gleichzeitig auch ein spezifischer Ausdruck menschlicher Mobilität ist die Migration. Meist wird dabei die Migration primär unter dem Aspekt der Kontrollierbarkeit bzw. Unkontrollierbarkeit diskutiert (vgl. z. B. Ebner von Eschenbach 2015, S. 26 ff.). Besser wäre es jedoch, Migration als wechselnde Formen von Sesshaftigkeit und Mobilität zu sehen, was sich besonders in ihrer transnationalen Perspektive – also in der Gleichzeitigkeit verschiedener Wohn- und Arbeitsorte von Migrantinnen und Migranten – zeigt (vgl. dazu ausführlich Jäggi 2016b, S. 65 ff.). So gesehen wird die Migration zu einer ganz normalen Form von Mobilität, nur dass sie im Unterschied etwa zum Tourismus deutlich stärker politisch und ideologisch aufgeladen ist.

In der Praxis wird das Bedürfnis nach (geografischer) Mobilität durch die einzelnen Verkehrsträger und Kommunikationsmittel abgedeckt. Dabei zeigt sich besonders beim Verkehr die Ambivalenz von Mobilität: „Einerseits erscheint Verkehr als Ausdruck der Rationalität der Moderne und des modernen Fortschrittdenkens" (Waitz 2014). Andererseits ist der Verkehr eine Bedrohung und kann zur Auflösung aller sozialen Bindungen führen (vgl. Schlimm 2011, S. 23). Gleichzeitig kann man – und das ist der dritte Aspekt – heute von einer „Veralltäglichung des Reisens" (Rolshoven 2014, S. 15) sprechen.

2010 waren in der EU rund 10 Mio. Menschen in der Verkehrsbranche beschäftigt, die rund 5 % des Bruttoinlandprodukts generierten (Europäische Kommission 2011, S. 5). 2015 generierte der Tourismus allein in der Europäischen Union rund 5 % des Bruttoinlandprodukts, gleichzeitig waren in diesem Sektor rund 5 % aller Arbeitskräfte beschäftigt. Rechnet man mit dem Tourismus zusammenhängende Branchen hinzu, lagen die Werte bei 10 % des BIP und 12 % aller Arbeitsplätze (vgl. Dorsch 2016, S. 16).

In vielen Ländern – so in der Schweiz (vgl. de Haan 2016, S. 174) – gibt es auf den Straßen einen Trend zu schwereren und leistungsstärkeren Personenwagen. Gleichzeitig wird eine allfällig höhere Energieeffizienz durch ein besseres Aufwand-Ertragsverhältnis oft durch die Verkehrszunahme wieder kompensiert. Entsprechend stiegen und steigen auch die Treibhausemissionen. So betrug in der Schweiz der der Personenwagen-Motorisierungsgrad 1990 noch 442 Pkw pro 1000 Einwohner. Bis 2015 stieg er um 22 % auf 541 Pkw pro 1000 Einwohner (vgl. de Haan 2016, S. 174). Das ist zwar immer noch weniger als in den Nachbarländern – was angesichts der höheren Kaufkraft der Schweizer im ersten Moment erstaunt. Doch der Grund dürfte im hohen ÖV-Angebot in der Schweiz liegen, die auch eines der dichtesten Fahrplannetze auf dem Bahnsektor aufweist.

Doch was sind die Ziele der Verkehrspolitik?

Laut dem EU-Weißbuch von 2011 zielt die EU-Verkehrspolitik darauf ab, den Verkehrsbinnenmarkt zu vollenden, die Verkehrsbedürfnisse der 500 Mio. Einwohner der EU-Staaten zu befriedigen, die Erdölabhängigkeit zu verringern und die Treibhausemissionen bis 2050 um mindestens 60 % gegenüber 1990 bzw. bis 2030 um 20 % unter den Stand von 2008 zu senken (Europäische Kommission 2011, S. 3 ff.). Allerdings weist die EU-Kommission auch darauf hin, dass ohne grundlegende Änderungen in der Verkehrspolitik die Erdölabhängigkeit weiterhin bei fast 90 % bleiben wird und der CO_2-Ausstoss bis 2050 um ein Drittel höher sein werde als 1990 (EU-Kommission 2011, S. 5). Man kann sich deshalb fragen, ob diese Umweltziele überhaupt erreicht werden können, wenn der freie Zugang zur Mobilität im vollen Umfang aufrechterhalten wird. Denn immerhin steht im Weißbuch ohne Wenn und Aber: „Die Einschränkung von Mobilität ist keine Option" (Europäische Kommission 2011). Ob die EU-Umweltziele lediglich mit einem effizienteren Verkehrswesen, besserer Infrastruktur, besseren Logistikketten und größerer Energieeffizienz der Fahrzeuge (vgl. Europäische Kommission 2011, S. 6) verwirklicht werden können, darf mehr als bezweifelt werden. Dazu kommt, dass die von der EU angestrebte weitere Liberalisierung des Verkehrs wohl eher zu einer Auslagerung der sozialen und ökologischen Kosten an die Allgemeinheit, zu sinkenden Transportpreisen und damit zu einer weiteren Aufblähung des Verkehrsvolumens führen wird – so wie das im Luftverkehr in den letzten 20 Jahren vorexerziert wurde. Und wenn die EU tatsächlich 30 % des Straßengüterverkehrs über 300 km bis 2030 auf Eisenbahn und Schiffsverkehr verlagern will (vgl. Europäische Kommission 2011, S. 10), warum lässt sie dann immer größere Lkws zu und zwingt ihre Mitgliedländer ebenso wie Drittländer – wie z. B. die Schweiz –, ihre Straßen für übergroße Lastwagen zu öffnen? Und führt die bis 2030 angestrebte Verdreifachung des europäischen Hochgeschwindigkeitsnetzes nicht dazu, dass ausgerechnet der Nahverkehrsbereich vernachlässigt wird – wie das zum Beispiel seit Jahren in Frankreich der Fall ist? Wenn – wie das Weißbuch schreibt – bis 2050 der Großteil der Personenbeförderung über mittlere Entfernungen auf die Eisenbahn entfallen soll (vgl. Europäische Kommission 2011, S. 10), stellt sich die Frage, wie dann mit neuen Billiganbietern auf der Straße wie etwa der wachsenden Zahl von Fernbussen oder im Nahbereich mit den Uber-Angeboten umgegangen werden soll. Alles in allem ist die Kombination von Marktöffnung plus Förderung nachhaltiger Verkehrsträger eine wenig überzeugende Konzeption.

Die wachsende Mobilität zeigt sich besonders auch in der Zunahme des Tourismus. Abb. 1.2 zeigt die Entwicklung des weltweiten Tourismus seit 1950.

Laut WTO können in Bezug auf den Ortsaspekt des Reisens drei Grundformen des Reisetourismus unterschieden werden:

- Der **Binnenreiseverkehr** oder -tourismus (domestic tourism): Er bezieht sich auf die durch die Einwohner eines Landes getätigten Reisen innerhalb des eigenen Landes;
- der **Einreiseverkehr** oder -tourismus (inbound tourism): Er bezeichnet die Ausländerinnen und Ausländer, welche in das betreffende Land reisen;
- der **Ausreiseverkehr** oder -tourismus (outbound tourism): Dieser meint die Einwohner eines Landes, welche in ein anderes Land reisen (vgl. Freyer 2015, S. 7).

Dabei gibt es sehr kontroverse Haltungen zur Einschätzung der Verkehrsentwicklung, nämlich eine optimistische und eine pessimistische: Die Optimismusvariante sieht in Zukunft noch schnellere, häufigere und an weiter entfernte Ziele führende Reisen, die Pessimismusvariante fürchtet überfüllte Verkehrsräume, Umweltprobleme, Mobilitätsmüdigkeit bis hin zu „Verkehrsinfarkten" auf Straßen und in der Luft (vgl. Freyer 2015, S. 30).

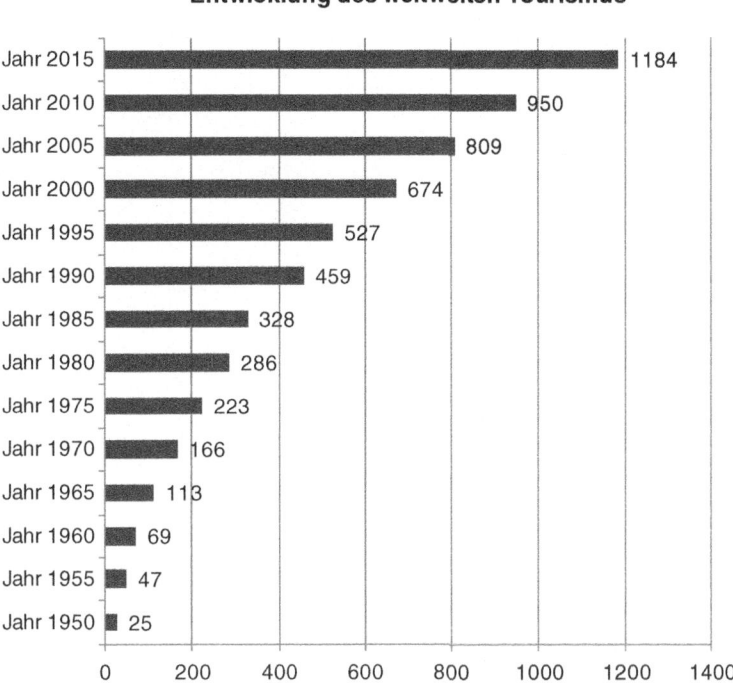

Abb. 1.2 Entwicklung des Tourismus weltweit. (Quellen: Dorsch 2016, S. 15; Statista 2016, eigene Darstellung)

Abb. 1.3 zeigt, wie ungleich der Zugang zu Mobilität weltweit verteilt ist.

Verkehr
Das Bedürfnis nach örtlicher Mobilität wird gesamtgesellschaftlich über die verschiedenen Verkehrs- und Kommunikationsmittel abgedeckt. Im Unterschied zu anderen Gütern und Dienstleistungen, die mit größerer Menge billiger werden, steigen die Kosten des Verkehrs mit zunehmender Bevölkerungsdichte. Das ist – etwa in der Schweiz – zum Teil auch beabsichtigt, wie etwa das Konzept der schweizerischen Landesregierung zur Finanzierung des Verkehrs zeigt (vgl. Schneeberger 2012). So sollen etwa ab 2013 Beteiligungsbeiträge der Passagiere im öffentlichen Verkehr nicht nur an die Betriebskosten, sondern auch an die Infrastruktur der Eisenbahn gehen. Gleichzeitig sollen die Autobahnvignette (=Autobahngebühr in der Schweiz) und die Mineralsteuerzuschläge erhöht werden, was wiederum durch die Konsumentinnen und Konsumenten bezahlt werden muss. Wie stark die Abo-Preise im öffentlichen Verkehr in den Agglomerationen der Schweiz in den letzten Jahren angestiegen sind, zeigt die Abb. 1.4.

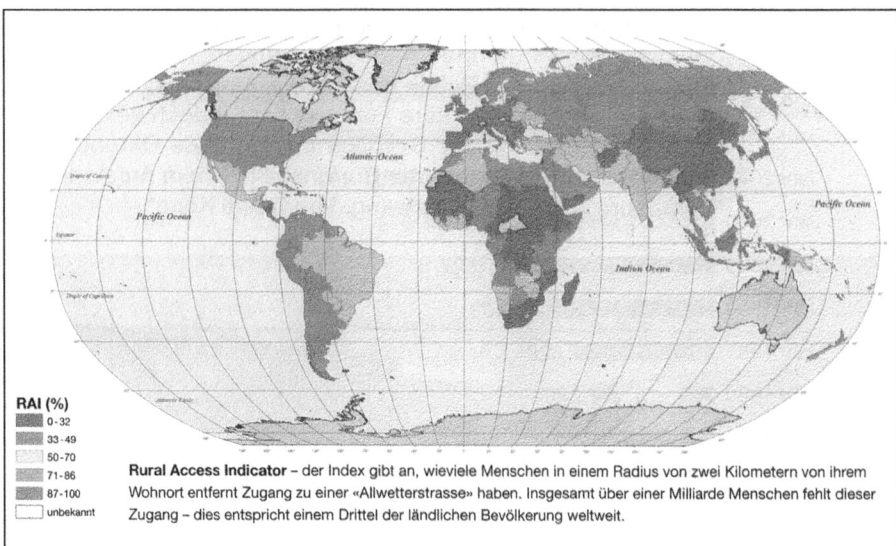

RAI (%)
- 0 - 32
- 33 - 49
- 50 - 70
- 71 - 86
- 87 - 100
- unbekannt

Rural Access Indicator – der Index gibt an, wieviele Menschen in einem Radius von zwei Kilometern von ihrem Wohnort entfernt Zugang zu einer «Allwetterstrasse» haben. Insgesamt über einer Milliarde Menschen fehlt dieser Zugang – dies entspricht einem Drittel der ländlichen Bevölkerung weltweit.

Schlüsselzahlen
- In Afrika sind 90 Prozent der ländlichen Bevölkerung zu Fuss unterwegs.
- Jährlich sterben 1,2 Millionen Menschen bei Strassenunfällen, 92% in Schwellen- und Entwicklungsländern, davon fast die Hälfte in städtischen Gebieten. Obschon nur 2% der weltweit zugelassenen Fahrzeuge in Afrika verkehren, sterben dort schätzungsweise jedes Jahr 200 000 Menschen bei Verkehrsunfällen – dies entspricht 16% der globalen Verkehrstoten.
- In Nigeria müssen Kinder des ärmsten Fünftels der Bevölkerung im Durchschnitt fünfmal so weit reisen bis zur nächsten Primarschule wie jene, die dem wohlhabendsten Fünftel angehören.
- Seit 2002 hat die Weltbank den Bau und die Instandstellung von über 260 000 Strassenkilometern unterstützt.
- Der Anteil des Verkehrs am weltweiten CO_2-Ausstoss beträgt aktuell 23%. Rechnet man Strassenbau und Autoherstellung dazu, sind es 30%. Geht die Entwicklung gleich weiter wie bisher, werden 2050 80% der CO_2-Emissionen durch Verkehr verursacht.

Links
International Forum for Rural Transport and Development – IFRTD
Die Organisation engagiert sich für die Verbesserung der Mobilität der armen Bevölkerung auf dem Land. Heute unterhält sie ein breites Netzwerk von Mitgliedern, vor allem im Süden. Die DEZA gehört zu den wichtigsten Gebern des IFRTD-Netzwerks.
www.ifrtd.org

Institute for Transportation & Development Policy – ITDP
Die Organisation geht auf die US-amerikanische Bewegung «Fahrräder statt Bomben» (Bikes Not Bombs) zurück, die in den 1980er-Jahren Velos nach Nicaragua schickte, um dort die Gesundheits- und Bildungsarbeit zu unterstützen. Seither entwickelte sich das ITDP zu einer der wichtigsten Institutionen bezüglich der Entwicklung von nachhaltigem Transport in den Städten.
www.itdp.org

European Institute for Sustainable Transport – Eurist
Die NGO mit Sitz in Hamburg setzt sich weltweit für eine bessere Nachhaltigkeit von Transport und Mobilität ein. Dazu gehören das Aufzeigen von Zusammenhängen zwischen Transport und CO_2-Emissionen, Armutsbekämpfung, Umweltschutz, Verkehrssicherheit und Frachtgut.
www.eurist.info

Durchschnittliche Strassendichte pro 100 km² der Gesamtfläche

Afrika	6,8 km
Asien	18 km
Lateinamerika	12 km
Schweiz	173 km

Abb. 1.3   Zugang zu Mobilität weltweit. (Quelle: EDA – Eine Welt 2015, S. 17)

Doch die Ticket- und Abonnementspreise der öffentlichen Verkehrsmittel decken nur einen Teil der Kosten. Dazu kommen staatliche Beiträge (Steuern, Gemeindebeiträge usw.).

Allerdings ist heute der überwiegende Anteil des Verkehrs – nämlich über 80 % (vgl. Knierim 2014, S. 89) – Autoverkehr. Das zeigt sich etwa in der Entwicklung der

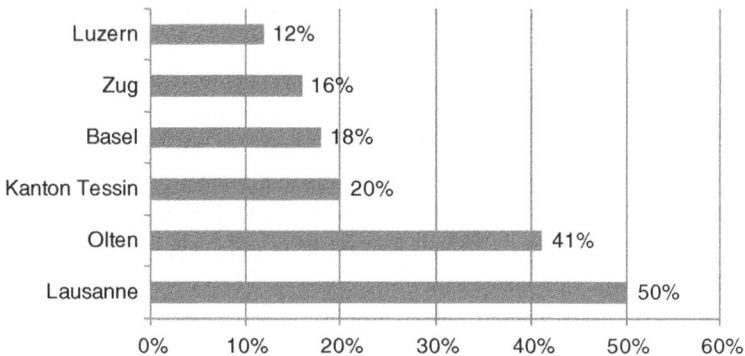

Anstieg ÖV-Abonnementspreise 2003–2012 in einigen Regionen der Schweiz

Abb. 1.4 Preisanstieg ÖV in der Schweiz. (Quelle: umverkehR August 2012, eigene Darstellung. Zum Vergleich: Im gleichen Zeitraum betrug die Gesamtteuerung 6,8 %)

Verkehrsinfrastruktur: Während in Deutschland seit 1950 das Autobahnnetz vervierfacht wurde, schrumpfte im gleichen Zeitraum das Bahnnetz um ein Drittel (vgl. Knierim 2014, S. 89).

Dabei enthalten die reinen Betriebskosten des Autoverkehrs – etwa von Pkws und Lkws – nur einen Teil der gesamten Kosten. Trotzdem sieht man daran, dass je kleiner das Fahrzeug, desto größer die (Betriebs-)Kosten sind: So rechnete man etwa 2005 für einen Pkw (Diesel) mit 1,5 Personen und einer durchschnittlichen jährlichen Fahrleistung von 25.000 km (60 % Autobahn, 30 % Außerorts, 10 % Innerorts) mit Betriebskosten von 0,15 EUR pro Personenkilometer. Für einen Sattelzug mit einer durchschnittlichen Beladung von 15 T und einer Jahresfahrleistung von 100.000 km (80 % Autobahn, 15 % Außerorts, 5 % Innerorts) lag der Wert der Betriebskosten bei 0,05 EUR pro Tonnenkilometer (vgl. Stock und Bernecker 2014, S. 114).

Ein enormer Vergeuder von ökologischen Ressourcen ist der Luftverkehr. Das Problem besteht in der weitgehenden Liberalisierung des Luftverkehrs – und in der Auslagerung der sozialen (Lärm!) und ökologischen Kosten. Dabei ließe sich der Luftverkehr – der am meisten subventionierte Verkehrsbereich – durch ein vernünftiges Luftverkehrskonzept deutlich reduzieren, bzw. auf effektivere Verkehrsträger umlagern. Durch entsprechende Luftverkehrskonzepte „ließen sich die hohen Überkapazitäten der Flughafeninfrastruktur und der Trend zu größeren Flughäfen, Linienflügen und sinkenden Flugbewegungen durch größere Fluggerät verstärken. Allein in Frankfurt am Main könnte man 70.000 Flüge sofort auf die Schiene verlagern, da die Flugziele innerhalb von weniger als vier Stunden Bahnfahrt erreichbar sind" (Reh 2014, S. 36).

Eine Besonderheit des Verkehrs sind die sogenannten Zeitkosten (value of time). Die beanspruchte Zeit des Verkehrsteilnehmers ist nicht selten gravierender als der Fahrpreis

oder die Fahrkosten (vgl. Stock und Bernecker 2014, S. 115). Besonders im Privatverkehr – und teilweise auch im öffentlichen Verkehr – können die Zeitkosten als Opportunitätskosten verstanden werden, denn während der Fahrt kann der Verkehrsteilnehmer
nichts (Privatverkehr) oder nur teilweise (ÖV) etwas anderes erledigen.

Mobilität ist auf der einen Seite ein Grundbedürfnis, kann aber auch ein substitutives
Bedürfnis sein: Wenn etwa in einer bestimmten Region keine oder nicht genügend Stellen vorhanden sind, ist Mobilität in Form von Pendeln oft die einzige Möglichkeit, im
Arbeitsmarkt zu verbleiben. Laut dem Bundesamt für Statistik (BfS) pendelten in der
Schweiz 2011 3,7 Mio. Personen zur Arbeit. Davon pendelten 55 % mit dem Auto oder
dem Motorrad, 29 % mit den öffentlichen Verkehrsmitteln und 16 % mit dem Fahrrad
oder zu Fuß (Neue Zürcher Zeitung vom 31.5.2013). 37 % der Pendler/innen benötigten für den Weg zur Arbeit weniger als 15 min, 31 % brauchten 15 bis 30 min. Mehr als
20 % waren zwischen einer halben Stunde und einer Stunde zur Arbeit unterwegs und
rund 10 % sogar mehr als eine Stunde (Neue Zürcher Zeitung vom 31.5.2013).

Allerdings ist umstritten, ob die Verkehrskosten heute die einzelnen Haushalte stärker
belasten als früher, oder anders gesagt, ob die durch die einzelnen Haushalte zu tragen-
den Verkehrskosten stärker gewachsen sind als andere Lebenskosten. Laut Schneeberger
(2017, S. 9) umfassten die Verkehrskosten in der Schweiz 2016 10,9 % der gesamten
Ausgaben der Privathaushalte, nach den Kosten von Wohnen und Energie (25 %), den
Kosten für Gesundheitspflege (15,6 %) und vor den Kosten für Nahrungsmittel (10,3 %).
Dabei ist allerdings zu bedenken, dass 1966 die Nahrungsmittelkosten noch 24 % aus-
machten, gegenüber den Verkehrskosten von 5,4 %. 1920 lagen die Verkehrskosten sogar
noch bei 2 %, während die Nahrungsmittel 45 % des Haushaltsbudgets verschlangen
(vgl. Schneeberger 2017, S. 9). Das bedeutet, dass auf jeden Fall die Mobilitätskosten
relativ zum Gesamtbudget zugenommen haben, allerdings war die Mobilität vor 100 Jahren deutlich stärker ein Luxusgut, weil die meisten Menschen am gleichen Ort wohnten
und arbeiteten. In den letzten 40 Jahren blieben aber die Mobilitätskosten für die einzelnen Haushalte ziemlich stabil.

Studien haben ergeben, dass Pendler einen hohen Preis zahlen. Auf der einen Seite
belastet Pendeln die Gesundheit, und auf der anderen Seite ist Pendeln laut den Ökonomen Bruno S. Frey und Alois Stutzer „ein gewaltiger Glückskiller" (vgl. Krättli und
Meier 2011, S. 22). Um diesen Glücksverlust zu kompensieren, benötigen Pendler mit
einem Arbeitsweg von über einer Stunde laut Frey und Stutzer bis zu 40 % mehr Lohn
(vgl. Krättli und Meier 2011, S. 22).

Im öffentlichen Verkehr der Schweiz sind nur gerade die Fernverkehrsstrecken Zürich-
Bern und Genf-Lausanne rentabel. Der öffentliche Verkehr wird in der Schweiz aus
verschiedenen Töpfen zu 50 % subventioniert (vgl. Krättli und Meier 2011, S. 22), was
bedeuten würde, dass bei „Kostenwahrheit" die Ticketpreise verdoppelt werden müssten.

Im europäischen Vergleich sind das Generalabonnement (=für alle Bahn- und Bus-
strecken in der Schweiz gültiges Abonnement) und die Monatsabonnements in der
Schweiz konkurrenzlos tief, während die Preise für Einzeltickets „spitzenmäßig teuer"
(Krättli und Meier 2011, S. 22) sind. Abb. 1.5 zeigt am Beispiel der Schweiz: Je größer

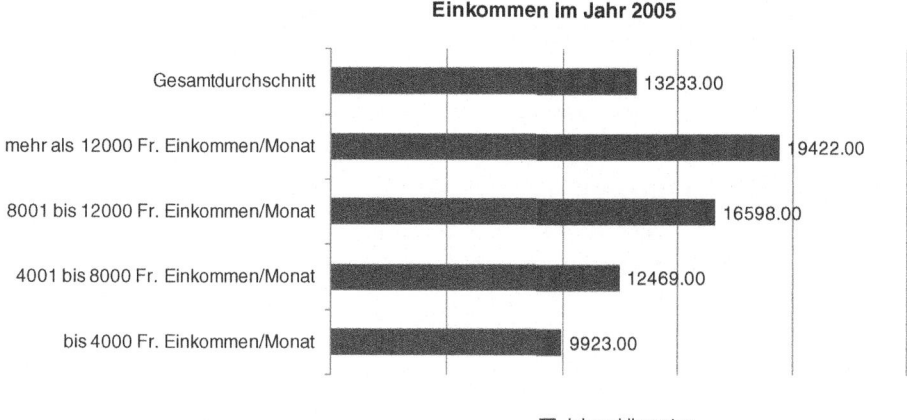

Abb. 1.5 Anzahl zurückgelegte Kilometer in der Schweiz nach Einkommen. (Quelle: Krättli und Meier 2011, S. 24; eigene Darstellung)

das Einkommen, desto mehr geben die Pendler durchschnittlich für den Verkehr aus und desto länger sind die zurückgelegten Pendlerstrecken.

Verkehrswege und – anlagen stellen ein erhebliches Vermögen dar, das Kapitalkosten und laufende Kosten verursacht. Dabei stellen sich Fragen nach den Kosten für die Existenz und Nutzung der Verkehrs- und Kommunikationswege (z. B. auch Stromleitungsnetz), wie diese auf den Nutzer umgelegt werden können, welche Kostenanteile die Nutzer direkt und welche Anteile die Öffentlichkeit (Staat) daran zahlen müssen. Zusätzlich stellen sich Fragen nach den werterhaltenden und wertsteigernden Investitionen in das Verkehrsnetz (v. a. Straßen und Bahnen).

Pro Kopf investierte die Schweiz europaweit in den letzten Jahren am meisten in den Schienenverkehr, nämlich 2010 308 EUR pro Kopf der Bevölkerung. An zweiter Stelle steht Österreich. Demgegenüber bildet Deutschland mit 53 EUR pro Kopf und Jahr das Schlusslicht, wie Abb. 1.6 zeigt.

Wie verteilen sich Privatverkehr und öffentlicher Verkehr?

Während 1950 die Anteile des privaten Verkehrs auf der Straße und des öffentlichen Verkehrs auf der Schiene bei je 50 % lag, verschob sich das Verhältnis bis heute deutlich in Richtung des privaten Straßenverkehrs: 2013 betrug der Anteil des motorisierten Individualverkehrs in der Schweiz 66 % und der des ÖV 23 % (Balmer 2013, S. 5).

Im Privatverkehr ist der Verkehrsstau zunehmend ein Problem: 2005 verbrachten Autofahrer 35 Mio. Stunden im Stau, das waren 75 % mehr als zehn Jahre zuvor (vgl. Krättli und Meier 2011, S. 23).

Es stellt sich die Frage, wer die Kosten der Mobilität – also des Verkehrs – trägt. Bei der Bahn zeigt sich das auf der einen Seite an der Aufteilung der Kosten zwischen Betriebseinnahmen, die von den Kunden direkt bezahlt werden, und staatlichen Zuschüssen. Vgl. dazu Abb. 1.7.

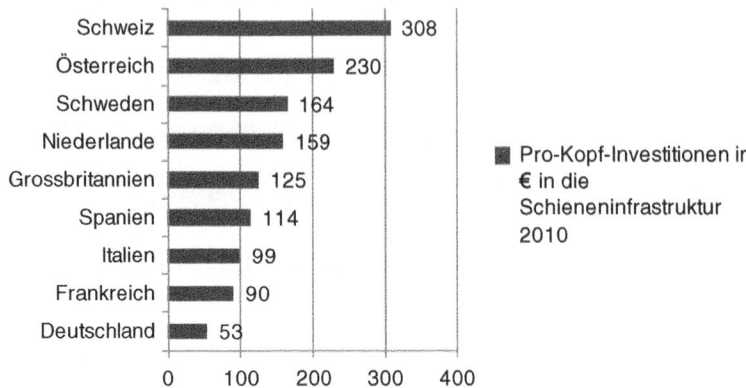

Abb. 1.6 Investitionen in den Schienenverkehr in Europa. (Quelle: Neue Zürcher Zeitung vom 12.7.2011 und eigene Recherchen)

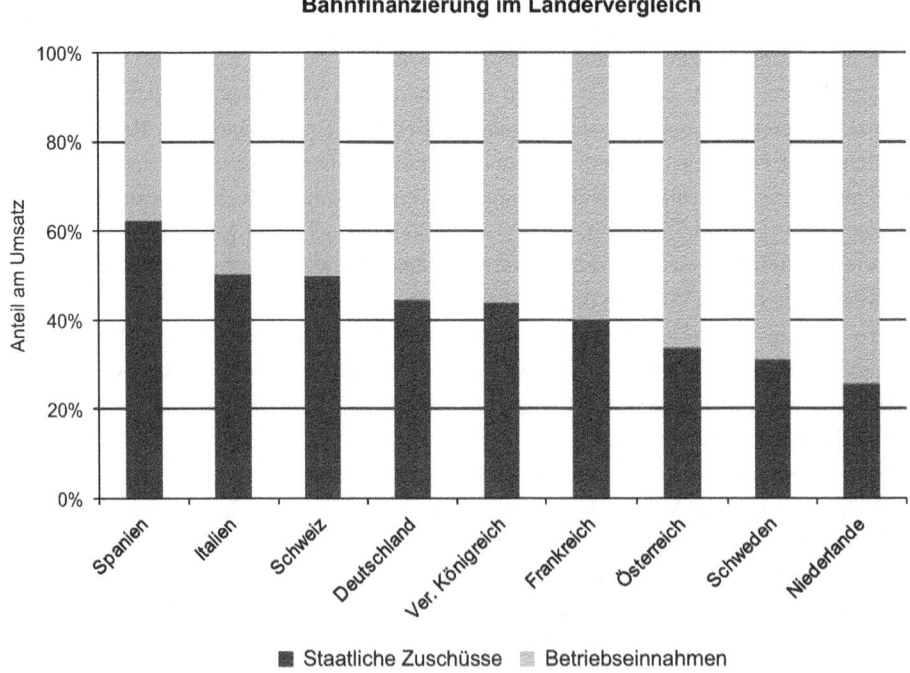

Abb. 1.7 Bahnfinanzierung im Ländervergleich. (Quelle: Fischer et al. 2011, S. 19. Anmerkung: Die Werte beziehen sich auf den Durchschnitt 2005–2007)

Je höher der staatliche Beitrag an die Bahn, desto stärker wird der öffentliche Verkehr gefördert und desto billiger ist die Nutzung des betreffenden Verkehrsmittels für den Kunden. Damit zeigt die Höhe der staatlichen Zuschüsse pro Netzkilometer, inwieweit die Verkehrskosten von der Allgemeinheit, also vom Staat, getragen werden (vgl. Fischer et al. 2011, S. 19).

Wie widersprüchlich die staatliche Politik oftmals ist, zeigt etwa das schweizerische Steuersystem: Es belohnte bisher vor allem das unökologische Pendeln im Privatauto: Seit Jahren konnten Pendler ihre Wegkosten im Pkw zu einem großen Teil unter Berufsauslagen am Einkommen abziehen: Bei Pendlern im öffentlichen Verkehr waren es die Abonnementskosten, bei Privatpendlern ansehnliche Kilometerpreise. So rechneten Krättli und Meier (2011, S. 25) vor, dass 2011 ein Pendler im Privatauto, der zweimal täglich 100 km im Auto zurücklegte, volle 22.000 Franken pro Jahr abziehen konnte. In jüngster Zeit ist allerdings der hohe Pendlerabzug für Privatwagen in die Kritik geraten, und im Parlament wurden restriktivere Lösungen diskutiert.

Bei Straße und Schiene fallen ungedeckte Kosten in unterschiedlicher Form an: „Während beim öffentlichen Verkehr … vor allem die ungedeckten Betriebskosten ins Gewicht fallen, liegt beim MIV (=motorisierter Individualverkehr, Anm. CJ) der Fokus auf den ungedeckten externen Kosten, beispielsweise denjenigen für Lärm und Luftverschmutzung" (Balmer 2013, S. 5). Weil diese Kosten im öffentlichen Verkehr Teil der Betriebsrechnung sind, erscheint dieser – im Gegensatz zum Privatverkehr – als defizitär, während beim privaten Verkehr die externen Kosten in der Rechnung gar nicht auftauchen. Dabei sind die externen Kosten des öffentlichen Verkehrs bedeutend tiefer als diejenigen des privaten Straßenverkehrs.

Durch ein neues Verfahren konnten 2014 die externen Kosten der Mobilität im Schienen- und im Straßenverkehr genauer berechnet werden. In einer im Auftrag des Bundesamtes für Raumentwicklung (Are) für das Jahr 2010 erstellten Studie wurden die so genannten externen Kosten des Verkehrs in der Schweiz berechnet. Als externe Kosten wurden dabei all jene Kosten definiert, die nicht von den Nutzern direkt, sondern von der Allgemeinheit bezahlt werden (vgl. Forster 2014, S. 10). Dazu gehörten insbesondere die Luftverschmutzung, der CO_2-Ausstoss, Unfälle und Lärm. Diese externen Kosten lagen 2010 bei 9,4 Mrd. Franken. Davon wurden 7,7 Mrd. oder 82 % durch den Straßenverkehr und 730 Mio. Franken oder 8 % durch den Schienenverkehr verursacht. Zusätzlich generierte der Luftverkehr externe Kosten von 920 Mio. Franken oder 9 %, sowie der Schiffsverkehr 60 Mio. Franken oder 1 % (vgl. Forster 2014, S. 10).

Von Interesse ist auch, wie sich die Verkehrs- und Mobilitätskosten über die einzelnen Einkommensgruppen der Bevölkerung verteilen. Eine Studie in der Schweiz hat ergeben, dass die hohen und höchsten Einkommen absolut nur unwesentlich mehr für die Mobilität bezahlen als die Bevölkerungsgruppen mit geringem Einkommen. Deshalb gilt: Je geringer das Einkommen, desto größer ist die – relative – finanzielle Belastung für Verkehr und Mobilität (vgl. Fischer et al. 2011, S. 25).

Interessant ist, dass Studien keine starke Korrelation zwischen Erreichbarkeitsverbesserungen einzelner Regionen – also ihrer verkehrsmäßigen Erschließung – und dem

Wirtschaftswachstum ergeben haben (vgl. Bruns und Buser 2011, S. 12). Trotzdem hielten Bruns und Buser (2011, S. 12) fest: „Aus wachstumspolitischer Perspektive stellt Verkehrsinfrastruktur bzw. eine gute Erreichbarkeit eine notwendige Rahmenbedingung für Wachstum dar". Allerdings konnte aufgrund des gleichzeitigen Wachstums von Erreichbarkeit und Wirtschaft empirisch nie nachgewiesen werden, ob dies auch tatsächlich zutrifft.

Was auffällt ist die Tatsache, dass meist unhinterfragt von einem massiven Wachstum des Bedürfnisses nach Mobilität und damit nach Verkehrsdienstleistungen in den nächsten Jahrzehnten ausgegangen wird. So gehen viele Prognosen in der Schweiz für die Zeit bis 2030 von einem Verkehrswachstum bis zu 50 % aus (vgl. Schneeberger 2012 oder Balmer 2013, S. 4). Dabei sind die Verkehrskosten für die Benutzer bereits in den letzten 20 Jahren stärker gestiegen als die allgemeine Teuerung. So stieg etwa der Preis für einen Liter bleifreies Benzin von 1990 bis 2012 um 67 %, derjenige eines Bahntickets zweiter Klasse um 50 % (vgl. Schneeberger 2012).

In der Diskussion um Mobilität und Verkehr sollte man auch den Luftverkehr nicht vergessen. Auf der einen Seite wird dieser immer billiger, und auf der anderen Seite nehmen seine sozialen und ökologischen Kosten zu. 2013 rechnete die Firma Airbus für 2032 mit weltweit 36.650 Passagier-Flugzeugen, verglichen mit 17.740 im Jahr 2013 (vgl. Brändle 2013). Man rechnet entsprechend bis 2032 mit einem zusätzlich jährlichen CO_2-Ausstoss von über fünf Milliarden Tonnen (vgl. Brändle 2013). Wenn man bedenkt, dass die Schädlichkeit der CO_2-Emission von Flugzeugen aufgrund der dünneren Luft rund dreimal so groß ist wie von Autos, dann kann man ausrechnen, was da auf uns zukommt. Da nützen auch etwas sauberere Flugzeuge wenig.

Es stellt sich die Frage, ob eine immer größere Mobilität überhaupt wünschbar ist, bzw. ob es eine obere Grenze für das Bedürfnis nach Mobilität gibt. So ist etwa der Stadtsoziologe Vincent Kaufmann (2013) der Meinung, dass ein weniger dichtes Bauen dazu führen könnte, dass die Menschen – insbesondere an den Wochenenden – eher zu Hause bleiben. Allerdings geht heute der Trend in die andere Richtung: Immer weniger Menschen ziehen – zum Beispiel nach einem Wechsel des Arbeitsplatzes – um, immer mehr pendeln. Gründe dafür sind auch oft kurzfristige Arbeitseinsätze an anderen Orten (Kader) oder prekäre Arbeitsanstellungen (vgl. Kaufmann 2013). So hat sich etwa im öffentlichen Verkehr die Zahl der zurückgelegten Kilometer pro Person im Personenverkehr seit 1970 verdoppelt und zwischen 2005 und 2010 erhöhten sich die im Zug zurückgelegten Personenkilometer in der Schweiz um 19 % (Balmer 2013, S. 5).

Das grundsätzliche Problem der Mobilität lässt sich exemplarisch an der grenzüberschreitenden Mobilität zeigen: Weil Wohnen, Arbeiten und Einkaufen/Freizeit häufig geografisch auseinanderfallen – besonders wenn in den einzelnen Lebensbereichen große lokale Unterschiede in Bezug auf die Kosten bzw. Einkommen bestehen –, befinden sich die einzelnen Teil-Lebensschwerpunkte an unterschiedlichen Orten. Die Folge ist zunehmende Mobilität. Das zeigt Abb. 1.8 am Beispiel der Region Nordwestschweiz/Südbaden/Oberelsass.

Entsprechend ist der „ideale homo oeconomicus regionalis" (Eder und Sandtner 2000, S. 24) derjenige, der im Elsass wohnt, in Südbaden einkauft und in der Nordwestschweiz arbeitet.

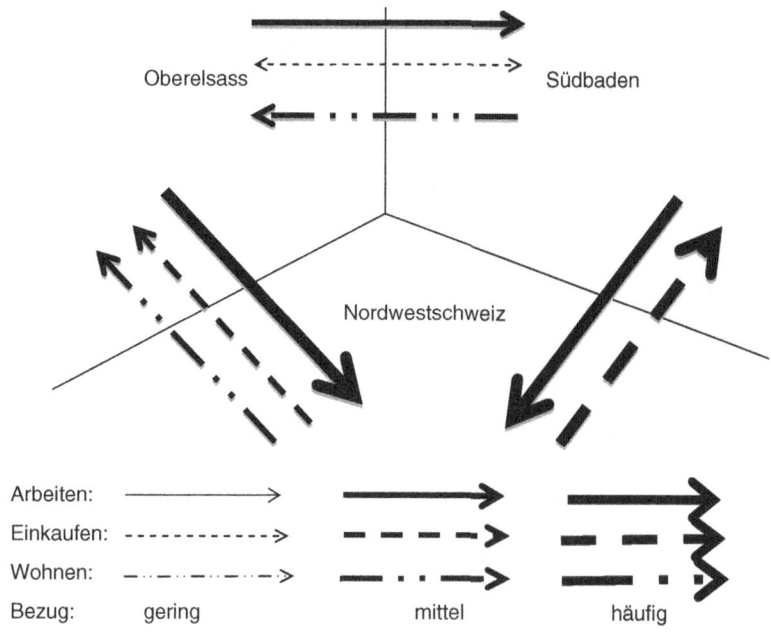

Abb. 1.8 Art der grenzüberschreitenden Beziehungen. (Quelle: In Anlehnung an Edner und Sandtner 2000 sowie Flitner 2007, S. 58; eigene Darstellung)

Obwohl viele Expertinnen und Experten von einem ungebremsten Mobilitätswachstum auch in den nächsten 20 bis 30 Jahren ausgehen, stellt sich die Frage, ob das realistisch und wünschenswert ist. Balmer (2013, S. 7) spricht von einem „volkswirtschaftlich nicht optimalen Überhang der Nachfrage nach Mobilität". Begrenzende Faktoren sind die wachsenden externen Kosten (v. a. beim privaten Straßenverkehr) und die begrenzte Kapazität der Verkehrsnetze (v. a. Schienennetz, zunehmend aber auch das Straßennetz). Außerdem führt die extrem hohe Mobilität auch zu anderen Kosten, etwa zu gesundheitlichen Problemen als Folge des Pendelns.

Dass eine geringere berufliche Mobilität durchaus möglich wäre, zeigte eine Berechnung der Universität St. Gallen, wonach in der Schweiz rund 450.000 Personen wenigstens einen Tag pro Woche daheim arbeiten könnten (vgl. Krättli und Meier 2011, S. 26).

Einen interessanten Ansatz stellt das Mobility Pricing dar, so wie es zum Beispiel in den Niederlanden diskutiert wird, trotz Bedenken in punkto Datensicherheit (vgl. Schneeberger 2011). Was ist mit Mobility Pricing gemeint? Es geht darum, den Kilometerpreis für die Mobilität bei bestimmten Transportmitteln – zum Beispiel beim Auto – zu erhöhen und damit zu erreichen, dass auf andere, billigere Transportmittel umgestiegen wird. So soll etwa durch eine Neustrukturierung der Motorfahrzeugsteuern, die statt wie bisher in Form einer Jahrespauschale als Kilometerabgabe bezahlt werden sollen, ein Anreiz geschaffen werden, um zum Beispiel für Kurzstrecken vom

Auto auf das Fahrrad zu wechseln. Dadurch würde die Sensibilität der Autofahrer für die Kosten des einzelnen Fahrtkilometers erhöht. Allerdings lehnte 2008 das eidgenössische Parlament es ab, auf eine Vorlage zum Road Pricing einzutreten, und 2012 bis 2015 lancierte der Bundesrat das Thema der Verkehrsfinanzierung neu, jedoch auf einer breiteren Basis in Richtung einer verkehrsträgerübergreifenden, leistungsgebundenen Mobilitätsabgabe, die nach dem Verursacherprinzip funktioniert (vgl. Bochud 2013, S. 15). Daniel Müller-Jentsch (2013, S. 16) begründet die Notwendigkeit eines Mobility Pricings in der Schweiz wie folgt: Erstens heize die aktuelle Subventionierung des Verkehrs über Steuergelder die Nachfrage enorm an. Zweitens führe die fehlende Differenzierung in der Preisgestaltung zu einer ungleichmäßigen Auslastung der Verkehrssysteme. Während in Stoßzeiten die Züge überfüllt seien, liege die Sitzplatzauslastung der Schweizerischen Bundesbahnen im Regionalbereich nur bei 20 %. Dagegen komme die Fluggesellschaft Swiss dank ausdifferenzierter Tarife auf eine Auslastung von 81 %. Allerdings ist hier einzuwenden, dass der Regionalverkehr eine wichtige Gemeinfunktion hat, was beim Flugverkehr so nicht zutrifft. Drittens – so (Müller-Jentsch 2013, S. 16) – würden durch die Politisierung von Investitionsentscheiden Milliardenbeträge fehlgeleitet. Als mögliche Formen von Mobility Pricing sieht Müller-Jentsch (2013, S. 17) die leistungsabhängige Schwerverkehrsabgabe (LSVA) in der Schweiz oder die Mautgebühr in Stockholm oder in den Niederlanden.

1.3   Lärm

Viele Menschen leiden unter Lärm – und nicht erst heute! So ist etwa bekannt, dass der bekannte Schriftsteller Franz Kafka während des Ersten Weltkriegs in Paris unter dem Lärm litt und mehrmals deswegen umzog (vgl. Daiber 2015, S. 28 ff.).

Eine Umfrage unter europäischen Bürgerinnen und Bürgern ergab schon 1982, dass die Befragten den Lärm als zweitwichtigstes Umweltproblem an ihrem Wohnort ansahen (vgl. Aecherli 2004, S. 51). Und in Großbritannien hatte sich zwischen 1975 und 1985 der Lärm verdoppelt. Eine OECD-Studie ergab 1990, dass von den damals 826 Mio. Menschen der OECD-Mitgliedstaaten rund 50 % einem Verkehrslärm von mehr als 55 dB (A) ausgesetzt waren, und 16 % sogar mehr als 65 dB (A). In Frankreich lag diese Zahl sogar bei 20 % (vgl. Aecherli 2004, S. 51). Schon 2004 waren in der Europäischen Union rund 20 % oder 80 Mio. Menschen Lärmpegeln ausgesetzt, die von Wissenschaftlern und Ärzten als unzumutbar angesehen werden (vgl. Aecherli 2004, S. 53). Weitere 170 Mio. lebten in „grauen Zonen", in denen der Lärmpegel tagsüber stark belästigend war (vgl. Aecherli 2004, S. 53).

In ihrem Buch „Die heimlichen Krankmacher" wiesen Lilo Cross und Bernd Neumann (2008, S. 9) darauf hin, dass oft nach einem Umzug in eine neue Wohnung Krankheitssymptome auftreten, etwa beim Umzug in eine lärmbelastete Gegend.

Doch wie wird eigentlich Lärm definiert?

1.3.1 Was ist Lärm?

▶ **Lärm** „Unter Lärm versteht man Geräusche, die als störend empfunden werden. Sie beeinträchtigen das körperliche und seelische Wohlbefinden; Konzentrations- und Schlafstörungen, Gehörschädigungen und psychosomatische Beschwerden können die Folge sein. In Umfragen wird die erhebliche Lärmbelastung häufig als das dringendste Umweltproblem benannt" (Stock und Bernecker 2014, S. 146).

Als Lärm wahrgenommen werden Schallwellen, welche die Luftmoleküle in Bewegung versetzen und die vom Trommelfell als Druck wahrgenommen werden. Der Schalldruckpegel, also die Lautstärke, wird in dB(A) angegeben: dB bedeutet Dezibel, der Zusatz (A) bezeichnet eine dem menschlichen Gehör angepasste Bewertung der verschiedenen Tonhöhen (Frequenzen). Bei sich ändernden Lautstärken wird der zeitliche Mittelwert angegeben (Eisenhardt 2008, S. 190).
Tab. 1.2 zeigt, wie einzelne Geräusche in dB (A) angegeben werden können.

Tab. 1.2 Einzelgeräusche und Arten von Lärmimmissionen in dB (A). (Quellen: Eisenhardt 2008, S. 191; Fecker 2012, S. 19; Wirth 2004, S. 9

Art des Geräuschs	Schallstärke
Blätter bei leichtem Wind	10 dB (A)
Ticken einer Armbanduhr	20 dB (A)
Flüstern, feiner Regen	30 dB (A)
Üblicher Hintergrundschall im Haus	30–42 dB (A)
Normales Gespräch	40–55 dB (A)
Üblicher Hintergrundschall im Büro	60 dB (A)
Straßenverkehr	65–90 dB (A)
Lautes Gespräch in 1 m Abstand	70 dB (A)
PKW im Stadtverkehr	75 dB (A)
LKW in Stadtverkehr	85 dB (A)
Rasenmäher, Handschleifgerät im Freien, Gewitter	90 dB (A)
Presslufthammer	100 dB (A)
Motorrad, Kreissäge, Laubbläser	100–110 dB (A)
Startgeräusche von Flugzeugen in 10 m Entfernung	115 dB (A)
Schmerzgrenze	*120 dB (A)*
Presslufthammer 1 m entfernt	130 dB (A)
Gewehrschuss, Raketenstart	140 dB (A)
Innere Verletzung, Tod wahrscheinlich	190 dB (A)

Bei dieser Skala ist zu bedenken, dass es eine logarithmische Skala ist, d. h. die Erhöhung um 10 dB bedeutet ungefähr eine Verdoppelung der empfundenen Lärmstärke (= subjektive Wahrnehmung über das Ohr, vgl. Hoffmann et al. 2003, S. 92), aber eine Verzehnfachung der physikalischen Schallleistung (vgl. Neth 2010, S. 44 sowie Röösli und Babisch 2014, S. 184).

Dabei kann die Lärmbelästigung nach drei Aspekten umschrieben werden:

1. Umfang
2. Vorhersagbarkeit
3. Wahrgenommene Kontrolle (vgl. Eisenhardt 2008, S. 191).

Bei einem Geräusch von 90 dB (A) und mehr treten nach einem gewissen Zeitraum physiologische Schäden auf, deshalb sollte eine solche Lärmintensität nicht mehr als 8 h dauern. Bei niedrigen Frequenzen beginnt die gefährliche Intensität bei 80 dB (A) und bei hohen Frequenzen bei 90 dB (A) (Eisenhardt 2008, S. 191). Die Musik in einer Diskothek beträgt 100 dB (A) – und ist genau gleich laut wie ein Pressluftbohrer (vgl. Eisenhardt 2008, S. 191).

Je unregelmäßiger das Geräusch, desto störender wird es empfunden. Bei den möglichen Lärmreaktionen wird deshalb zwischen einem konstanten Lärmpegel („steady state") und deutlich wahrnehmbaren, stufenweisen Änderungen des Pegels unterschieden. Bei stark unterschiedlichen Lärmimmissionen über kurze Zeit wird in der Regel ein Durchschnittswert errechnet.

Dabei werden die einzelnen Lärmimmissionen in einen energieäquivalenten Dauerschallpegel (Mittelungspegel) umgerechnet, wobei dieser Durchschnittsindikator als Lärmbelastungsmaß Leq bezeichnet wird. Sehr richtig weist Griffel (2015, S. 101) darauf hin, dass diese Umrechnungspraxis genau die größten Lärmbelästigungsspitzen „schönglättet": „Bei längeren Zeiteinheiten (Beispiel Fluglärm: Mittelung während des Tages über 16 h [6–22 Uhr]) hat die Anwendung des Leq zur Folge, dass kurzzeitige Lärmspitzenwerte nur geringfügig ins Gewicht fallen".

So gilt etwa in der eidgenössischen Lärmschutzverordnung der Durchschnittswert Leq 16, obwohl das (schweizerische) Bundesgericht bereits 2010 diese Lärmermittlungspraxis infrage stellte und obwohl Lärmbetroffene verlangten, nicht mehr eine Lärmmittelung über 16 h, sondern als Ein-Stunden-Leq zu messen, weil so die einzelnen Lärmspitzen realitätsnäher abgebildet werden (vgl. Schürer 2016, S. 52).

Dabei ist das Ausmaß, wie stark sich jemand durch Lärm belästigt oder gestört fühlt, äußerst unterschiedlich und damit auch zu einem erheblichen Teil subjektiv: So „reicht der Lärmpegel nicht aus, um Lärmwirkungen vollumfänglich zu verstehen; normalerweise werden maximal 35 % der interindividuellen Varianz in der Belästigung durch den Lärmpegel erklärt. Eine ebenso große Rolle wie der Lärm selbst spielen intervenierende Variablen, sogenannte Moderatoren oder Mediatoren. Diese können in der Person (z. B. Einstellung zur Lärmquelle, Angst vor negativen Auswirkungen des Lärms), in deren Umgebung (z. B. Ästhetik der Umgebung) oder in der Lärmquelle (z. B. Informationsgehalt des Geräusches) liegen" (Wirth 2004, S. 33). Schon 1998 hat der Schweizer Lärmforscher C. Oliva (1998, S. 26, vgl. auch Flitner 2007, S. 16) die These aufgestellt, dass die Lästigkeitsbewertung von Lärm kaum je zu mehr als 30 % durch rein physikalisch-akustische Variablen erklärt werden könne. Dabei ist die kognitive und affektive Bewertung von Geräuschen entscheidend: Teilnehmer einer Flugshow empfinden den Fluglärm als „Musik" – und der Schriftsteller und Pilot Antoine Saint-Exupéry (1976, S. 146) hat den Klang nächtlicher Startbewegungen gar mit Orgelklängen verglichen. Allerdings hört diese unterschiedliche subjektive Bewertung von Lärm spätestens dann auf, wenn gesundheitliche Schädigungen auftreten – was aber nicht heißt, dass Unverbesserliche diese lauten Geräusche nicht immer noch begrüßen oder gar gezielt suchen, wie etwa das Beispiel von Besuchern überlauter Diskotheken zeigt.

Zum Zusammenhang von Lärm, Gesundheit und Wohlbefinden hat das schweizerische Bundesamt für Umwelt, Wald und Landschaft (Buwal) eine Grafik erstellt, siehe Abb. 1.9.

In Wohngebieten liegt die akzeptable Grenze der Lärmintensität bei 50 dB (A). Ein Körper kann sich nachts optimal erholen, wenn der Geräuschpegel unterhalb dieser 50-dB(A)-Schwelle liegt (vgl. Cross und Neumann 2008, S. 43). Andere Studien stellten bereits ab 36 dB (A) negative Wirkungen auf die Schlafqualität fest (vgl. Neth 2010, S. 57). Dies, weil ab 50 dB (A) bereits mit Aufwachreaktionen zu rechnen ist, die kausal für weitergehende Erkrankungen sein können (vgl. Neth 2010, S. 58). Ab 57 dB (A) steigen die Einschlafschwierigkeiten signifikant an, und zwar bei 20 % der Betroffenen. Bei einem Schallpegel von 70 dB (A) lag der Prozentsatz der Personen mit Einschlafschwierigkeiten

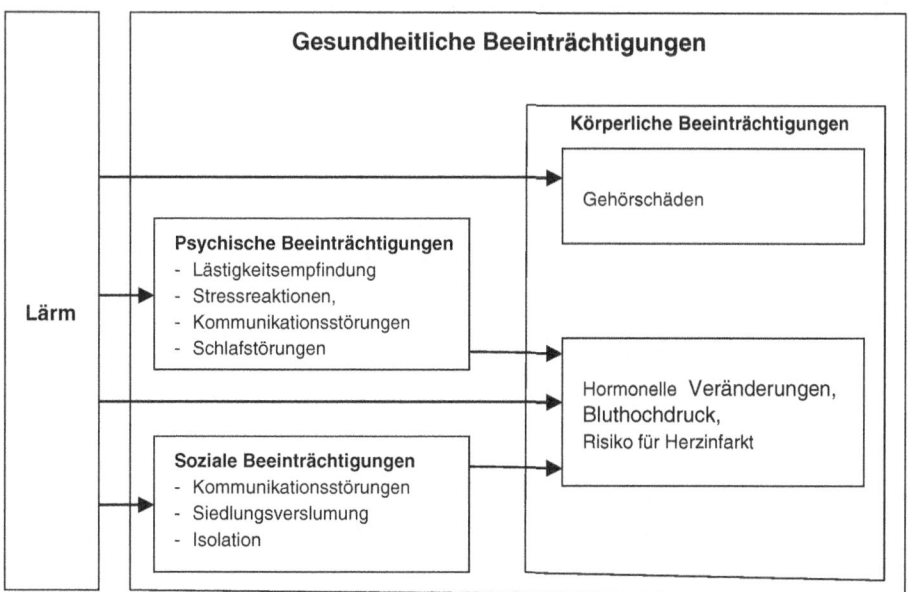

Abb. 1.9 Zusammenhang von Lärm, Gesundheit und Wohlbefinden. (Quelle: Buwal 2002, S. 12)

bereits bei 40 % (vgl. Neth 2010, S. 59). Allerdings hat eine Studie in Deutschland ergeben, dass Aufwachreaktionen bereits bei sehr viel niedrigeren Lärmpegeln auftreten: Eine Studie des Deutschen Zentrums für Luft- und Raumfahrt (DLR) in Köln ergab 2004, dass bereits ab 33 dB (A) – also weit unter 55 oder 60 dB (A) – lärminduzierte Aufwachreaktionen festzustellen sind. Das sind nur 6 dB (A) über „normalen" Hintergrundpegeln von 27 dB (A) (vgl. Basner 2007, S. 22). Allerdings wurden dieser Studie und dem DLR-Nachtschutzkonzept schwerwiegende methodische Mängel vorgeworfen und die Verallgemeinerbarkeit ihrer Ergebnisse bestritten (vgl. Greiser 2007, S. 36 ff. sowie Maschke und Neumüller 2007, S. 45 ff.).

Ein mit 100 km/h fahrendes Auto in 30 m Entfernung verursacht Lärm von 60–80 dB (A).

Allerdings sind die vorliegenden Zahlen über das Ausmaß der Lärmbelästigung widersprüchlich: So fühlten sich 1987 in Deutschland laut Neth (2010, S. 14) etwas mehr als 50 % der Bevölkerung von Lärm belästigt, während es 2010 schon 80 % gewesen sein sollen. 1996 hielt die Europäische Kommission in ihrem Grünbuch fest, dass zwischen 17 und 22 % der Einwohner Westeuropas – also gegen 80 Mio. Personen – unter Lärmpegeln litten, welche Wissenschaftler und Gesundheitsexperten als inakzeptabel halten (vgl. Commission of the European Communities 1996, S. 3). In der Schweiz fühlten sich 2015 1,6 Mio. Menschen von Straßenverkehrslärm belästigt, und 70.000 Personen von Bahn- und 65.000 Personen von Fluglärm beeinträchtigt (vgl. Schneeberger 2016, S. 53).

Andere Studien kommen zum Ergebnis, dass sich in Deutschland über 40 % der Menschen von ihren Nachbarn belästigt oder gestört fühlen (vgl. Eisenhardt 2008, S. 190 und Röösli und Babisch 2014, S. 187). Je nach Leseart fühlten sich 2012 in Deutschland 54,3 % der Bevölkerung durch den Straßenverkehr beeinträchtigt oder gestört, 22,8 % durch den Flugverkehr, 31,9 % durch Industrie und Gewerbe und 33,6 % durch den Schienenverkehr beeinträchtigt oder gestört (vgl. Röösli und Babisch 2014, S. 187). Andere Erhebungen sprechen von 63,7 % von Straßenlärm beeinträchtigten Personen, 32,5 % von Flugverkehr und 23,4 % vom Schienenverkehr beeinträchtigten Personen (vgl. Neth 2010, S. 14).

Lang andauernder hoher Schall beeinträchtigt das körperliche Wohlbefinden und Körperfunktionen: Magenperistaltik, Hauttemperatur, Blutdruck (vgl. Eisenhardt 2008, S. 192). Schon eine dauerhafte Aussetzung an Lärm von 60 dB (A) kann zu vegetativen Störungen führen. Außerdem führt Lärm zu Hörschäden (Eisenhardt 2008, S. 192). Eine Studie der WHO bei rund 4200 erwachsenen Personen, welche nach eigenen Angaben in den letzten 12 Monaten von starkem Verkehrslärm belästig gewesen waren, ergab, dass sich das relative Risiko für Asthma, Bronchitis und Bluthochdruck signifikant erhöhte. Dabei war das relative Risiko von Bronchitis bereits bei mäßiger Lärmbelästigung signifikant größer (vgl. Bundeszentrale für gesundheitliche Aufklärung 2008, S. 43). In einer Studie an über 800.000 Versicherten in der Umgebung des Flughafens Frankfurt wurde festgestellt, dass die Häufigkeit der verordneten Arzneimittel zur Behandlung von erhöhtem Blutdruck sowie von Herz- und Kreislauferkrankungen mit der Fluglärmbelastung – insbesondere in der Nacht – deutlich anstieg (vgl. Bundeszentrale für gesundheitlich Aufklärung 2008, S. 43).

Allerdings ist die individuelle Störung durch Lärm unterschiedlich. Studien haben aber gezeigt, dass das Risiko für lärmbedingte Herz-Kreislauf-Krankheiten bei Personen ansteigt, die tagsüber einem Verkehrslärm von 65 dB (A) und nachts über 55 dB (A) ausgesetzt sind (vgl. Eisenhardt 2008, S. 193 sowie Cross und Neumann 2008, S. 42). Folgen von Lärm können sein: erhöhte Herzfette, Schädigung des Immunsystems, nervliche Folgen, Asthma, Verringerung der Schlaftiefe, erhöhter Herzrhythmus, Abnahme der Leistungsfähigkeit (Eisenhardt 2008, S. 193 f.). Bei Personen, welche Fluglärm ausgesetzt sind, wurden zum Teil signifikant höhere Blutdruckwerte festgestellt und eine erhöhte Ausschüttung von Stresshormonen (vgl. Neth 2010, S. 62).

Bei seiner Prüfung der Rechtmäßigkeit des Flughafens Düsseldorf-Lohhausen hat das deutsche Bundesverfassungsgericht folgende Erwägungen vorgenommen: „Als verfassungsrechtlicher Prüfungsmaßstab kommt vor allem das durch Art. 2 GG geschützte Recht auf körperliche Unversehrtheit in Betracht" (zitiert nach Stoermer 2005, S. 39). Das gilt sogar auch dann, wenn der Gesetzgeber eine Entscheidung getroffen hat, deren Auswirkungen auf nicht vorhersehbare Weise die Schutzpflicht verletzt. Deshalb bestehe – so das Bundesverfassungsgericht – auch eine Nachbesserungspflicht des Staates in grundrechtsrelevanten Bereichen, wenn es durch eine staatliche Genehmigung zu Grundrechtsbeeinträchtigungen komme (vgl. Stoermer 2005, S. 40). Dabei ist von Bedeutung, dass eine Beeinträchtigung der Nutzungsmöglichkeit von Eigentum infolge Lärm eine „mittelbare" Folge des Lärms darstellt, während die in einem lärmbetroffenen Gebiet lebende oder arbeitende Bevölkerung, deren Gesundheit im biologisch-physiologischen Sinn oder im geistig-seelischen Sinn geschädigt wird, das Recht auf körperliche Unversehrtheit gemäß Art. 2 Abs. 2 S. 1 GG verletzt (Stoermer 2005, S. 44). Diese Aussage kann in ihren Konsequenzen kaum überschätzt werden.

In Deutschland wurden deshalb im neuen Fluglärmschutzgesetz Schutzzonen für die Tages- und Nachtzeit mit tieferen Grenzwerten eingeführt. In der Tag-Schutzzone 1 darf der Dauerschallpegel 60 dB (A) für Neubauten oder wesentlichen bauliche Erweiterungen von Flugplätzen nicht überschreiten, bei bestehenden Flugplätzen liegt die Grenze bei 65 dB (A). In der Tag-Schutzzone 2 liegt die Grenze bei 55 dB (A) bzw. 60 dB (A) bei bereits bestehenden Flugplätzen. Bei den Nacht-Schutzzonen lag der Dauerschallpegel bis 2010 bei 53 dB (A) und der Maximalschallpegel bei 57 dB (A) bei höchstens sechs Ereignissen pro Nacht. Ab 2012 lagen die entsprechenden Werte bei 50 dB (A) und bei 53 dB (A). Bei bereits bestehenden Flugplätzen lagen die Werte bei 55 dB (A) und 57 dB (A) (vgl. Neth 2010, S. 79).

Folgende Lärmarten können unterschieden werden: Nachbarschaftslärm, Kinderlärm, Gewerbelärm, Baulärm, Verkehrslärm, Musiklärm und natürlicher Lärm (z. B. Froschquaken).

Außerdem ist zu unterscheiden zwischen Lärmquellen am Boden und in der Luft.

Hellbrück et al. (2014, S. 59) haben außerdem zwischen akuten (=primären), kumulativen (=sekundären) und chronischen (=tertiären) Lärmwirkungen unterschieden. Akute Lärmwirkungen setzen unmittelbar mit dem Lärmbeginn ein, kumulative Wirkungen bauen sich mit der Zeit auf, und chronische Lärmwirkungen erfolgen nach jahrelanger

Lärmexposition. Neben den gesundheitlichen Folgen verursacht Lärm auch Einschränkungen in der Kommunikation – etwa wenn in der Schule der Unterricht bei jedem startenden oder landenden Flugzeug unterbrochen werden muss. Physikalisch bedeutet das, dass der Sprechschall durch den Lärmschall übertönt wird, was ein gegenseitiges Verstehen verunmöglicht oder mindestens erschwert.

In Bezug auf den Nachtlärm besteht die Schwierigkeit darin, dass auch Personen, die aufgrund des Lärms nicht aufwachen, geschädigt werden. Laut dem Schweizer Epidemiologen Martin Röösli (vgl. Rietz 2016, S. 52) verdichten sich die Hinweise, dass der Nachtfluglärm besonders schädlich ist.

1.3.2 Lärm als Eigentumsbeschneidung

In der Europäischen Union trat am 18.7.2002 die Richtlinie 2002/49/EG zur Verringerung des Lärms in Kraft (vgl. Blaschke 2010, S. 77). Darin wurde unter anderem festgehalten, dass diese Richtlinie als Grundlage für die Entwicklung weiterer Produktvorschriften darstellt. Außerdem wurde darin die Europäische Kommission verpflichtet, dem Parlament und dem Rat geeignete Vorschläge für entsprechende Rechtsvorschriften vorzulegen. Dabei sollten laut Kommission Rechtsvorschriften zur Verringerung des Lärms an der Quelle „auf der Grundlage solider, diese Vorschläge stützender Daten" unterbreitet werden, die sich auf harmonisierte Lärmindikatoren in den einzelnen Ländern stützen sollten (Blaschke 2010, S. 77).

So wurde etwa in Deutschland gemäß Bundes-Immissionsschutzgesetz (BImSchG) § 47c beschlossen, bis 2012 Lärmkarten für alle Ballungsräume und Hauptlärmquellen zu erstellen und diese alle 5 Jahre zu aktualisieren (vgl. Blaschke 2010, S. 220). Diese Lärmkarten sollen in „geeigneten Ausfertigungen" der Öffentlichkeit zur Verfügung gestellt werden (vgl. 34. BImSchV § 7 S. 1 sowie Blaschke 2010, S. 222).

Nach deutschem Recht und besonders gemäß BImSchG § 3 Abs. 1 ist von einer „schädlichen Umwelteinwirkung" von Immissionen – also auch von Lärm – zu sprechen, wenn sie „nach Art, Ausmaß und Dauer geeignet sind, Gefahren, erhebliche Nachteile oder erhebliche Belästigungen für die Allgemeinheit oder die Nachbarschaft herbeizuführen" (Blaschke 2010, S. 25). Als Gefahr wird dabei die Möglichkeit eines Schadens „im Sinne einer erheblichen Beeinträchtigung eines durch die Norm geschützten Rechtsguts" (Blaschke 2010, S. 25) verstanden. Dabei sind insbesondere Gesundheitsverletzungen aufgrund der Schutzpflicht von Art. 2 Abs. 2 GG nicht hinzunehmen, vielmehr löst die drohende Gesundheitsverletzung einen Lärmschutzanspruch des Einzelnen aus (vgl. Blaschke 2010, S. 25).

Neth (2010, S. 84) hat darauf hingewiesen, dass „eine Gefahr für die öffentliche Sicherheit ... vor allem dann zu erwarten [ist], wenn durch den Fluglärm eine Gefahr für die in Art. 2 Abs. 1 GG geschützte körperliche Unversehrtheit besteht oder zu erwarten ist, dass die Wirkungen des Fluglärms so massiv sind, dass eine Verletzung des Eigentums (Art. 14 Abs. 1 GG) vorliegt". Die in Art 14 II GG garantierte Sozialbindung des Eigentums liegt dann nicht mehr vor, „wenn die Verkehrslärmeinwirkungen den Gebrauch des Eigentums bzw. seine funktionsgerechte Verwendung unmöglich machen. Das Erleiden erheblicher Gesundheitsschäden beim Bewohner eines Wohnhauses entspricht nicht mehr seiner funktionsgerechten Nutzung" (Alber 2004, S. 35).

So hat etwa Neth (2010, S. 113) gezeigt, dass bereits eine Verordnung auf der Grundlage des § 27a Abs. 2 der LuftVO in Deutschland, die eine zeitliche Begrenzung der Flugbewegungen oder eine Beschränkung der Kapazität eines Flugplatzes festschreibt, gegen die Grundrechte verstoßen kann – so etwa gegen die Eigentumsrechte aus Art. 14 Abs. 1 GG oder der Grundrechte der Berufsfreiheit gemäß Art. 12 Abs. 1 GG. Es gilt also, die Einschränkungen der Grundrechte der umliegenden Wohnbevölkerung und der Flugplatzbetreiber und -nutzer gegeneinander abzuwägen.

Das bedeutet, dass Lärmimmissionen, aber auch deren Einschränkungen, letztlich eine Beeinträchtigung von Eigentum darstellen. Dies, weil zum Beispiel Flug- oder Verkehrslärm die Nutzung einer Wohn- oder Gewerbeliegenschaft in der Umgebung beeinträchtigen oder gar verhindern kann, oder weil der Flugplatzbetreiber sein Eigentum nicht unbeschränkt nutzen kann. So oder so sinkt der materielle Wert einer Liegenschaft.

In der Schweiz sind übermäßige Lärmimmissionen gemäß Art. 684 ZGB verboten:

Artikel 684 des schweizerischen Zivilgesetzbuchs

1. Jedermann ist verpflichtet, bei der Ausübung seines Eigentums, wie namentlich beim Betrieb eines Gewerbes auf seinem Grundstück, sich aller übermäßigen Einwirkungen auf das Eigentum der Nachbarn zu enthalten.
2. Verboten sind insbesondere alle schädlichen und nach Lage der Beschaffenheit der Grundstücke oder nach Ortsgebrauch nicht gerechtfertigten Einwirkungen durch Rauch, Ruß, lästige Dünste, Lärm oder Erschütterung.

Kriterien für die Zulässigkeit von Lärm sind dabei die Lage des Grundstücks, seine Beschaffenheit und der Ortsgebrauch (vgl. Birrer 2007, S. 33).

In diesem Zusammenhang sprechen Juristen von materieller Enteignung: Im Unterschied zu formellen Enteignungen – in denen z. B. ein Eigentümer im Rahmen eines klar geregelten Verfahrens formell einen Teil seines Landes für eine Straße an die Gemeinde abtreten muss und dafür entsprechend entschädigt wird – bewirkt Lärm oft eine Wertverminderung einer Liegenschaft, ohne dass dabei formell eine Handänderung stattfindet (vgl. Kappeler 2010, S. 11 ff.). Diese Art von materieller Enteignung zeigt sich in der Regel als Wertverminderung und geringere Nutzungsmöglichkeit durch die Immissionen. Dabei findet – im Unterschied zur formellen Enteignung – keine Übertragung eines Rechtes statt (vgl. Kappeler 2010, S. 13). Für die Frage des durch den Lärm verursachten materiellen Schadens ist von Bedeutung, wie groß die tatsächliche Vermögensminderung ist, wieweit eine Duldungspflicht besteht und inwieweit ein Entschädigungsanspruch anzuerkennen ist (vgl. Kappeler 2010, S. 15 f.). Dabei wird eine infolge formeller Enteignung stattfindender Rechtsabtretung in der Regel im Grundbuch eingetragen, während das bei einer materiellen Wertminderung in der Regel nicht der Fall ist (vgl. Kappeler 2010, S. 18). Die Grenze für eine Entschädigungspflicht liegt gemäß schweizerischer Gerichtspraxis zwischen 20 % und 30 % des Verkehrswerts und ist damit doppelt so hoch angesetzt wie bei formellen Enteignungen (vgl. Wipfli 2007, S. 11).

Allerdings kann es auch bei der Lärmprävention – etwa in der Nähe von Flugplätzen – zu formellen Enteignungen kommen. Neth (2010, S. 106) hat darauf hingewiesen, dass die Kapazität von An- und Abflügen bei Flugplätzen grundsätzlich im Rahmen von Planungs-verfahren zu regeln sind. Und das kann im Extremfall auch bedeuten, dass zu nahe liegende Wohnzonen umgezont werden. Im Extremfall kann es dabei durchaus auch zu (formellen) Enteignungen kommen – etwa bei einer Erweiterung bestehender Landepisten. In der Regel dürften allerdings die planerischen Lärmschutzmaßnahmen dazu beitragen, dass der Flug-lärm „umverteilt" wird, so wie etwa im Falle des Flughafens Zürich-Kloten.

Ein besonderes Problem bei Lärm und besonders bei Fluglärm besteht darin, dass er laufend zunimmt. So stieg etwa der Zürcher Fluglärmindex (ZFI) – wie in den Jah-ren zuvor – 2015 erneut leicht an: Laut ZFI-Monitoring waren 2015 61.916 Personen von Fluglärm betroffen, was eine Zunahme um 1 % bedeutete. Damit wurde der vom Regierungsrat – also der kantonalen Behörde – festgelegte Richtwert von 47.000 lärm-betroffenen Personen um rund 15.000 Personen überschritten (vgl. Hotz 2016, S. 20). In der Region um den Flughafen Kloten lag der Grund für diese Zunahme vor allem in der wachsenden Bevölkerungszahl rund um den Flughafen Zürich.

Wie gravierend eine Wertminderung durch Lärm – zum Beispiel Fluglärm – ist, wird etwa in der Schweiz gemäß Art. 684 II ZGB „nach Lage und Beschaffenheit der Grundstücke oder nach Ortsgebrauch" entschieden. Dabei wird zwischen mäßigen und übermäßigen Immissionen unterschieden. Wenn die übermäßigen Immissionen zu Reparaturbedürftigkeit führen – etwa Beschädigungen am Dach durch startende und landende Flugzeuge – oder wenn bei Menschen körperliche oder psychische Krankhei-ten auftreten, spricht man von „schädlichen Immissionen" (vgl. Kappeler 2010, S. 21). Während – in der Schweiz – mäßige Immissionen hinzunehmen sind und es dage-gen kein Abwehrrecht gibt, gilt das nicht in jedem Fall für übermäßige Immissionen. Während Private – mit Ausnahme von Baulärm, der zu tolerieren ist – keine übermä-ßigen Immissionen verursachen dürfen, sind übermäßige Immissionen durch öffentli-che Werke hinzunehmen – allenfalls bei entsprechender Entschädigung (vgl. Kappeler 2010, S. 21 f.).

In Bezug auf den Fluglärm sind folgende Tendenzen festzustellen: Auf der einen Seite werden die Flugzeugmotoren durch die technische Entwicklung längerfristig leiser. Auf der anderen Seite kommt es aber infolge der Entwicklung des Billig-Verkehrs zu deutlich mehr Flugbewegungen (vgl. Alber 2004, S. 27). Das bedeutet insgesamt, dass sich der Fluglärm zeitlich und örtlich eher ausdehnen wird bei längerfristigem relativen Rück-gang einzelner Lärmspitzen.

1.3.3 Was kostet Lärm?

Das schweizerischen Bundesamt für Umwelt, Wald und Landschaft (Buwal) hat 2002 – in Anlehnung an das Grünbuch der Europäischen Kommission (Commission of the European Communities 1996, S. 5), das von Lärmkosten von 0,2 bis 2 % des Bruttoinlandprodukts sprach – für das Jahr 2000 auf 800 Mio. bis 8 Mrd. Franken geschätzt (vgl. Buwal 2002, S. 31). Die EU schätzte 1996 die Kosten des Lärms allein in Deutschland auf 7,8 bis 9,6 Mrd. Ecu (Commission of the European Communities 1996, S. 5).

Dabei setzen sich laut Buwal (2002, S. 31) die Kosten des Lärms aus den in Abb. 1.10 dargestellten Komponenten zusammen.

In Deutschland geht der Bundesfinanzhof von einer erheblichen Minderung des Wertes von Grundstücken durch starken Fluglärm aus, was sich in einer Reihe von Urteilen zu Mietminderungen und Wertverlusten ausdrückte (vgl. Neth 2010, S. 64).

Im Zusammenhang mit der Fluglärmfrage ist zu bedenken, dass ein Grundstück nicht nur eine auf dem Erdreich liegende seitlich abgegrenzte Fläche ist, sondern als ein in das Erdreich und in den Luftraum hineinragender Kubus zu verstehen ist (vgl. Kappeler 2010, S. 43). Das hat Folgen für die Eigentums- und Nutzungsrechte.

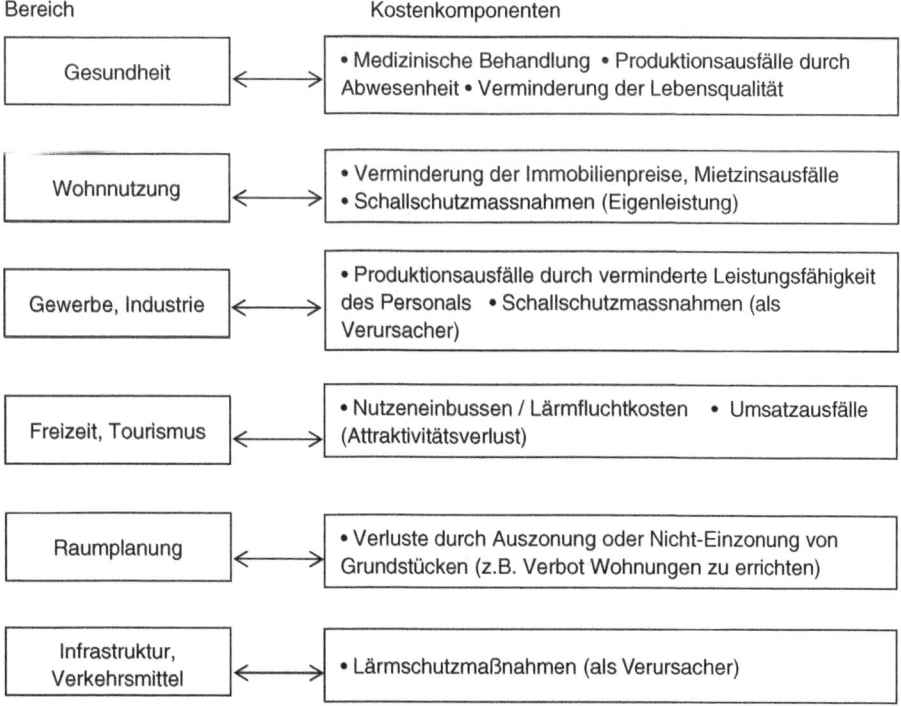

Abb. 1.10 Übersicht der wichtigsten Kostenkomponenten von lärmbedingten wirtschaftlichen Auswirkungen. (Quelle: In Anlehnung an Buwal 2002, S. 31; eigene Darstellung)

Doch wie ist der finanzielle Schaden durch Lärm zu berechnen? Im Zusammenhang mit dem Flughafen Zürich wurde dabei in der Schweiz 2008 das sogenannte MiFLU-Modell entwickelt. Diese Berechnungsart beruht auf ökonometrischen Ansätzen, die für die Immobilienbewertung entwickelt wurden. Dabei wurden in die Berechnung alle der Zürcher Kantonalbank bekannten 7484 Finanzierungen von Ein- und Mehrfamilienhäusern sowie von Stockwerkeigentum im Kanton Zürich zwischen 1995 und 2005 einbezogen. Die dabei erfassten Grundstücke wurden dabei anhand von 50 Eigenschaften sowie ihrer Makro- und Mikrolage analysiert. Allen diesen Eigenschaften wurde ein Preis zugesprochen. Dabei wurde ermittelt, in welchem Umfang infolge Fehlens oder Vorhandenseins bestimmter Eigenschaften ein Abzug oder ein Zuschlag auf den bisherigen Verkehrswert vorzunehmen sei. Entsprechend lässt sich ein durch Fluglärm hervorgerufener Wertminderungsbetrag ausrechnen (vgl. Kappeler 2010, S. 63 f.).

Obwohl in der Schweiz die Entschädigungspraxis an Grundeigentümer für Fluglärm laut Kappeler (2010, S. 102) sehr grundeigentümerfreundlich ist, hielt das Bundesgericht fest, dass

> die Ausschüttung von Geld an einzelne Grundeigentümer nicht das geeignete Mittel zur Besserstellung der lärmgeplagten Bevölkerung ist … Die beschränkten finanziellen Ressourcen sollten in erster Linie zur Lärmbegrenzung an der Quelle oder, wo dies nicht möglich ist … für Maßnahmen, die der Lärmbekämpfung und damit dem Schutz der Gesundheit dienen und den unmittelbar Betroffenen (insbesondere auch Mietern) zugutekommen (BGE 136 II 263, 270 f.; zitiert nach Kappeler 2010, S. 102).

Damit verwies das schweizerische Bundesgericht auf einen wichtigen Aspekt von Lärmschäden: Diese sind sowohl materieller als auch immaterieller Art (Gesundheit!) und betreffen alle an einem bestimmten Ort wohnhaften Personen, unabhängig davon, ob sie Hauseigentümer oder Mieter sind. Dabei ist zu bedenken, dass auf dem Wohnungsmarkt infolge Lärm-Wertminderung von Liegenschaften an lärmgeplagten Standorten tiefere Mieten verlangt werden, welche besonders sozial benachteiligte Bevölkerungsgruppen anziehen. Das bedeutet: Weniger finanzkräftige Personen sind stärker von Lärm betroffen, weil sie sich die teureren Wohnungen an besseren Wohnlagen schlicht nicht leisten können.

Alle Flughäfen erheben bei den Nutzern Flughafengebühren, die aus sogenannten Passagier- und Sicherheitsentgelten, Steuern und sogenannten Lärmgebühren bestehen. Diese richten sich nach Flugzeugtyp und der entsprechenden Lärmkategorie (vgl. Neth 2010, S. 180). Diese Lärmgebühren sind sehr unterschiedlich je nach Flughafen, und in der Tendenz steigend. So stiegen zum Beispiel die Lärmgebühren für eine Landung einer Boeing 747-200 am Flughafen Frankfurt bei späten Uhrzeiten zwischen 2001 und 2010 um 145 % (vgl. Neth 2010, S. 180). Dabei richtet sich die Lärmgebühr – im Unterschied zu anderen Flughafengebühren – nicht nach der Nationalität des Flugzeugs, sondern nach dem überflogenen Gebiet und nach dem von ihm verursachten Lärm (vgl. Neth 2010, S. 180 f.). Rechtlich hält Neth (2010, S. 181) diese Lärmgebühr für vergleichsweise unbedenklich. Aus diesen Lärmgebühren können Schadenersatzforderungen betroffener Bürgerinnen und Bürger bezahlt werden. Allerdings stellt sich die Frage, ob die erhobenen Lärmgebühren dazu ausreichen – was eher zu bezweifeln ist. Neth (2010, S. 184) hat auf die Vorteile des Abkommens um den österreichischen Flughafen Salzburg – der nur 3 km von der deutschen Grenze entfernt ist – verwiesen, dass es der betroffenen deutschen Bevölkerung ermöglicht, Lärmschutzmaßnahmen und Schadenersatzforderungen durchzusetzen. Demgegenüber fehlt im Falle des Flughafens Zürich-Kloten bis jetzt ein entsprechendes Abkommen. Die andere Frage, die sich stellt, ist, inwieweit die ansässige Bevölkerung in diesen Ländern Schadensersatzansprüche durchsetzen kann.

Klar ist, dass die offiziellen Kosten und insbesondere die Entschädigungen durch die Flughafenbetreiber deutlich zu tief sind und die effektiven Lärmkosten bestenfalls partiell decken. So rechnete man 2000 in Deutschland für die Verkehrsflughäfen mit 186,62 Mio. EUR und für die militärischen Flughäfen und Luft/Boden-Schießplätze mit Kosten von 232,64 Mio. EUR (vgl. Alber 2004, S. 83). Zwischen 1971 und 2002 brachten die deutschen Flughäfen laut der Arbeitsgemeinschaft Deutscher Verkehrsflughäfen mehr als 460 Mio. EUR für im Rahmen des FlugLG vorgeschriebene Schallschutzmaßnahmen auf (vgl. Alber 2004, S. 85).

Ein besonderes Problem stellt der militärische Tieffluglärm dar. Eine Studie des (deutschen) Bundesgesundheitsamtes über den militärischen Tieffluglärm ergab, dass der enge Zusammenhang zwischen Schreck und Angstreaktionen, welche als Folge des hohen Pegelanstiegs beim Tiefflug entstehen, eine extrem starke Belästigung bedeuten, insbesondere bei Lärmimmissionen von deutlich über 60 dB (A). Dieses Belästigungsausmaß ist bei Verkehrsflughäfen erst bei rund 20 dB (A) höheren Lärmpegeln vorzufinden (vgl. Alber 2004, S. 81). In Deutschland finden heute Tiefflüge von Kampfflugzeugen grundsätzlich nur noch in einem Höhenbereich von 300 bis 450 m statt, tiefere Flughöhen wurden vom BMVg ausgesetzt und die 7 Tieffluggebiete bis zu 75 m über Grund abgeschafft (vgl. Alber 2004, S. 82).

Doch wie hoch sind eigentlich die Kosten des Lärms und wie setzten sie sich zusammen?

Das Bundesamt für Raumentwicklung (ARE) des Eidgenössischen Departements für Umwelt, Verkehr, Energie und Kommunikation hat in einem Arbeitspapier 2001 die externen Lärmkosten des Verkehrs nach der Hedonic-Pricing-Analyse berechnen lassen. Die Abb. 1.11 zeigt, wie sich die einzelnen Kostenkomponenten zusammensetzen und in welchen Bereichen sie auftreten.

Zwar gibt es eine Vielzahl möglicher Maßnahmen, um die Lärmimmissionen zu verringern. Aber am besten ist es natürlich, Lärm gar nicht erst entstehen zu lassen – also die Lärmvermeidung an der Quelle. So besteht etwa im Straßenverkehr die Möglichkeit, den Reibungslärm und den zurückgeworfenen Motorenlärm durch Lärm mindernde Straßenbeläge zu verringern. So konnte etwa in der Luzerner Vorortgemeinde Meggen die Straßenlärmimmission, die über dem Immissionsgrenzwert lag, um 8 % oder 7,7 dB(A) reduziert werden (vgl. Bösch 2016, S. 14).

Dabei kann ab 55 dB (A) Lärmbelastung eine mit steigender Lärmbelastung negative Korrelation mit der Mietzinshöhe angenommen werden, siehe Abb. 1.12.

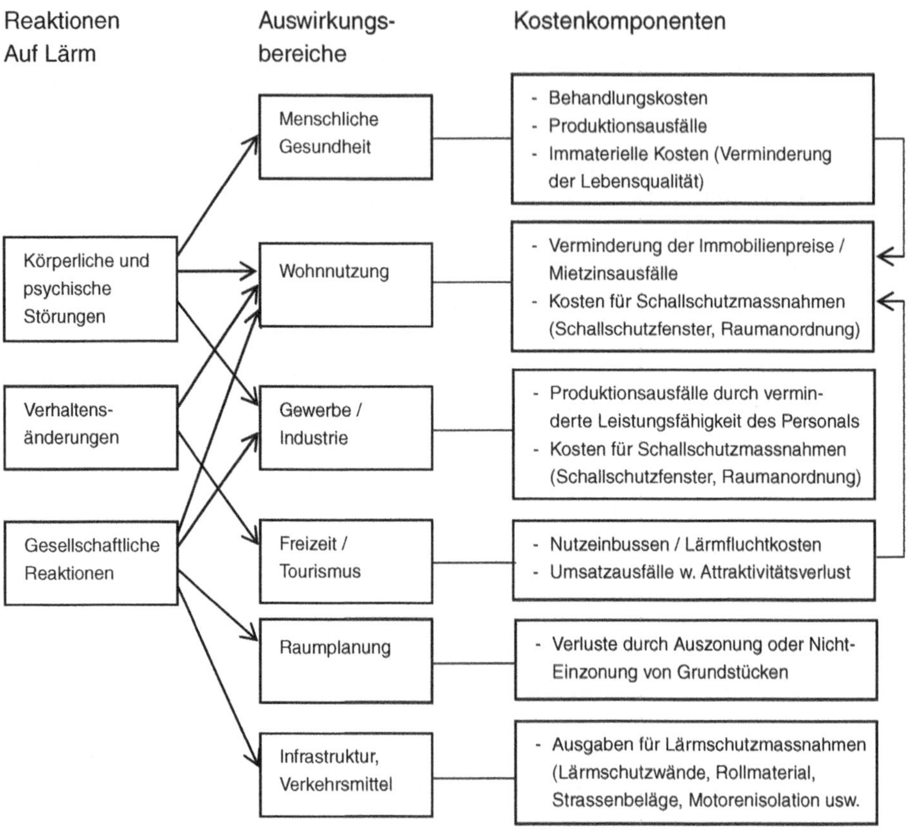

Reaktionen
Auf Lärm
Auswirkungs-
bereiche
Kostenkomponenten
Körperliche und
psychische
Störungen
Verhaltens-
änderungen
Gesellschaftliche
Reaktionen
Menschliche
Gesundheit
Wohnnutzung
Gewerbe /
Industrie
Freizeit /
Tourismus
Raumplanung
Infrastruktur,
Verkehrsmittel
- Behandlungskosten
- Produktionsausfälle
- Immaterielle Kosten (Verminderung
der Lebensqualität)
- Verminderung der Immobilienpreise /
Mietzinsausfälle
- Kosten für Schallschutzmassnahmen
(Schallschutzfenster, Raumanordnung)
- Produktionsausfälle durch vermin-
derte Leistungsfähigkeit des Personals
- Kosten für Schallschutzmassnahmen
(Schallschutzfenster, Raumanordnung)
- Nutzeinbussen / Lärmfluchtkosten
- Umsatzausfälle w. Attraktivitätsverlust
- Verluste durch Auszonung oder Nicht-
Einzonung von Grundstücken
- Ausgaben für Lärmschutzmassnahmen
(Lärmschutzwände, Rollmaterial,
Strassenbeläge, Motorenisolation usw.

Abb. 1.11 Auswirkungsbereiche und Kostenkomponenten von Lärm. (Quelle: Bundesamt für Raumentwicklung 2001, S. K-2 sowie 4)

Mietzins in Franken
Lärmbelastung in dB (A)
45
50
55
60
65
70
75

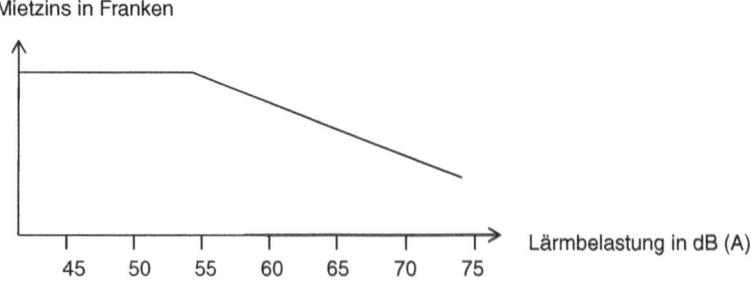

Abb. 1.12 Mietzinshöhe in Abhängigkeit der Lärmbelastung. (Quelle: Bundesamt für Raumentwicklung 2001, S. K-2 sowie 5)

Dabei ist zu bedenken, dass sinkende bzw. tiefe Mietzinse in aller Regel auch sinkenden bzw. tiefen Wert einer Liegenschaft bedeuten. Die Bewohner „zahlen" also sozusagen den tieferen Mietzins mit ihrer Gesundheit. Damit hat der Lärm auch eine sozialpolitische Komponente. Sie zeigt sich wie erwähnt vor allem in den unteren Einkommensschichten, weil preiswertes Wohnen oft durch eine höhere Umweltbelastung – eben zum Beispiel durch Lärm – erkauft wird. Damit ist der Lärm sozial selektiv wirksam – und das sollte bei der Lärmbekämpfung berücksichtigt werden (vgl. Blaschke 2010, S. 23).

Grundsätzlich lassen sich die durch Lärm verursachten Kosten bzw. die damit verbundenen Wertverluste durch verschiedene Methoden ermitteln:

1. Durch den **Hedonic-Pricing-Ansatz:** Dieser Ansatz geht davon aus, dass sich die Miet- oder Kaufkosten einer Wohnung aus einer Reihe von Eigenschaften und Charakteristika zusammensetzen. Dazu gehören **Eigenschafen der Wohnung selbst** wie Wohnungsgröße, Anzahl Zimmer, Ausbaustandard oder Stockwerk; die **nähere Umgebung** wie Grünflächen, Lärmbelastung; **Erreichbarkeit** wie Distanz zur nächsten ÖV-Haltestelle, Distanz zum Dorf- oder Stadtzentrum usw. Mit Hilfe von geeigneten statistischen Verfahren werden diese Eigenschaften quantifiziert und mit den im Markt beobachteten Verkaufs- und Mietpreisen verglichen (vgl. Bundesamt für Raumentwicklung 2001, S. K-3). Man kann davon ausgehen, dass die hedonistische Methode rund 75 % der Mietpreisschwankungen erklären kann, was gemäß Bundesamt für Raumentwicklung (2001, S. 49) als gut bis sehr gut bezeichnet werden kann. Banken, Versicherungen sowie Pensionskassen bewerten heute in der Schweiz nach der hedonistischen Methode (vgl. Wipfli 2007, S. 45). Einziger Nachteil dieser Methode ist eine gewisse Subjektivität einzelner Faktoren.
2. Durch den **Contingent-Valuation-Ansatz:** Dabei wird durch Befragungen die Bereitschaft ermittelt, welche Mieten oder Preise Interessentinnen und Interessenten bei abnehmendem Lärm zu bezahlen bereit sind. Obwohl diese Methode für andere Umweltgüter häufig eingesetzt wird, hat sie den Nachteil, dass die Antworten rein hypothetisch sind – und nicht wenige Wohnungssuchende verhalten sich dann faktisch im Markt anders als sie es angeben. Im Unterschied zur Hedonic-Pricing-Analyse – die ihre Ergebnisse aus Ex-Post-Erhebungen bezieht und also sozusagen bereits erfolgtes Marktverhalten berücksichtigt – stellt der Contigent-Valuation-Ansatz eine Ex-Ante-Erhebung dar und ist darum in ihren Ergebnissen weniger verlässlich, auch wenn in jüngster Zeit die Befragungstechniken stark verfeinert wurden.
3. Durch den **Entschädigungs-Ansatz:** Dieser dritte Ansatz stellt eine Art Erhebung von Expertenmeinungen zur lärmbedingten Wertverminderung einer Wohnung dar. Dieser „Experten-Ansatz" ist – wie Erhebungen von Experten-Interviews immer wieder zeigen – aus zwei Gründen problematisch: Auf der einen Seite geben Experten meist nur gängige Mainstream-Meinungen der Forschungscommunity wieder, und auf der anderen Seite repräsentieren sie oft kaum harte Fakten, sondern „intuitive" Einsichten oder „Bauchgefühle".

4. Durch die **Barwertmethode** werden die anfallenden Einnahmen aus der Liegenschaft und die Bewirtschaftungskosten ins Zentrum gestellt. Sie berechnet den Barwert des periodischen Einnahmenüberschusses – z. B. über 75 Jahre. Dabei werden großzyklische Renovationskosten in Abzug gebracht, die üblicherweise alle 25 Jahre erfolgen (vgl. Wipfli 2007, S. 42). Das Problem dieser Methode liegt darin, dass dabei faktische Einnahmen-/Ausgaben-Veränderungen, aber nicht unbedingt buchhalterische Wertminderungen erfasst werden, was gerade bei Lärmimmissionen wichtig wäre.

5. Durch die **Discounted-Cashflow-Methode** (DCF-Methode):

> Die DCF-Methode beruht darauf, dass sich der Wert einer Immobilie aus der Summe aller auf den Stichtag der Bewertung diskontierten zukünftigen jährlichen Cashflows (d. h. jährliche Einnahmen nach Betriebs-, Verwaltungs- und Instandhaltungskosten, jedoch vor Steuern, Transaktions- und Finanzierungskosten) zuzüglich des diskontierten Liquidationswertes (Residualwertes) im Exitjahr ergibt. Der Cashflow wird üblicherweise über eine Periode von zehn Jahren betrachtet, das elfte Jahr ist das Exitjahr (Wipfli 2007, S. 43).

> Diese Methode hat sich für Ertragsliegenschaften bei internationalen Fonds und Investmentgesellschaften etabliert. Der Vorteil dieser Methode ist, dass sie von (subjektivem) Schätzerermessen frei ist. Der Nachteil ist, dass alle nicht quantifizierbaren Einflüsse dieser Methode entzogen sind.

Alles in allem scheint die hedonistische Methode (Hedonic-Pricing-Analysis) durch Fremddimissionen verursachte Wertverminderungen am besten erfassen zu können. Sozusagen als erweiterter hedonistischer Ansatz kommt heute bei Einfamilienhäusern und Eigentumswohnungen die Ambientecodierung zum Einsatz: Im Sinne des traditionellen Lageklassenschlüssels werden dabei Umweltkriterien wie Besonnung, Aussicht, Belastung durch Straßen-, Bahn- und Quartier- oder Fluglärm, Sozialprestige der Wohnlage, Wohnungs- und Haustyp sowie Innen- wie Außenarchitektur mit berücksichtigt (vgl. Wipfli 2007, S. 46).

Europaweit – allerdings nicht in der Schweiz – gelten seit 2003 in 27 Ländern die Europäischen Bewertungsstandards (vgl. Wipfli 2007, S. 64), welche Vergleiche erleichtern.

Eine Untersuchung nach der hedonistischen Methode in den Jahren 1995 bis1999 an 380 Objekten in sieben Gemeinden des Kantons Zürich ergab, dass eine **Zunahme der Lärmbelastung um 1 dB (A)** den **Immobilienpreis und 0,66 % vermindert** (Bundesamt für Raumentwicklung 2001, S. 49 f.). Das bedeutet: Ein Einfamilienhaus mit einem Verkaufswert von 750.000 Franken (=rund 690.000 EUR) erlitt an einer lärmbelasteten Straße mit 70 dB (A) im Vergleich zu einer nicht lärmbelasteten Lage von 55 dB (A) einen Wertverlust von 75.000 Franken (69.000 EUR). Dabei ist allerdings zu berücksichtigen, dass die Wertverminderung je nach Objekt sehr stark variieren kann. So schwankten die Schätzungen der Wertverminderung bei unmittelbarer Nähe zu einer Eisenbahnlinie zwischen 1,8 % und 24 % (vgl. Bundesamt für Raumentwicklung 2001, S. K-4 sowie 50).

Frühere Studien – etwa in Basel – kamen sogar auf eine Wertverminderung von 1,26 % pro zusätzliche dB (A)-Belastung auf Liegenschaften (vgl. Bundesamt für

Raumentwicklung 2001, S. K-7). Weitgehend offen blieb aber nach diesen Studien die Frage, ob die durch Lärm erfolgende Wertverminderung je nach Region und städtisch-ländlichem Charakter der Gemeinde unterschiedlich sei oder nicht (vgl. Bundesamt für Raumentwicklung 2001, S. K-8).

Eine Stichprobe bei 440 Mietwohnungen (2–4 Zimmer) in der Stadt Zürich ergab statistisch keine klaren Ergebnisse, was mit der ungenügenden Datenlage und mit der ungenügend genauen Lärmerhebung erklärt wurde. In beiden Studien lag die Genauigkeit der gemessenen Lärmbelastungen zwischen ± 3 bis ± 5 dB (A) (vgl. Bundesamt für Raumentwicklung 2001, S. K-5).

Allerdings sollte die Kostenfrage nicht unabhängig von der Wirksamkeit von Lärmschutzmaßnahmen gestellt werden. So konnte etwa in einer Studie um den Flughafen Zürich nach Aussage der Betroffenen auch beim Einbau von Schallschutzfenstern kein durchgängiger signifikanter Effekt auf den Belästigungsgrad gefunden werden. Ein signifikanter Unterschied in Bezug auf die Lärmbelästigung konnte bei eingebauten Schallschutzfenstern nur ab 55 dB (A) und bei Lärmbelästigungen während des Tages festgestellt werden, nicht aber nachts (vgl. Wirth 2004, S. 129).

Die gleiche Studie (vgl. Wirth 2004) ergab auch, dass in stärker fluglärmbetroffenen Gegenden – im Vergleich zu kaum oder nicht fluglärmbelasteten Regionen – im Durchschnitt (etwas) jüngere Menschen, Menschen mit geringerem Einkommen, häufiger Mieter und besonders Mieter mit billigeren Wohnungen, häufiger Menschen mit gesundheitlichen Symptomen und Menschen mit größerer Unzufriedenheit mit ihrer Wohnsituation wohnten.

Ein – allerdings unterschiedliche Jahre betreffender – Vergleich der Lärmbelästigungen durch die Flughäfen Düsseldorf, München, Frankfurt und Zürich hat ergeben, dass es zwar vergleichbare, aber je nach Tages- und Nacht-Zeitpunkt auch abweichende Lärmbelästigungen der in der Umgebung wohnhaften Bevölkerung gibt (vgl. Wirth 2004, S. 146 ff.). Ausschlaggebend sind dabei unter anderem die Zahl der Flüge, die zeitliche Verteilung der Flüge und die Bevölkerungsdichte in Flughafennähe.

Doch was ist der Grund, dass trotz teilweise viele Jahrzehnte zurückliegenden Lärmschutzregelungen der Lärm immer weiter zunimmt – und dass wenig dagegen gemacht wird? Griffel (2015, S. 123) sieht dafür – mit Blick auf die Schweiz – ein Vollzugsproblem. Oft fehlen der öffentlichen Hand die Geldmittel, um etwa Straßensanierungsprogramme fristgerecht umzusetzen. Außerdem – müsste man ergänzen – fehlt nicht selten auch der politische Wille, z. B. das Fluglärmproblem anzugehen oder andere öffentliche und private Lärmverursacher zurückzubinden. Zu groß sind die dabei ins Spiel kommenden wirtschaftlichen und politischen Partikularinteressen.

1.4 Elektrosmog

Laut Cross und Neumann (2008, S. 9) stellen Zugezogene nach dem Wohnungswechsel nicht selten krankheitsbedingte Symptome fest, etwa wenn sie in die Nähe einer Mobilfunkantenne umziehen. Aber auch lediglich die Anschaffung eines neuen schnurlosen

Telefongeräts, das Tag und Nacht auf DECT-Standard strahlt, oder ein neuer WLAN-Anschluss für Computer können Schlafstörungen, Kopf- oder Magenschmerzen und andere Symptome verursachen. Solche Symptome können auf elektromagnetische Felder oder Strahlen zurückgehen.

Elektromagnetische Wellen lassen sich anhand ihrer Wellenlänge und ihrer Frequenz charakterisieren.

Elektromagnetische Wellen lassen sich nach ihrer **Wellenlänge** wie folgt unterteilen:

100.000 bis 100 km = niederfrequente Felder

100 m (Radiowellen) bis 10 cm (Mikrowellen) = hochfrequente Felder

0,1 mm bis >0,0008 mm Infrarotlicht bis <0,0004 mm UV-Licht = optische Strahlung

<0,0004 mm Ionisierende Strahlung (vgl. Eisenhardt 2008, S. 138).

Die **Frequenz** drückt die zeitliche Veränderung eines elektromagnetischen Feldes aus und wird in Hertz gemessen. Mit Frequenz ist die Anzahl Schwingungen pro Sekunde gemeint: 1 Hz entspricht einer Schwingung pro Sekunde, 1 Kilo-Hertz (kHz) 1000 Schwingungen pro Sekunde, 1 Mega-Hertz (MHz) 1 Mio. Schwingungen pro Sekunde und 1 Giga-Hertz 1 Mrd. Schwingungen pro Sekunde (vgl. Grasberger und Kotteder 2003, S. 21).

Die Tab. 1.3 zeigt die einzelnen Frequenzbereiche elektrischer, magnetischer und elektromagnetischer Felder.

Strahlungen über 300 GHz liegen im Bereich der Infrarotstrahlung, des sichtbaren Lichts, der ultravioletten Strahlung, der Röntgenstrahlung und der Gammastrahlung (vgl. Grasberger und Kotteder 2003, S. 20).

Tab. 1.3 Elektrosmog: Feldformen, Quellen, Einheiten und Eigenschaften. (Quelle: Dickschus und Otto 2009, S. 130)

Niederfrequenz, elektrische Felder: < 30 kHz		
Quellen	Einheit	Eigenschaften
• Stromnetz und elektrische Geräte • verbrauchs*un*abhängig	Elektrische Feldstärke gemessen in Volt pro Meter (V/m) Grenzwert: 5000 V/m	• an die Quelle gebunden • nimmt mit zunehmender Entfernung ab • durchdring kaum Mauern
Niederfrequenz, magnetische Felder: < 30 kHz		
Quellen	Einheit	Eigenschaften
• Stromnetz und elektrische Geräte • entsteht bei Stromverbrauch	Magnetische Flussdichte gemessen in MikroTesla (μT)	• an die Quelle gebunden • nimmt mit zunehmender Entfernung ab • kann Mauern durchdringen
Hochfrequenz (30 kHz–300 GHz), elektromagnetische Strahlen bzw. Felder		
Quellen	Einheit	Eigenschaften
• Mobilfunk • Rundfunk-/TV-Sender • Mikrowellengeräte • WLAN etc.	Leistungsflussdichte gemessen in Milliwatt pro Quadratmeter (mW/m²)	• nicht an Quelle gebunden • strahlt über große Entfernungen • kann Mauern durchdringen

Laut Cross und Neumann (2008, S. 96) hängt die Tatsache, ob elektromagnetische Strahlung in Form von Wellen, Teilchen oder als Feld erscheint, davon ab, mit welcher Methode die Strahlung nachzuweisen versucht wird.

In Bezug auf eine mögliche Schädlichkeit sind vier Aspekte von Bedeutung: Erstens die Feldstärke, zweitens die Frequenz, drittens die Modulation und viertens die Pulsung (vgl. Dickschus und Otto 2009, S. 157). Die Feldstärke oder Leistungsflussdichte drückt die Intensität der Strahlung aus. Die Frequenz bezeichnet die Anzahl der Schwingungen pro Zeiteinheit. Die Modulation bezeichnet die Aufbringung einer Information auf die Trägerwelle. Die Pulsierung bezeichnet die zeitliche Staffelung oder den Rhythmus, in welchem die Funkwelle zerhackt, bzw. ein- und ausgeschaltet wird (vgl. Dickschus und Otto 2009, S. 157 ff.).

Dabei ist grundsätzlich zwischen ionisierender und nicht-ionisierender Strahlung zu unterscheiden. Ionisierende Strahlung ist so energiereich, dass sie elektronisch neutrale Atome in geladene Atome – also in sogenannte Ionen – verwandeln kann (vgl. Cross und Neumann 2008, S. 96). Wenn dies innerhalb des Körpers geschieht, kann das Körpergewebe geschädigt werden, etwa durch Verbrennungen oder durch Schäden am Erbgut der Zellen, die zu Krebs führen können. Dagegen können nicht-ionisierende Strahlungen keine Ionen erzeugen, jedoch den Körper anderweitig beeinflussen (vgl. Cross und Neumann 2008, S. 97).

Doch was ist eigentlich „Elektrosmog"? Cross und Neumann (2008, S. 132) haben darauf hingewiesen, dass dieses Kunstwort mit Absicht geschaffen wurde, „um die mögliche Gefährlichkeit elektromagnetischer Strahlung" zu thematisieren und „um die Verharmlosung schon im Keim zu ersticken". Wissenschaftler verwenden dafür lieber den neutralen Begriff „Elektromagnetische Verträglichkeit mit der Umwelt" (EMVU; vgl. Cross und Neumann 2008, S. 133). Die Schaffung eines solchen „Kunstwortes" scheint deshalb gerechtfertigt, weil auch Naturwissenschaftler nicht gegen Ideologisierungen gefeit sind, wie etwa das Beispiel des Klimawandels zeigt, der immer noch von nicht wenigen anerkannten Naturwissenschaftlern bestritten oder zumindest nicht auf anthropogene Faktoren zurückgeführt wird. Diese Ideologisierung kann in beide Richtungen gehen: Die einen bestreiten negative Auswirkungen nicht ionisierender elektromagnetischer Strahlung – z. B. weil sie angeblich nicht nachgewiesen oder nachweisbar ist – die anderen sehen in jedem Elektrogerät und in jeder elektromagnetischen Einrichtung eine (Mit-)Ursache physischer oder psychischer Leiden. Dazu ist vorweg Folgendes zu sagen: Dass eine Wirkung (noch) nicht nachgewiesen ist, muss nicht heißen, dass sie nicht besteht. Dazu kommt, dass die Auswirkungen elektromagnetischer Wellen – wie in der mittlerweile kaum mehr bestrittenen Wetterfühligkeit, die zu Migräneattacken führen kann – in der Regel nur eine Minderheit betreffen. Zum Dritten sind gerade psycho-physische Symptome oft sehr individuell und meistens äußerst komplex, weshalb sie mit den quantitativen wissenschaftlichen Methoden der Naturwissenschaften kaum oder nur mit Schwierigkeiten nachweisbar sind. Auch sind die Resultate bis heute nicht zweifelsfrei reproduzierbar.

The most difficult situation of all, which unfortunately has developed with epidemiology studies involving electromagnetic fields, is a collection of studies with weak positive results, which however are inconsistent among each other. In that situation, scientists themselves are likely to be divided about the significance of the data. However, for the reasons explained above, most scientists and clinicians agree that any health effects of low level electromagnetic fields, if they exist at all, are likely to be very small compared to other health risks that people face in everyday life (WHO 2017).

Auch Singh und Kapoor kamen 2014 zum Ergebnis, dass aufgrund der vorhandenen wissenschaftlichen Literatur nicht eindeutig gesagt werden könne, ob elektromagnetische Felder gesundheitsschädigende Folgen haben, jedoch könnten „negative Konsequenzen nicht ausgeschlossen" werden. Dem steht allerdings die Tatsache entgegen, dass in den vergangenen 30 Jahren rund 25.000 Artikel über biologische Effekte und medizinische Fragen im Zusammenhang mit nicht ionisierenden Strahlen erschienen sind (vgl. WHO 2017).

Entsprechend gibt es durchaus auch ernst zu nehmende und verlässliche Studien über einzelne Auswirkungen elektromagnetischer Felder.

Laut Studien können niederfrequente Felder (NF-EMF) die Freisetzung von Melatonin stören, was zu Änderungen in den Tagesrhythmen führen kann. Über einer bestimmten Schwelle können niederfrequente Felder über längere Zeit zu Befindlichkeitsstörungen wie Kopfschmerzen, Druckgefühl im Kopf usw. führen (vgl. Eisenhardt 2008, S. 139). Niederfrequente elektromagnetische Felder treten vor allem in der Nähe von elektrischen Geräten auf wie z. B. Haarföhn, elektrischer Rasierapparat, Staubsauger oder Bohrmaschine. In einem Abstand von 3 cm zu diesen Geräten kann die Magnetflussdichte 1000 µT betragen. Allerdings nimmt mit steigendem Abstand die Flussdichte umgekehrt proportional in der dritten Potenz ab (vgl. Röösli und Berg-Beckhoff 2014, S. 191). Entsprechend führt eine Verdoppelung des Abstandes zu einer achtmal geringeren Magnetflussdichte, und im Abstand von 1 m wird eine Magnetflussdichte von 1 µT nicht mehr überschritten (vgl. Röösli und Berg-Beckhoff 2014, S. 191). Auch bei Hochspannungsfreileitungen nimmt die Magnetflussdichte mit dem Abstand ab. So sind bei 220 oder 380 kV-Leitungen im Abstand von 100 m die Werte kleiner als 1 µT (vgl. Röösli und Berg-Beckhoff 2014, S. 191). Allerdings genießen längst nicht alle Gebäude den Luxus, mindestens 100 m von der Starkstromleitung entfernt zu sein.

Bei in der Nähe von Hochspannungsleitungen lebenden erwachsenen Menschen wurden erhöhte Tumorrisiken im ZNS-System – also im Gehirn und im Rückenmark – und bei Kindern häufigere Leukämie-Erkrankungen festgestellt (vgl. Eisenhardt 2008, S. 140). Das erhöhte Leukämie-Risiko kann laut schwedischen Untersuchungen bis zum 3,8-fachen des normalen Leukämie-Risikos betragen, weshalb in Schweden Schulen und Kindergärten einen Minimalabstand zu Hochspannungsleitungen einhalten müssen (vgl. Eisenhardt 2008, S. 140). Allerdings sind die Ergebnisse der einzelnen Studien sehr unterschiedlich.

Hochfrequente elektromagnetische Felder (HF-EMF) können unterschiedlich tief in den Körper eindringen. Durch die Absorption der Strahlung kommt es zu Erwärmung im

Körper (vgl. Eisenhardt 2008, S. 140). Auch bei Hochfrequenzfeldern ist die Abnahme ungefähr umgekehrt proportional zur Distanz (1/r) zur emittierenden Quelle. Die mittlere Belastung wurde 2007 mit 0,2 V/m gemessen, vorwiegend von Handys anderer Personen, von Handyantennen und Basisstationen von DECT-Schnurlostelefonen (vgl. Röösli und Berg-Beckhoff 2014, S. 191).

Welche Elektrosmogverursacher gibt es?
Oft genannte Quellen elektromagnetischer Strahlen sind Mobilfunkantennen, Hochspannungsleitungen, Zug-, Tram-, Busfahrleitungen. Aber selbstverständlich erzeugt jedes technische Gerät in einer mehr oder minderen Intensität elektromagnetische Strahlung, also Elektrosmog. Allen voran jene mit den neusten Technologien, also Handys, Funktelefone (DECT), Babyfone, Notebooks, WLAN, Mikrowellengeräte etc.

Elektrosmog schadet Mensch und Tier
Elektrosmog entsteht primär aus zwei Komponenten. Die eine Komponente betrifft die Hertz'schen Wellen, in welchen sich die Elektronen nicht in Einklang mit unserem Körper drehen. Solche Elektronen erzeugen auf unserem Körper Wärme, bzw. führen durch den thermischen Energieinhalt in der Hertz'schen Welle zu örtlichen Wärmeerscheinungen. So z. B. in Form von heißen, roten Ohren bei Bestrahlung durch Mobiltelefone.

Diese erste Komponente von Elektrosmog ist jedoch nicht diejenige, welche den Organismus am meisten stresst. Jede technisch erzeugte Welle verursacht eine sogenannte Resonanzschwingung, die zweite Komponente. Ob man diese nun Hyperschall nennen will, Skalarwellen, Longitudinal- oder Teslawellen, spielt dabei keine Rolle. ...

Der menschliche Körper verfügt über rund 80 Billionen Zellen, welche zum Leben Nahrung und Sauerstoff benötigen. Durch elektromagnetische Potenzialbildungen in den Zellmembranen kann sich die Zelle öffnen, aufnehmen, schließen und Partikel aufnehmen und ausstoßen.

Fazit: Elektrosmog kann die natürlichen Lebensabläufe von Lebewesen stören, in biologische Prozesse eingreifen und sie verändern. Damit kann Elektrosmog Stress für Körper und Psyche bedeuten, Krankheiten kultivieren und Heilung verhindern (nach Fostac 2016, leicht redigiert durch CJ).

Für die Schlafbereiche gilt seit längerem baubiologisch eine Feldstärke von 1 V/m als Richtwert, die strenge TCO-Norm lässt für Computerbildschirme in 30 cm Abstand 10 V/m zu (vgl. Meierhofer 2006, S. 18).

Allerdings sind die Wirkungen hochfrequenter Felder nach wie vor umstritten (vgl. Eisenhardt 2008, S. 140). So meinte etwa der Epidemiologe G. Taubes, man solle einen gesundheitlichen Schaden vergessen, wenn die ermittelte Wahrscheinlichkeit nicht mindestens um das 3- oder 4-fache höher sei als normal (vgl. Glaser 2008, S. 244).

Eine 2008 durchgeführte repräsentative Befragung von Ärzten in Deutschland ergab, dass zwei Drittel der antwortenden Ärzte wegen vermuteten Gesundheitsbeeinträchtigungen durch elektromagnetische Felder konsultiert wurden. Dabei wurden folgende Symptome genannt, bei denen ein Zusammenhang mit elektromagnetischen Feldern vermutet wurde: Kopfschmerzen (21,6 %), Schlafstörungen (21 %), Schwäche oder Schwindel (9,2 %), abnormale Müdigkeit (8,8 %) und unspezifische Symptome (8 %) (vgl. Berg-Beckhoff et al. 2010, S. 820). Laut der Weltgesundheitsorganisation WHO sind rund 1 bis 3 % der Bevölkerung von elektromagnetischer Hypersensitivität betroffen (vgl. Singh und Kapoor 2014).

Bereits verhältnismäßig geringe Strahlungsintensitäten können zu erhöhten Gesundheitsrisiken führen. Eine Analyse von 9 Studien ergab eine doppelte Zunahme des Risikos für Kinder, an Leukämie zu erkranken, die einer elektromagnetischen Strahlung von 0,4 μT oder höher ausgesetzt waren. Eine andere Meta-Untersuchung von 15 Studien ergab eine um das 1,7-fach höhere Wahrscheinlichkeit, dass Kinder an Leukämie erkrankten, die 0,3 μT oder höher ausgesetzt wurden. Und eine Überprüfung von 7 nach dem Jahr 2000 publizierten Studien kam zum Ergebnis, dass bei Kindern, die einer elektromagnetischen Strahlung von 0,3 μT oder höher ausgesetzt waren, die Wahrscheinlichkeit, an Leukämie zu erkranken 1,4-mal höher war als sonst (vgl. Electromagnetic Fields und Cancer 2016).

In einer wissenschaftlichen Standortbestimmung des Bundes (Schweiz) wird dagegen festgehalten, dass die einzige bisher zweifelsfrei nachgewiesene Auswirkung der Mobilfunkstrahlung die Erwärmung von Körpergewebe ist (vgl. Müller 2016, S. 27). Die von der EU empfohlenen diesbezüglichen Grenzwerte wurden von vielen europäischen Ländern übernommen – auch von der Schweiz, allerdings mit Einschränkungen.

Entsprechend wird über die Höhe der Grenzwerte erbittert gestritten. Abb. 1.13 zeigt die zulässigen Grenzwerte in der Schweiz, in Deutschland, in Österreich, in Frankreich und in Italien.

Dabei ist zu bedenken, dass rund 80 % der Mobilfunkantennen in der Schweiz an „heiklen Standorten" stehen (vgl. Müller 2016, S. 27). Allerdings haben Studien gezeigt,

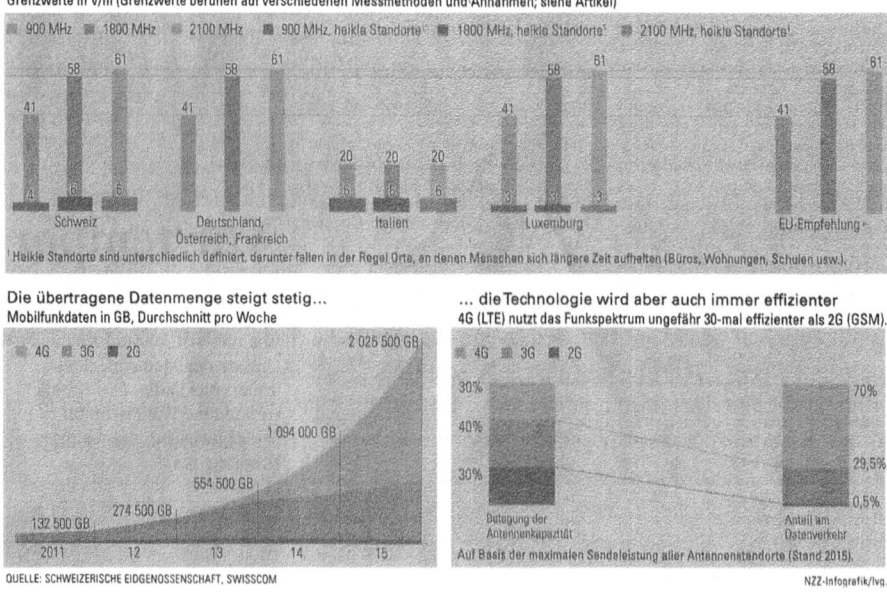

Abb. 1.13 Grenzwerte für elektromagnetische Strahlung in verschiedenen Ländern Europas. (Quelle: Müller 2016, S. 27)

dass 90 % der Strahlenbelastung beim Endgerät anfallen – so die Auskunft von Martin Röösli, Professor am Schweizerischen Tropen- und Public-Health-Institut in Basel (vgl. Müller 2016, S. 27). Allerdings wies Röösli auch darauf hin, dass es schlicht zu wenige Daten über die Strahlungsproblematik gibt. In jüngster Zeit wurde in der Schweiz über eine Erhöhung der Grenzwerte diskutiert. Dies vor allem, weil in der Regel neue Gerätegenerationen höhere elektromagnetische Immissionen aufweisen. Im November 2016 lehnte die kleine Kammer des schweizerischen Parlaments mit nur einer Stimme im Verhältnis von 20:19 eine Heraufsetzung der Grenzwerte für elektromagnetische Strahlung ab (vgl. Neue Zürcher Zeitung vom 9.12.2016, S. 13). Die schweizerische Landesregierung – der Bundesrat – und die große Parlamentskammer – der Nationalrat – wollten auf Betreiben des freisinnig-liberalen Nationalrats und mobilfunknahen IT-Unternehmers Ruedi Noser den tieferen Grenzwert, der für „Orte mit empfindlicher Nutzung" gilt und zehnmal tiefer als der normale Grenzwert (=ICNIRP-Grenzwert) angesetzt ist, heraufsetzen (vgl. Dyttrich 2016, S. 7). Allerdings sind die Folgen dieser vorläufigen Entscheidung der kleinen Parlamentskammer – nicht eindeutig: Wahrscheinlich wird es nun statt der gleichen Zahl von Mobilfunkantennen mit höherer Strahlung einfach mehr Antennen mit geringerer Strahlung geben – welche dieser beiden Möglichkeiten besser ist, darüber kann man streiten.

Zunehmende elektromagnetische Immissionen durch neue Mobiltelefone
„Das iPhone 7 hat im Vergleich zu vorausgehenden iPhone-Modellen einen ungewohnt hohen SAR-Wert, wie aus Apples aktualisierter Datenbank zur Belastung durch „hochfrequente Energie" hervorgeht. Den SAR-Grenzwert für das in Europa verkaufte Modell A1778 des iPhone 7 mit 4,7-Zoll-Display weist der Hersteller – am Kopf gemessen – mit 1,38 W/kg aus. Der am Körper in einem Abstand von 0,5 Zentimeter gemessene Wert beträgt 1,34 W/kg.
   Bei iPhone 7 Plus führt Apple einen SAR-Wert von 1,24 W/kg bei Messung am Kopf sowie einen SAR-Wert von 1 W/kg am Körper auf. Zum Vergleich: Beim Vorgänger iPhone 6 s lagen vor allem die am Kopf erfassten Werte deutlich niedriger: 0,87 W/kg im Fall des hierzulande verkauften 4,7-Zoll-Modells sowie 0,93 W/kg für das iPhone 6 s Plus. Für Samsungs Galaxy S7 führt die Deutsche Telekom einen am Kopf gemessenen SAR-Wert von 0,41 W/kg auf, die Edge-Variante wird mit 0,26 Watt pro Kilogramm gelistet.
   Sämtliche Werte liegen deutlich unter den von der Internationalen Kommission zum Schutz vor nichtionisierender Strahlung vorgegebenen Empfehlung von maximal 2 Watt pro Kilogramm" (Raschle 2016).

Umgekehrt ist jedoch die Diskussion um die Erhöhung der Grenzwerte insofern seltsam, als die effektive Strahlenbelastung – zum Beispiel im Kanton Zürich – mit durchschnittlich 0,18 V/m weit unter den aktuellen Grenzwerten liegt. Wollen da die Telekom-Anbieter höhere Grenzwerte „auf Vorrat" schaffen? Dies ist auch darum wenig einleuchtend, weil – wie Röösli sagt – eigentlich niemand weiß, was höhere Grenzwerte bewirken würden (vgl. Müller 2016, S. 27). Dabei ist die Argumentation der telekomnahen Befürworter der Grenzwerterhöhung – wie z. B. von Peter Grütter (2016), seines Zeichens Präsident des Schweizerischen Verbandes der Telefonkommunikation – paradox: Auf der einen Seite betonen sie die angeblich wissenschaftlich längst bewiesene Ungefährlichkeit der elektromagnetischen Immissionen der Mobilfunktelefonie, auf der anderen Seite argumentieren sie damit, dass durch eine Erhöhung der Strahlungsgrenzwerte der „der Bau unzähliger neuer Anlagen … vermieden werden kann" (Grütter 2016): Glauben also die Telekomanbieter ihre eigene Propaganda selbst nicht – oder fürchtet man einfach den wachsenden Widerstand in der Bevölkerung?

Cross und Neumann (2008, S. 134) haben darauf hingewiesen, dass die in der öffentlichen Diskussion immer wieder zu hörenden Meinung, „dass bisher weder die Gefährlichkeit noch die Ungefährlichkeit elektromagnetischer Strahlung bewiesen sei", in zweierlei Hinsicht falsch ist: Selbst wenn bisher keine Studie eine Gefährlichkeit ergeben hätte, würde dies nur bedeuten, dass gefährliche Effekte in den bisherigen Studien lediglich **nicht nachweisbar** waren, aber mit anderen Methoden durchaus festzustellen sein könnten: Die wissenschaftliche Erkenntnis kann nie etwas endgültig verifizieren, sondern nur geltende, vorläufige Erkenntnisse falsifizieren, also als falsch nachweisen: „Die Ungefährlichkeit von irgendetwas lässt sich genauso wenig grundsätzlich beweisen wie die Nichtexistenz von etwas, beispielsweise von Außerirdischen" (Cross und Neumann 2008, S. 134).

Doch die Aussage, dass die Schädlichkeit elektromagnetischer Felder nicht nachgewiesen worden seien, stimmt noch aus einem anderen Grund nicht: Immerhin haben rund 100 von 300 relevanten Studien gezeigt, „dass Elektrosmog Wirkungen auf lebende Organismen hat, auf Pflanzen, Tiere, Zellkulturen und auf Menschen" (Cross und Neumann 2008, S. 135). Allerdings hielten es nicht wenige Naturwissenschaftler für gegeben, „dass elektromagnetische Strahlungen nur dann auf lebende Organismen negative Effekte haben können, wenn sie zu einer Erwärmung des Gewebes führen" (Cross und Neumann 2008, S. 135). Das war etwa an Standorten in der Nähe von Radaranlagen des Militärs mit hohen Mikrowellenstrahlungen bekannt. Es darf als gesicherte Erkenntnis gelten, dass Radarstrahlen mit hoher Intensität zu Schäden infolge Erwärmung am Körpergewebe führen können.

Doch wer sagt, dass nur Erwärmungen schädlich sind? Andere Wirkzusammenhänge sind zumindest denkbar oder plausibel. Oft wird aus dem – falschen! – Umkehrschluss: „keine Erwärmung → keine Schädigung" gefolgert, dass ohne Erwärmungseffekt elektromagnetische Felder unschädlich seien. Das ist etwa die gleiche Logik, die sich aus dem berühmten statistischen Fehlschluss der Storchenflüge über Mühlhausen ergibt: Weil über eine gewisse Zeit eine Korrelation von Geburten und Storchenflügen festgestellt wurde, sei anzunehmen – oder gar bewiesen, dass der Storch die Kinder bringe! Dem gleichen naturalistischen Fehlurteil unterliegt die – natürlich interessengeleitete! – Folgerung der Telekom-Branche, dass die auf elektromagnetischen Feldern beruhende Mobiltelefonie unschädlich sei.

Das STOA-Papier, das vom Department of Physics der Universität von Warwick, UK und vom Internationalen Institut für Biophysik herausgegeben und vom Europäischen Parlament (2001, S. 5) veröffentlich wurde, kritisierte, dass sich die gängigen wissenschaftlichen Ansätze zur Einschätzung der Auswirkungen elektromagnetischer Felder auf Menschen an linearen Modellen orientiert, die für thermische Effekte angehen mögen, nicht aber für sich kumulierende elektromagnetische Immissionen. Außerdem gebe es einen derart großen Mangel an Konsens unter den Fachleuten zu den Auswirkungen elektromagnetischer Felder, dass bei gleichem Dissens ein neues Medikament niemals auf dem Markt zugelassen würde (vgl. Europäisches Parlament 2001, S. 6). Obwohl das Papier nicht die Meinung des Europäischen Parlaments wiedergab, thematisierte es die bestehenden Schwierigkeiten und Unsicherheiten in Bezug auf die geltenden Grenzwerte und Messmethoden sowie die Unterschätzung der Auswirkungen von Elektrosmog auf die Gesundheit der Bevölkerung.

So gibt es etwa aus epidemiologischen und experimentellen Untersuchungen „sehr ernst zu nehmende Hinweise auf erhöhte Risiken für verschiedene Krebserkrankungen, für neurodegenerative Erkrankungen, Herz-Kreislauf-Erkrankungen, Störungen der Reproduktion, für Schwächungen des Immunsystems und Beeinflussungen des Hormon- und Nervensystems durch elektrische, magnetische und elektromagnetische Felder" (Cross und Neumann 2008, S. 143). Nachgewiesen wurden solche gesundheitsschädigenden Auswirkungen im Niederfrequenzbereich bereits bei elektrischen Feldstärken von 100 V/m und magnetischen Flussdichten von 0,2 μT und im Hochfrequenzbereich für niederfrequent gepulste Felder bei Leistungsflussdichten unter 0,02 W/m2 (vgl. Cross und Neumann 2008, S. 143).

1999 berichtete die schwedische Tageszeitung „Svenska Dagbladeet" von den Ergebnissen einer Studie, in deren Rahmen zwischen 1988 und 1998 bei rund 1600 Labortieren die Auswirkungen von gepulster digitaler Strahlung (wie bei GSM) und ungepulster analoger Strahlung mit 0,915 GHz auf die Gehirne von Ratten überprüft wurden. Dabei waren die Rattengehirne in bis zu 50 % der Fälle von dunklen Flecken übersät und eindeutig geschädigt (vgl. Scheiner und Scheiner 2006, S. 28). Dabei folgerten die Autoren, dass die Durchlässigkeit der Blut-Hirn-Barriere durch elektromagnetische Felder und drahtlose Kommunikation geschädigt werden kann: „Die Ergebnisse der schwedischen Forscher waren in der Tat alarmierend: die Blut-Hirn-Schranke (BHS), lebensnotwendige Schutzbarriere des aus fetthaltigen (‚fettlöslichen') Substanzen aufgebauten Zentralnervensystems gegen wasserlösliche Substanzen, Giftstoffe und Stoffwechselschlacken im Blut, war aufgebrochen und das Nervengewebe durch das Einwandern großer Eiweissmoleküle, der ‚Albumine', deutlich geschädigt" (Scheiner und Scheiner 2006, S. 29). Spätere Studien konnten diese Ergebnisse zweifelsfrei reproduzieren (vgl. Scheiner und Scheiner 2006, S. 32). Dabei können Frequenzen von 8,3 Hz – die neben der 217 Hz-Taktung im GSM-Mobilfunk üblich sind – besonders auch bei niedrigen Strahlenwerten, aber auch 16 Hz (Frequenz des Bahnstroms) oder 50 Hz (Frequenz des bei uns gängigen Wechselstroms) das menschliche Gehirn erheblich schädigen (vgl. Scheiner und Scheiner 2006, S. 33). Eine weitere Studie über den Zusammenhang von elektromagnetischen Feldern und Veränderungen im menschlichen Gehirn ergab im Jahr 2000, dass bereits eine 10- bis 20-jährige „Mobilfunkkarriere" zu neuro-degenerativen Leiden wie MS, Alzheimer, vorzeitiger Demenz und Morbus Parkinson führen kann (vgl. Scheiner und Scheiner 2006, S. 37). Und obwohl diese zum Teil weit zurück liegenden Studien auch dem schweizerischen Bundesamt für Umwelt, Wald und Landschaft bekannt sein mussten, behauptete dieses staatliche Amt noch 2005, dass lediglich die thermischen Wirkungen auf die Gesundheit gesichert seien, während es gravierende Auswirkungen in Form von Leuk-ämie/Lymphomen und Hirntumoren, ebenso wie Auswirkungen auf die Schlafqualität und auf kognitive Funktionen lediglich für „möglich" und weitere Tumortypen sogar für „unwahrscheinlich" hielt (vgl. Buwal 2005, S. 12). Und das ist doch erstaunlich, weil eine Vielzahl von Studien „zahlreiche ... Hinweise und Nachweise auf gesundheits-schädliche Effekte unterhalb der thermischen Wirkung zur Tage gefördert" (Grasberger und Kotteder 2003, S. 125) haben, so unter anderem

- „Schäden an den Molekülen der Erbsubstanz und an Proteinen
- gentoxische Effekte
- Schwächung des Immunsystems
- Beeinflussung des Zentralen Nervensystems (die Blut-Hirn-Schranke wird durch geringe nichtthermische Intensitäten hochfrequenter Felder durchlässiger für Fremd-stoffe)
- Beeinträchtigung des Hormonsystems
- Krebserkrankungen
- Infertilität und teratogene Wirkungen (Unfruchtbarkeit und Missbildungen)" (Grasberger und Kotteder 2003, S. 125).

Seit Mitte des 20. Jahrhunderts wurden in westlichen Ländern – so in der EU – Grenz-werte aufgrund der falschen ICNIRP-Annahmen festgelegt, wonach nicht ionisierende Strahlung lediglich thermische Effekte auslösen könnten (vgl. Cross und Neumann 2008, S. 143). Dabei muss man wissen, dass der ICNIRP – auf Deutsch: Internationale Kom-mission zum Schutz vor nicht ionisierender Strahlung – ein sich selbst konstituierender Verein von einigen Wissenschaftlern darstellt, in welchen nicht die einzelnen Länder Mitglieder delegieren, sondern der seine Mitglieder selbst auswählt. Cross und Neumann (2008, S. 142) meinen, dass es mit der Unabhängigkeit dieses Vereins nicht weit her ist:

> Ein solches Verfahren birgt ... stets auch das Risiko, dass unbequeme und kritische Geis-ter ausgeschlossen bleiben und sich eine einmal verabschiedete Meinung ohne ernsthafte Widerstände halten kann. Dieser negative Effekt lässt sich geradezu musterhaft an der ICNIRP demonstrieren, die trotz einer Vielzahl anderslautender Studienergebnisse und gra-vierender Einwände renommierter Wissenschaftler über Jahrzehnte an der Meinung fest-hielt, dass nicht ionisierende Strahlung allenfalls durch Erwärmung Schäden hervorrufen könne.

Gestützt auf den neuseeländischen Physiker Neil Cherry warfen Scheiner und Schei-ner (2006, S. 219 ff.) den Wissenschaftsrecherchen der ICNIRP nicht weniger als fünf methodische Unterlassungssünden vor, wobei Cherry zu den Aktivitäten der ICNIRP fol-gendes festhielt:

> Ich zeige klar und schlüssig, dass hier eine Voreingenommenheit gegen die Entdeckung und die Anerkennung von schädlichen Wirkungen besteht, die so weit geht, dass die

vorhandenen Studien, welche diese Wirkungen beweisen, ignoriert werden, und diejenigen, die man ausgewählt hat, falsch darstellt, falsch interpretiert und falsch gebraucht werden. Die ICNIRP-Bewertung von Wirkungen wurde durchgesehen und als ernsthaft fehlerbehaftet befunden. Sie enthält ein Muster von Voreingenommenheiten, bedeutenden Fehlern, Weglassungen und absichtlichen Verdrehungen (zitiert nach Scheiner und Scheiner 2006, S. 224).

Und der Clou der Geschichte: Vor den höchsten Gerichten Australiens und Neuseeland obsiegte Cherry auf der ganzen Linie gegen den früheren Vorsitzenden der ICNIRP, Michael Repacholi, der auf Rücknahme solcher Aussagen von Cherry geklagt hatte. Damit war Cherry juristisch ermächtigt, überall – und im Jahr 2000 sogar vor dem Europäischen Parlament – auf die offensichtliche Gesundheitsgefährdung durch elektromagnetische Felder hinzuweisen.

Der Allgemeinarzt Hans-Christoph Scheiner zog denn auch folgendes Fazit:

Es kursiert das Gerücht, dass keine wissenschaftlichen Ergebnisse vorhanden sind. Das ist absolut unhaltbar. Es gibt eine Überfülle an hochkarätigen universitären Forschungen, die das Gesundheitsrisiko der getakteten Hochfrequenzen zeigen. Es ist eindeutig durch epidemiologische Studien und Tierversuche erwiesen, dass diese Strahlung krebsfördernd und erbgutverändernd ist und unfruchtbar macht. Die Schizophrenie besteht darin, dass dies von staatlicher und Betreiberseite immer noch geleugnet wird. Man kann sich gar nicht vorstellen, was den Menschen da angetan wird (zitiert nach Grasberger und Kotteder 2003, S. 18).

Trotzdem legen immer noch ganze Staatenverbände – wie die EU und in ihrem Schlepptau die Schweiz – ihre Grenzwerte nach den ICNIRP-Vorgaben fest, und damit ist die Inadäquanz solcher Regelungen vorprogrammiert.

So beruht etwa die für die Schweiz verbindliche NISV-Verordnung von 2000 auf den Richtwerten der ICNIRP, wobei allerdings für Schulen und Krankenhäuser, also für Orte mit „empfindlicher Nutzung", deutlich tiefere Grenzwerte gelten (vgl. Grasberger und Kotteder 2003, S. 47 sowie Buwal 2005, S. 16).

Geltungsbereich der seit Februar 2000 gültigen Verordnung über den Schutz von nicht ionisierender Strahlung (NISV) in der Schweiz

Erfasste Anlagen:
    Hochspannungsleitungen (frei und Kabelleitungen), Transformatorenstationen, Unterwerke und Schaltanlagen, elektrische Hausinstallationen, Eisenbahnen und Straßenbahnen, Mobilfunkanlagen, Richtfunkanlagen, drahtlose Teilnehmeranschlüsse (WLL), Rundfunkanlagen, Betriebsfunkanlagen, Amateurfunkanlagen, Radaranlagen
Nicht erfasste Anlagen:
    Mobiltelefone, Schnurlostelefone, Bluetooth, Mikrowellenöfen, Kochherde, elektrische Geräte wie Fernseher, Computermonitore, Radiowecker, Föhn, Rasierapparate, Bügeleisen usw., medizinische Geräte, Betriebsmittel am Arbeitsplatz (Buwal 2005, S. 15).

Abgesehen von den „Orten mit empfindlicher Nutzung" gelten in der Schweiz für Orte, an denen sich Menschen längere Zeit aufhalten, die internationalen Anlage-Grenzwerte zwischen 42 und 61 V/m (vgl. Meierhofer 2006, S. 70).

Wie eine derart lückenhafte Verordnung die Bevölkerung vor Elektrosmog schützen und die „bekannten und wissenschaftlich belegten Gesundheitsrisiken" (Buwal 2005, S. 14) begrenzen soll, ist mehr als schleierhaft und grenzt schon an Fahrlässigkeit – oder ist politisch gewollt.

Andernorts ist man sich der Brisanz dieser Grenzwerte wohl bewusst – etwa im heutigen Russland, das sehr niedrige Grenzwerte kennt (vgl. Cross und Neumann 2008, S. 144 sowie Grasberger und Kotteder 2003, S. 48). So sind die russischen Grenzwerte 100mal strenger als die ICNIRP-Grenzwerte (vgl. Europäisches Parlament 2001, S. 5).

Die Organisation „Ärztinnen und Ärzte für Umweltschutz" fordert viel strengere Grenzwerte als in den EU-Staaten und in der Schweiz üblich. Laut Zentralvorstandsmitglied Bernhard Aufdereggen sollte der Grenzwert generell auf 0,6 V/m reduziert werden. Noch weiter ging die Wissenschaftsdirektion des Europäischen Parlaments, die bereits im März 2001 für die Langzeitbelastung einen Grenzwert von nur 0,19 V/m verlangte. Und das Amt für Umweltmedizin des Landes Salzburg forderte sogar einen Höchstwert von nur 0,02 V/m (vgl. Meierhofer 2006, S. 70).

Welche Sprengkraft die Frage der Immissionsgrenzwerte mittlerweile erhalten hat, zeigte das Beispiel Salzburg. Dort besetzten Bürgerinnen und Bürger im Mai 1998 eine Baustelle, auf der die Betreiberfirma Connect Austria eine Mobilfunkantenne errichten wollte. Im Gegensatz zum geltenden ICNIRP-Grenzwert von 9 W/m^2 forderten die Aktivisten einen solchen von 0,001 W/m^2, also einen um den Faktor 9000 tieferen Grenzwert. Obwohl dies nicht erreicht wurde, kam es doch zu einem (freiwilligen) Kompromiss durch den Telekomanbieter. Daraufhin erhielt die Angelegenheit eine Eigendynamik. Dabei forderte im Jahr 2000 die „Salzburger Resolution" von Expertinnen und Experten einen Grenzwert von 1 mW/m^2. Es gab eine Vereinbarung zwischen den Betreibern und der Stadt auf diesen Maximalwert, die immerhin zwei Jahre lang einigermaßen gut lief. Allerdings zeigten spätere Untersuchungen, dass diese Werte kaum eingehalten wurden – und einige bezeichneten das Ganze als „politische PR" (vgl. Grasberger und Kotteder 2003, S. 212). Aber immerhin zeigt die Geschichte, dass solche Lösungen prinzipiell möglich sind.

Angesichts solcher Forderungen erstaunt es schon, dass die Bahnen teilweise Strahlungsintensitäten aufweisen, die deutlich über den europäischen Richtlinien liegen. So wurden bereits 2005 in einzelnen Personenwagen der Schweizerischen Bundesbahnen SBB Werte gemessen, die deutlich über den – je nach Frequenz – erlaubten 4–6 V/m lagen. Im Intercity-Zug Luzern-Zürich wurden sogar Höchst-Werte von 16,35 V/m gemessen, und die Dauerbestrahlung lag bei 9,31 V/m, selbst wenn in unmittelbarer Nähe niemand telefonierte (vgl. Meierhofer 2006, S. 74). Entgegen den Behauptungen von SBB-Sprechern, dass die Strahlungen in den Zügen nicht gesundheitsschädlich seien, meinte der Naturwissenschaftler Alfred Walz: „Es ist unverantwortlich, Passagiere mit so hohen Werten zu bestrahlen. Viele Betroffene haben bereits ab 0,2 V/m gesundheitliche

Probleme" (zitiert nach Meierhofer 2006, S. 74). Und in den letzten 10 Jahren hat die Bestrahlung in den Zügen eher zu- als abgenommen, zumal der Handygebrauch weiter angestiegen ist.

Angesichts dieser Situation hat zum Beispiel das deutsche Bundesland Baden-Württemberg empfohlen, auf Handy-Antennen in den Zügen zu verzichten. Auch die schweizerischen SBB haben offenbar gelernt: So schreiben sie heute den Wagenbauern vor, Handy-Antennen nicht mehr in direkter Nähe von Passagieren einzubauen (vgl. Meierhofer 2006, S. 74).

1.4.1 Gesundheitskosten elektromagnetischer Felder

Zuerst einmal stellt sich die Frage, wie viele Menschen von elektromagnetischen Immissionen beeinträchtigt werden oder unter Elektrosensibilität leiden. Dieses „elektrische Hypersensitivitäts-Syndrom" (EHS) – oder wie es die WHO bezeichnet: „idiopathic environmental intolerance with attention to EMF (IEI)", also „idiopathische Umwelt-Intoleranz bezogen auf elektromagnetische Felder", wobei mit „idiopathisch" individuell gespürt, aber medizinisch nicht nachweisbar gemeint ist – ist zweifellos bei einem Teil der Bevölkerung festzustellen. Dabei führen die Betroffenen ihre Leiden wie z. B. Schlafstörungen, Kopfschmerzen, Nervosität, Müdigkeit oder Konzentrationsschwäche auf Sendemasten des Mobilfunks oder auf Elektroanlagen in der Wohnung oder auf aktive Handys zurück (vgl. Glaser 2008, S. 246). Das Problem liegt darin, dass die Betroffenheit entweder höher sein kann als angenommen – etwa wenn auf elektromagnetische Felder zurückgehende Leiden auf andere Ursachen wie z. B. das Wetter bezogen werden – oder tiefer, wenn andere – z. B. organische oder psychische Ursachen hinter solchen Leiden stehen. Eine Studie im Auftrag des schweizerischen Bundesamtes für Umwelt, Wald und Landschaft (Buwal) ergab, dass von 49 „ektrosensiblen" und 19 „nicht elektrosensiblen" Personen – übrigens bei beiden Gruppen ungefähr der gleiche Anteil – mehr als 25 % in der Lage waren, in verschiedenen Tests ein 50-Hz-EMF-Feld wahrzunehmen. Außerdem ergab die Studie, dass eine messbare Elektrosensitivität bei rund 5 % aller an der Studie beteiligten Personen festzustellen war (vgl. Scheiner und Scheiner 2006, S. 98). Auch das schweizerische Bundesamt für Umwelt, Wald und Landschaft (Buwal 2005, S. 11) schätzt die Zahl der Elektrosensitiven auf 5 % der Bevölkerung, wobei das Bundesamt darauf hinweist, dass Elektrosensitivität – also die Fähigkeit, elektromagnetische Felder wahrzunehmen – und Elektrosensibilität – also der Zuschreibung gesundheitlicher Beschwerden an elektromagnetische Strahlung – unterschieden werden müssen. Allerdings könnte man auch umgekehrt argumentieren und sagen, dass die gesundheitliche Schädigung auch deutlich höher liegen kann, weil körperliche oder psychische Leiden häufig gar nicht ihrer eigentlichen Ursache zugeschrieben werden.

Frühere Studien – z. B. eine Studie der Technischen Universität Graz 1995 – ergaben 2 % elektrosensibler Menschen (vgl. Katalyse 2002, S. 104), allerdings beruhte diese Studie auf der Selbsteinschätzung der Probanden. Zu höheren Ergebnissen in Bezug auf die Wahrnehmung von elektromagnetischen Feldern verursachten Leiden kamen 2002 eine deutsche, 2003 eine österreichische und auch skandinavische Studien (vgl. Scheiner und Scheiner 2006, S. 9). Scheiner und Scheiner (2006, S. 98) stellten pointiert fest: Die bestürzende Erkenntnis sei, dass man „bei jedem Zweiten, also bei 50 % von 11.000 handynutzenden Skandinaviern EMF-ausgelöste Symptome, noch dazu in wissenschaftlich schlagender ‚Dosiswirkungsrelation', vorfand. Wie immer man ‚Elektrosensibilität auch definieren mag, es ist alles andere als ein ‚Randproblem'" (Scheiner und Scheiner 2006, S. 98). Birgit Stöcker (2007, S. 209) nennt außerdem die in Tab. 1.4 genannten Zahlen für die Entwicklung der Elektrosensibilität in den letzten Jahren und in den verschiedenen Ländern.

Allerdings sind diese Zahlen mit Vorsicht zu genießen, und zwar aus mehreren Gründen. Erstens wird oft nicht sauber zwischen Elektrosensitivität und Elektrosensibilität unterschieden, zweitens sind die Zahlen Schätzungen und teilweise von Drittquellen übernommen, drittens kann der Anstieg teilweise auch Ausdruck einer höheren Aufmerksamkeit oder häufigeren Zuschreibung von Leiden an elektromagnetische Felder sein

Tab. 1.4 Studien über die Entwicklung von Elektrosensibilität. (Quelle: Stöcker 2007, S. 209, 211; dort sind auch die entsprechenden Referenzen und Studien aufgeführt)

Messjahr	% Elektrosensible[a]	Land und Berichtsjahr
1985	0,06	Schweden 1991 (0,025−0,125 %)
1994	0,63	Schweden 1995
1995	1,50	Österreich 1995
1996	1,50	Schweden 1998
1997	2,00	Österreich 1998
1997	1,50	Schweden 1999
1998	3,20	California 2002
1999	3,10	Schweden 2001
2000	3,20	Schweden 2003
2001	6,00	Deutschland 2002
2002	13,30	Österreich 2003 (7,6−19 %)
2003	8,00	Deutschland 2003
2003	9,00	Schweden 2004
2003	5,00	Schweiz 2005
2003	5,00	Irland 2005
2004	11,00	England 2004
2004	9,00	Deutschland 2005
2017	50,00	Extrapoliert auf 50 %

[a]Stöcker spricht zwar von „Elektrosensitiven", gemeint sind aber offenbar elektrosensible Personen

(„Aufmerksamkeitssyndrom"), und viertens ist die Extrapolation (2017) aus methodischer und prognostischer Sicht mit einem sehr hohen Unsicherheitsfaktor behaftet. Was die Zahlen jedoch zweifelsfrei belegen: Es gibt eine Zunahme an Zuschreibungen von körperlichen Beeinträchtigungen an elektromagnetische Felder.

Mit anderen Worten: In jüngster Zeit hat eine Anzahl von Studien ergeben, dass der Anteil von elektrosensiblen Personen in der Bevölkerung zunimmt. Aber es ist nicht auszuschließen, dass dabei teilweise auch eine Art Aufmerksamkeitssyndrom auftritt, wie es vor Jahren durch Paul Watzlawick beschrieben wurde:

Fallbeispiel: Die zerkratzten Windschutzscheiben

In den 1950er-Jahren stellte man in den USA fest, dass eine zunehmende Zahl von Autofahrern sagte, dass ihre Windschutzscheibe stark zerkratzt war. Man konnte sich dieses Phänomen nicht erklären. Dabei gab es in der Öffentlichkeit zwei Erklärungstheorien: Die eine besagte, dass die Atombombenversuche ein globales, aggressives Fallout bewirkt hätten, das schuld an den zunehmenden Zahl zerkratzter Windschutzscheiben sei. Die andere Erklärungstheorie behauptete, dass die zerkratzten Windschutzscheiben auf einen neuen Teerbelag auf den amerikanischen Straßen zurückzuführen sei, von dem beim Fahren Teile auf die Windschutzscheibe geschleudert würden.

Als Experten das Phänomen untersuchten, stellten sie fest, dass die Zahl der zerkratzten Windschutzscheiben gar nicht zugenommen hatte: Durch das Weitererzählen der Geschichte hatten sich einfach immer mehr Menschen von außen über die Windschutzscheibe gebeugt und infolge der kürzeren Distanz einfach mehr Kratzer festgestellt als zuvor (vgl. Watzlawick 1976, S. 84 f.).

Also alles Humbug und Einbildung? Mitnichten: Zum einen werden diese Beschwerden subjektiv als solche wahrgenommen, zum anderen scheinen immer mehr Personen solche wahrzunehmen. Dass ihre Ursächlichkeit nicht ohne Weiteres nachweisbar ist, bedeutet nicht automatisch, dass sie nicht auf elektromagnetische Felder zurückgehen oder zurückgehen können. Man muss sich gerade in diesem Zusammenhang vor einem naturalistischen Fehlurteil hüten. Außerdem ist nicht ausgeschlossen, dass die Wahrnehmung eines Einflusses tatsächlich einen solchen Einfluss in Wirklichkeit generiert.

Interessant ist, dass die empfundenen oder wahrgenommenen Auswirkungen von Elektrosmog je nach Land verschieden sind: Während in der Schweiz und in Deutschland eher über neuronale Beschwerden wie Kopfschmerzen, Schlaflosigkeit usw. geklagt wird, stehen offenbar in den skandinavischen Ländern eher dermatologische Leiden, also Hautprobleme, im Vordergrund sowie Herz-Kreislauf-Beschwerden (vgl. Glaser 2008, S. 246 f.).

Eine Studie in den Niederlanden hat 2003 außerdem ergeben, dass sowohl der GMS-Standard als auch der neuere und strahlungsstärkere UMTS-Standard der Mobilfunkantennen negative Auswirkungen auf Personen hat, die ihnen ausgesetzt werden. So wurden in den Niederlanden zwei Gruppen von je 36 Personen in mehreren Versuchsreihen kurzfristiger Bestrahlung mittels GSM-Funk von 0,9 GHz und 1,8 GHz sowie UMTS-Funkwellen von 2,1 GHz ausgesetzt. Dabei wurden zwei Gruppen im Doppelblindverfahren jeweils 45 min, 90 min und 135 min der entsprechenden Strahlung ausgesetzt. Die Probanden und auch die Untersuchungspersonen wussten dabei nicht, ob die Antenne strahlte oder nicht. Dabei betrug die Feldstärke 1 V/m, was ungefähr einer Leistungsflussdichte von ca. 265 nW/cm^2 entspricht, also ungefähr der Strahlung in der Hauptrichtung einer 15 W-Mobilfunkantenne im Abstand von ungefähr 150 m. Das Ergebnis war erstaunlich: Sowohl bei den elektrosensiblen als auch bei den nicht elektrosensiblen Personen waren die Auswirkungen der UMTS-Strahlung signifikant. Alle zeigten eine statistisch signifikante Zunahme von kognitiven Störungen wie Reaktionsverlangsamung, optische Erkennungsleistung, Aufmerksamkeit und Gedächtnisleistung, außerdem vegetative Störungen wie Schwindel, Energiemangel, Nervosität, Beklemmungsgefühl, beschleunigter Puls, Herzklopfen, Kopfschmerzen usw. Die vegetativen Störungen waren bei der hypersensitiven Gruppen deutlich höher (vgl. Zwamborn et al. 2003 sowie Scheiner und Scheiner 2006, S. 18 f.). Und der Clou an der ganzen Sache ist, dass entgegen der Behauptungen von Mobilfunkanbietern der aggressivere UMTS-Standard gar nicht nötig ist, um die heute verlangten erhöhten Leistungen zu erbringen. So erscheint heute die UMTS-Technologie in Japan laut Medienberichten bereits überholt, weil mit der deutlich weniger gefährlichen GSM-Technologie offenbar die gleichen Leistungen zu erzielen sind wie mit UMTS (vgl. Scheiner und Scheiner 2006, S. 20).

Peter Kälin (2016), Präsident der Ärztinnen und Ärzte für Umweltschutz, nannte folgende klinisch bewiesenen Auswirkungen von Mobilfunkstrahlung: Beeinflussung der Hirnströme und der Hirndurchblutung, der Spermienqualität und Zellstoffwechselstörungen. Bei Jugendlichen stellte man bei wiederkehrender Mobilfunkexposition ein vermindertes figuratives Gedächtnis fest, bei nächtlicher Handy-Exposition eine Abnahme schlafabhängiger Lernprozesse. Bereits 2004 berichteten in der Schweiz in einer Befragung 30.000 Personen über Beschwerden im Zusammenhang mit elektromagnetischer Strahlung von Mobilfunkanlagen, und 2011 wurde die Mobilfunkstrahlung von der Internationalen Agentur für Krebsforschung der Weltgesundheitsorganisation WHO als möglicherweise krebserregend (Kategorie 2B) eingestuft. Kälin (2016) zog daraus folgendes Fazit: „Aus medizinischer Sicht ist klar: Die bisherigen Untersuchungsergebnisse fordern eine Vermeidung unnötiger Strahlungsexposition", und zwar bei Endgeräten wie Smartphones, Infrastrukturanlagen ebenso wie bei Mobilfunkantennen, insbesondere auch im Interesse von Kindern und Jugendlichen.

Dabei sollte nicht vergessen werden, dass sich Wirklichkeit und Erkenntnis gegenseitig bedingen können. Bereits Erwin Goffman (1980, S. 19 ff.) hat darauf hingewiesen, dass Wirklichkeit immer eine Folge von vorgängigen Erfahrungen ist, einer Erfahrungskette, die nicht abbricht.

Realität – wie wir soziale Wirklichkeit auch bezeichnen können – ergibt sich (nach Maturana und Varela 1987, S. 13) „aus dem erkennenden Tun des Beobachters, der Unterscheidungen trifft und somit den Einheiten seiner Beobachtung Existenz verleiht. Varela nennt diesen kognitiv-kreativen Prozess das ‚Ontieren' – Daseinschaffen – einer Welt. Realität erweist sich als ein Konzept".

Wahrnehmung und Wirklichkeit bilden eine Art Regelkreis (siehe Abb. 1.14).

Kurz nach der Jahrtausendwende ergab eine Befragung von 2072 US-Bürgerinnen und -Bürgern im Bundesstaat Kalifornien, dass 3,2 % der Befragten angaben, empfindlich auf elektrische Geräte bzw. elektromagnetische Strahlung zu reagieren (vgl. Levallois et al. 2002 sowie Cross und Neumann 2008, S. 149). In einer jüngeren Untersuchung des Instituts für Sozial- und Präventivmedizin der Universität Bern hielten sich 5 % der Schweizer Bürgerinnen und Bürger für elektrosensibel (vgl. Röösli 2005 sowie Cross und Neumann 2008, S. 150). Und 2004 ergab eine repräsentative Infras-Umfrage in Deutschland bei 2508 Bundesdeutschen, dass sich 9 % der Deutschen durch Elektrosmog und insbesondere den Mobilfunk gesundheitlich beeinträchtigt fühlten (vgl. Infras 2004 sowie Cross und Neumann 2008, S. 150). Drei Jahre zuvor waren es erst 6 % gewesen (vgl. Schroeder 2002 sowie Cross und Neumann 2008, S. 150). Allerdings fiel ein vom gleichen Institut durchgeführter Vergleich der Jahre 2003 bis 2006 sehr viel differenzierter aus: Während die Besorgnis über elektromagnetische Strahlen beim Gebrauch der Handys von zwischen 2003 bis 2006 sukzessive sank, nämlich von 2003 16 %, 2004 17 %, 2005 15 % und 2006 11 %, sank zwar die Besorgnis über die Strahlung von Mobilfunkantennen von 21 % (2003) auf 18 % 2004 und 2005, um aber 2006 wieder auf 21 % zu steigen (Infras 2007, S. 44). Diese Ergebnisse sind insofern erstaunlich, als die Strahlung bei den Endgeräten der Mobiltelefonie mindestens ebenso schädlich ist wie die Immissionen bei den Mobilfunkantennen. Es scheint, dass sich mit der Verbreitung der Mobiltelefonie auch deren Akzeptanz – zumindest bei den Endgeräten – erhöht hat. Trotzdem scheinen die Zahlen immer noch sehr hoch. Und das erstaunt doch wiederum, wenn man bedenkt, dass heute praktisch jeder und jede über ein Mobiltelefon verfügt! Hat dabei einfach der Alltagsnutzen die möglichen Gesundheitsfolgen verdrängt? Man kann natürlich einwenden, dass dies nur Aussagen über die subjektiven Befürchtungen sind, die wenig mit der effektiven Schädlichkeit zu tun haben. Doch offenbar wird die Telekommunikationsbranche langfristig nicht darum herum kommen, auf dieses Problem zu reagieren – und zwar nicht nur einfach durch die Leugnung seiner Existenz!

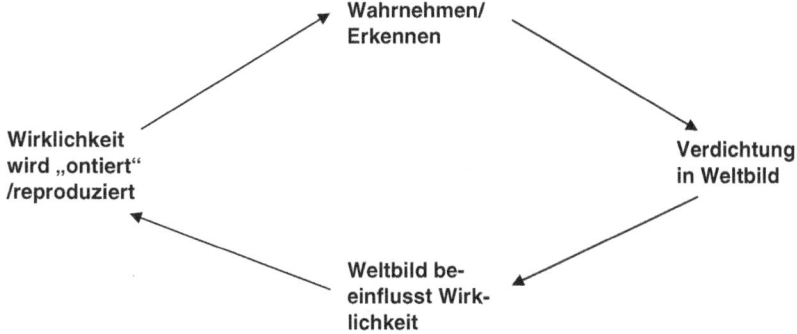

Abb. 1.14 Wahrnehmung und Wirklichkeit

Zu Recht hat Glaser (2008, S. 248) darauf hingewiesen, dass als „elektrosensibel" bezeichnete Menschen nicht unbedingt Menschen sein müssen, die – physiologisch – gegenüber elektrischen Strömungen eine besondere Empfindlichkeit aufweisen. Elektrosensibilität ist viel komplexer. Allerdings: Wäre der gesundheitliche Effekt von elektromagnetischen Feldern ebenso deutlich wie beim Rauchen, wäre dies durch die wissenschaftliche Forschung längst bewiesen.

Doch es gibt auch Studien, die nicht nur die Einstellung zu elektromagnetischen Feldern, sondern auch deren effektive Auswirkungen auf die Gesundheit untersuchten. So verglich eine Studie in Schweden 1994 die Todesursachen aller männlichen Mitarbeiter der Bahn, die im Jahr 1960 zwischen 20 und 64 Jahren alt gewesen waren. Dies, weil elektromagnetische Felder in den Zügen höher sind als anderswo. Dabei ergab sich eine leichte Erhöhung der Todesfälle infolge Blutkrebs bei Zugführern und Schaffnern gegenüber der Durchschnittsbevölkerung. Obgleich die höhere Rate nicht signifikant war, folgerten die Autoren der Studie, dass das Ergebnis die Hypothese eines Zusammenhangs zwischen elektromagnetischen Feldern und gewissen Krebsarten „in gewissem Maße" unterstützte (vgl. Cross und Neumann 2008, S. 171). Allerdings ließ eine Studie unter norwegischen Bahnangestellten keinen solchen Zusammenhang erkennen. Ganz anders eine Schweizer Studie: Zugführer, die im Rahmen der üblichen Arbeitszeiten einer magnetischen Flussdichte von mindestens 10 Mikrotesla ausgesetzt waren – einer für diesen Arbeitsplatz typischen Belastung – hatten ein um 62 % erhöhtes Blutkrebsrisiko für jedes Jahr, das sie an diesem Arbeitsplatz zugebracht hatten (vgl. Minder et al. 2001 sowie Cross und Neumann 2008, S. 171). Allerdings ist – so Cross und Neumann 2008, S. 171 – die Untersuchungslage in dem von der Bahn genutzten Bereich von 16 2/3 Hz eher dürftig, die meisten Studien beschäftigen sich mit den in den Haushalten eingesetzten 50 (Deutschland) oder 60 Hz-Frequenzen (USA).

Bei Eisenbahnlinien ist außerdem zu berücksichtigen, dass der Rückstrom neben den Fahrleitungen auch über die geerdeten Schienen in das Erdreich abfließen kann – und wenn in der Nähe zum Beispiel Wasserleitungen aus Metall vorhanden sind, können diese auch leiten und entsprechende elektromagnetische Felder aufweisen. Und wenn man bedenkt, dass in feuchten Untergründen bis ein Drittel des Gesamtstroms über solche inoffiziellen Rückflüsse laufen können, zeigt sich die Problematik klar (vgl. Cross und Neumann 2008, S. 173).

Im Wohnbereich gehören zu den stärksten Produzenten elektromagnetischer Felder folgende Geräte: Heizlüfter, Elektroherde, Mikrowellenherde, Geschirrspülmaschinen, Staubsauger, Haarföhn und Elektrorasierapparate (vgl. Cross und Neumann 2008, S. 198).

Im Unterschied zur Lärmproblematik, die zwar erkannt, aber im Vollzug noch nicht durchgehend angegangen wird, besteht bei der Elektrosmogthematik das Problem, dass immer noch viele Akteure leugnen, dass es überhaupt ein Elektrosmogproblem gibt – oder dass dieses für die große Mehrheit der Bevölkerung überhaupt von Bedeutung sei.

Dabei lassen sich – wie bei allen Gesundheitskosten – in Anlehnung an Troschke und Stössel (2012, S. 149) drei Arten von Kosten infolge Schädigung durch elektromagnetische

Felder unterscheiden: **Erstens direkte Kosten** wie Personalkosten und Materialkosten, **zweitens indirekte Kosten** wie Einkommensausfall, Arbeitsausfall, zukünftige Behandlungskosten sowie **drittens intangible Kosten** wie unerwünschte Begleitsymptome, psychologische Faktoren (Stress, Angst. Schmerzen) sowie Verschlechterung von Verträglichkeit und Compliance.

> Intangible Kosten sind gesundheitliche Einschränkungen aufgrund von Schmerzen und anderer Einschränkungen, die krankheits- oder behandlungsbedingt auftreten. Der Begriff intangibel beinhaltet bereits, dass diese Kosten zumindest direkt keine monetäre Bewertung zulassen, da für sie kein Marktpreis verfügbar ist. … Es ist beispielsweise möglich, intangible Effekte nur verbal zu beschreiben und die Bewertung dem politischen Entscheidungsprozess zu überlassen. … Als Hilfsmittel zur Erfassung intangibler Effekte hat das Konzept der gesundheitlichen Lebensqualität grosse Bedeutung erlangt (Greiner 2012, S. 390).

1.4.2 Wertverminderungen durch elektromagnetische Immissionen

Bei einer kleiner Umfrage von Hubertus von Medinger, selbst Immobilienmakler in München, unter Berufskollegen zur Frage von Wertverminderungen bei Immobilien durch Mobilfunkantennen, schätzten die 15 antwortenden Makler-Firmen, dass der Wertverlust einer Immobilie von 5 % bis 50 % reichen könne, je nach Distanz zum Sendemast und Sichtbarkeit der Antenne (vgl. Grasberger und Kotteder 2003, S. 168 f.). Viele Kauf- und Mietinteressenten sagen bereits für eine Besichtigung ab, wenn sie erfahren, dass eine Mobilfunkantenne in der Nähe steht.

Der damalige Vorsitzende des Münchner Haus- und Grundbesitzervereins, Rudolf Stürzer, meinte dazu 2002: „Die Nachfrage nach Objekten ohne Mobilfunkantennen oder in ausreichender Entfernung dazu ist größer. Besonders bei selbst genutzten Immobilien sind die Vorbehalte groß. Aber auch bei vermieteten Objekten geht der Vermieter ein zusätzliches Risiko ein. Da halten sich Käufer eher zurück" (zitiert nach Grasberger und Kotteder 2003, S. 169). Und weil seither die Einstellung zu elektromagnetischen Immissionen eher noch kritischer geworden ist, dürfte sich diese Haltung eher noch verstärkt haben.

Grasberger und Kotteder (2003, S. 170) machten bereits 2003 folgende Rechnung: Bei sehr konservativ geschätzten 50.000 Sendeanlagen in Deutschland mit durchschnittlich 10 betroffenen Hauseigentümern in unmittelbarer Umgebung bedeutete das eine Wertverminderung von Grundeigentum bei 500.000 Liegenschaften. Durch die Einführung des UMTS-Standards mit den dafür erforderlichen zusätzlichen Antennen hat sich diese Zahl noch vervielfacht. Wenn auch die Gerichte meist davon ausgehen, dass die bestehenden Grenzwerte eingehalten werden (vgl. Grasberger und Kotteder 2003, S. 176), ergibt sich trotzdem auf dem Markt ein realer und nicht zu unterschätzender Wertverlust der betroffenen Liegenschaften.

1.5   Gesundheit

Ein besonderes Gut in einer Volkswirtschaft ist die Gesundheit. Ein ausgebautes Gesundheitssystem erhöht nicht nur die wirtschaftliche Produktivität eines Landes, gute Gesundheit führt auch zu besser qualifizierten und motivierten Arbeitskräften auf dem Arbeitsmarkt. Außerdem besteht ein enger Zusammenhang zwischen einer gut ausgebauten Gesundheitsversorgung für alle und einer möglichst kleinen Einkommens-Schere zwischen den Reichsten und Ärmsten einer Bevölkerung, was volkswirtschaftlich wünschenswert ist.

Hans Peter Fagagnini (2015, S. 28) hat Gesundheit wie folgt definiert: „Gesundheit ist kein für alle Zukunft gesetzter Zustand, sondern ein Feld, auf dem Fortschritte erwartet und permanent gefordert werden, und der dennoch immer auch Rückschläge einstecken muss". Doch gilt das nicht für alle Lebensbereiche? Fagagnini (2015, S. 64) hat die Frage gestellt, wer definiert, was gesund und was krank ist. Doch nicht die Mediziner – wie man vielleicht meinen würde: „Böse Zungen könnten behaupten, dass nur gesund ist, wer nicht von Gesetzes wegen als krank bezeichnet werden muss" (Fagagnini 2015, S. 64). Also bestimmen die Juristen, was Gesundheit ist? Das Problem besteht darin, dass das Recht auf Gesundheit im Unterschied zu politischen und anderen Freiheitsrechten als soziales (Menschen-)Recht anzusehen ist, weshalb es nicht einfach einmal definiert und ein für alle Mal festgelegt werden kann. Das Recht auf Gesundheit ist so etwas wie ein „Work in Progress" – Gesundheitsverständnis und das Verständnis von Krankheiten entwickeln sich ununterbrochen, und die wissenschaftlichen Erkenntnisse und technischen Möglichkeiten nehmen laufend zu. Daraus entsteht ein ökonomisches Problem: Weil die Komplexität und auch die technischen Möglichkeiten zunehmen, erhöhen sich auch die Kosten. Dabei sind die finanziellen Möglichkeiten naturgemäß begrenzt. Anders gesagt: Die ökonomischen Ressourcen der Gesellschaft und des Einzelnen sind limitiert, während die Verfahren nicht billiger, sondern tendenziell teurer werden. Damit stellen sich das Problem der Rationierung von Gesundheitsleistungen und eng verbunden damit ethische Fragen: Ist es in Ordnung, 70.000 oder 100.000 EUR auszugeben, um einem Menschen das Leben um 1 Jahr zu verlängern, ist es richtig, wenn in England übergewichtigen Personen keine künstlichen Hüftgelenke eingepflanzt werden, ist es legitim, Föten abzutreiben, wenn voraussehbar ist, dass das Kind und später der Erwachsene lebenslang unter schwersten gesundheitlichen Problemen leiden und Gesundheitskosten in Millionenhöhe verursachen wird?

Das Rationierungsproblem führt direkt oder indirekt zu einer Zwei- oder gar Mehrklassengesellschaft: Wer sich teure Operationen oder Therapien leisten kann, erhält sie, wer nicht, hat Pech gehabt. Zweifellos ist es äußerst problematisch, den Entscheid über die Anwendung einer teuren Behandlung dem Markt zu überlassen – denn das Markt-Angebot richtet sich nach dem Bedarf und nicht nach dem Bedürfnis! Das ist sicher sinnvoll in all den Märkten und Teilmärkten, in denen die Produkte für die große Mehrheit der Menschen bezahlbar sind. Doch das ist im Gesundheitsbereich und in der Medizin bei Weitem nicht immer der Fall.

Verschärfend wirkt sich dabei die laufende Erhöhung der Nachfrage und damit der Gesundheitskosten aus. Abb. 1.15 zeigt die in die Zukunft projizierte Kostenstruktur einiger wichtiger Krankheitsbilder.

Dazu kommt noch etwas: Wirtschaftlich interessant ist medizinische Forschung nur dann, wenn sie zu einem Produkt oder einer Dienstleistung führt, die teuer genug ist, dass damit auch Geld verdient werden kann. Also konzentriert sich die (bezahlte) Forschung entweder auf Krankheiten, an denen viele Menschen leiden oder deren Behandlung genügend Geld einbringt. Seltene Krankheiten oder Krankheiten, an denen vor allem arme und ärmste Bevölkerungsgruppen leiden, werden aus ökonomischen Gründen deutlich seltener Forschungsgegenstand sein als verbreitete Krankheiten oder solche, an denen alle Einkommensgruppen leiden.

Und schließlich gibt es noch eine weitere Problematik: Es ist anzunehmen, dass medizinische oder pharmazeutische Forschungskonzepte und Forschungsvorhaben vor allem auf solche therapeutische Interventionen oder Produkte ausgerichtet sind, welche ein bestimmtes Umsatzvolumen generieren – erscheint das mögliche Endprodukt eines Lösungswegs als „zu billig", geht der ökonomische Anreiz für die Forschung und für die Produktion des Produkts verloren. Aus der Wirtschaftsgeschichte sind genügend Beispiele von Produkten bekannt, die gar nie auf den Markt kamen, weil sie einfach zu billig waren und sich der Vertrieb nicht lohnte. Marktorientierte Forschung wird also immer teurere oder besser vermarktbare Produkte und Dienstleistungen bevorzugen. So gesehen kann die Marktausrichtung sogar fortschrittshemmend sein.

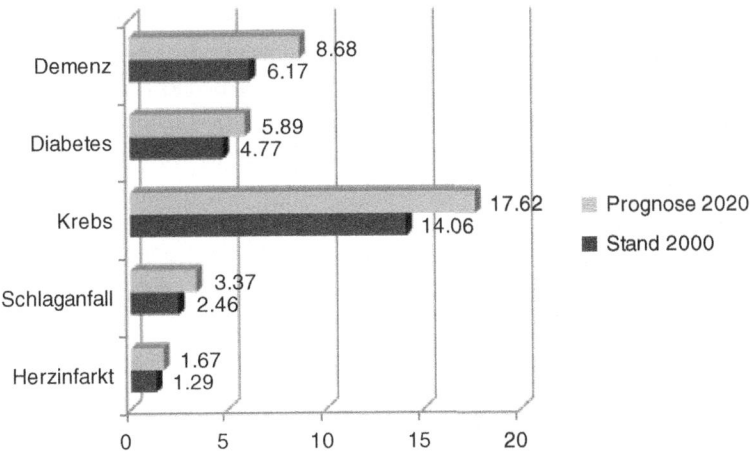

Abb. 1.15 Kostenentwicklung einzelner Krankheitsbilder. (Quelle Sienel 2013, S. 32; eigene Darstellung)

Außerdem führt die fehlende Durchschaubarkeit des Gesundheitsmarktes für die direkten Kunden (=Patienten) dazu, dass auch das Wettbewerbs- oder Konkurrenzparadigma nicht richtig spielen kann – denn welcher Laie ist in der Lage, zu entscheiden, welches Medikament für sein spezifisches Bedürfnis am besten geeignet ist – einmal ganz abgesehen davon, dass er meist nicht einmal den Namen des Generikums „seines" Medikaments kennt. Während der Käufer eines elektronischen Geräts dieses vor dem Kauf ausprobieren kann, ist das bei medizinischen Produkten oder Leistungen kaum möglich. Der Patient kann die Wirksamkeit des medizinischen Produkts – wenn überhaupt – erst ex post, also nach dem Erwerb und nach erfolgter Anwendung, beurteilen.

Leider fehlt – im Unterschied zu mikroökonomischen Bereichen – auf makroökonomischer Ebene bisher eine allgemein anerkannte Theorie des Gesundheitsmarktes (vgl. Wasmuth 2013, S. 25). Dies nicht zuletzt darum, weil im Bereich der Gesundheit auch außerökonomische Faktoren eine entscheidende Rolle spielen.

In der heutigen Diskussion wird das Anliegen einer umfassenden Gesundheit und einer systematischen Gesundheitsförderung in der Regel unter dem Stichwort „Public Health" subsumiert.

Unter Public Health verstehen wir eine von der Gesellschaft organisierte, gemeinsame Anstrengung, mit dem Ziel der

- Erhaltung und Förderung der Gesundheit der gesamten Bevölkerung oder von Teilen der Bevölkerung,
- Vermeidung von Krankheiten und Individualität,
- Versorgung der Bevölkerung mit präventiven, kurativen und rehabilitativen Diensten (Egger und Razum 2014, S. 1).

In der ökonomischen Diskussion – und besonders im neoklassischen Paradigma (vgl. Thielscher 2015, S. 110) – wird „Gesundheitsökonomie" in der Regel mit der Erzeugung von medizinischen Gütern und Dienstleistungen gleichgesetzt. Dabei besteht – wie bei allen Märkten – auch im Gesundheitsbereich ein Bedürfnis, also ein „Mangelempfinden" (Marschall 2015, S. 117) und ein ökonomisch umgesetzter Bedarf nach bestimmten medizinischen Produkten und Dienstleistungen. Dabei weisen die Gesundheitsmärkte im Vergleich zu anderen Märkten zwei Besonderheiten auf: Erstens wird das „Bedürfnis", also „der Wunsch nach Gesundheit", ökonomisch sozusagen negativ umgelegt auf Produkte und Dienstleistungen, welche auf den „Abbau von Krankheit" oder auf Vermeidung von Gesundheitsrisiken und Krankheitsursachen abzielen. Zweitens sind der Gesundheitsmarkt und seine Produkte für den direkten Nachfrager – also für kranke Menschen – sehr schwer bis überhaupt nicht zu durchschauen. Die Nachfrager brauchen dazu Spezialisten – z. B. Mediziner, Pharmazeuten usw. –, welche ihnen sagen, welches Produkt oder welche Dienstleistung sie benötigen. Während ein Autokäufer einen Personenwagen innen und außen anschauen und ausprobieren kann, muss sich ein Nachfrager auf dem Gesundheitsmarkt auf Dritte verlassen, was zu einer deutlich geringeren Markttransparenz führt. Wenn der Markt irgendwo zu einem Mythos wird, dann im Medizinbereich, weil zentrale Bedingungen wie optimale Informiertheit des Kunden, Vergleichsmöglichkeiten zwischen Produkten und Anbietern sowie Effektivität und Leistung der Produkte zu einem großen Teil für Normalverbraucher gar nicht abschätzbar sind. Oder anders gesagt: Gerade im Gesundheitsbereich ist das Paradigma des rationalen Handelns durch den „homo oeconomicus" stark zu relativieren – umso mehr, als akut erkrankte Patienten häufig gar nicht in der Lage sind, über benötigte Medikamente oder Dienstleistungen selbst zu entscheiden. So gesehen treffen alle drei von der neoklassischen Schule vertretenen Grundannahmen, nämlich erstens klare Vorstellungen des (direkten) Kunden über das benötigte Produkt zur Bedürfnisbefriedigung, zweitens Transparenz und Information über das bestehende Angebot und drittens die souveräne Entscheidungsfähigkeit des (direkten) Kunden (vgl. Marschall 2015, S. 120 f.) gerade nicht zu.

Gesundheitsmärkte sind auf der Ebene von Produkten und Dienstleistungen weitgehend von Markt- und Absatzvermittlern und Marktbeeinflussern abhängig. Oder wie es Troschke und Stössel (2012, S. 125) formuliert haben: „Eine Besonderheit des Gesundheitsmarktes im Vergleich zu anderen Märkten besteht darin, dass der medizinische Laie nicht beurteilen kann, ob die Indikation zu einer medizinischen Behandlung besteht und wie sich diese auswirken wird. Als Laie ist er vom Rat von medizinischen Experten abhängig, die ihm gleichermaßen ihre Waren und Dienstleistungen anbieten. Es bestehen Informationsasymmetrien zwischen Patienten und medizinischen Experten". Wenn dann zusätzlich mögliche oder tatsächliche gesundheitliche Auswirkungen hinzukommen, die als solche selbst umstritten sind – wie etwa im Falle der gesundheitlichen Auswirkungen elektromagnetischer Felder –, dann wird der Gesundheitsmarkt völlig undurchschaubar – zumindest für Laien.

Die Gesundheitsökonomen unterscheiden zwischen einem ersten und einem zweiten Gesundheitsmarkt. Während der erste Gesundheitsmarkt die Gesundheitsversorgung im engen Sinn sicherstellt und zu einem großen Teil staatlich geregelt ist, erbringt der zweite Gesundheitsmarkt im weiteren Sinn gesundheitsbezogene, aber nicht im engen Sinn unmittelbar krankheitsabbauende Leistungen, wie etwa gesunde Ernährung, Kleidung, Sport, Wellness usw. Erster und zweiter Gesundheitsmarkt wirken zusammen und greifen teilweise ineinander über, wie etwa das Beispiel Deutschlands zeigt (Tab. 1.5).

Der zweite Gesundheitsmarkt unterscheidet sich auf der Seite der Nachfrager vom ersten Gesundheitsmarkt vor allem durch privat bezahlten Konsum von Gesundheitsprodukten und -dienstleistungen ohne Erstattung durch eine – private oder staatliche – Versicherung. Der zweite Gesundheitsmarkt ist damit auch stärker konsumentenzentriert: Die direkten Kunden entscheiden selbst über die gekauften Produkte, während im ersten Gesundheitsmarkt vorwiegend oder häufiger Expertenmeinungen (z. B. Ärzte) über die zu beanspruchende Leistung entscheiden.

Allerdings wird der Löwenanteil nach wie vor im Kernbereich des Gesundheitsmarktes, also im ersten Gesundheitsmarkt, umgesetzt. Die Tab. 1.6 zeigt dies am Beispiel Deutschlands.

Dabei stellen sowohl der erste als auch der zweite Gesundheitsmarkt Milliardenmärkte dar – und zwar Wachstumsmärkte. So ist „das Gesundheitswesen ... einer der

Tab. 1.5 Überschneidungen und Abgrenzungen erster und zweiter Gesundheitsmarkt In Anlehnung an Schneider et al. 2016, leicht redigiert durch CJ

		Finanzierungsseitige Abgrenzung	
		Erster Gesundheitsmarkt	**Zweiter Gesundheitsmarkt**
		Durch private (PKV) und gesetzliche Krankenversicherungen (GKV)	Durch private Konsumausgaben
Güterseitige Abgrenzung			
Güter nach Abgrenzung der Gesundheitsausgabenrechnung (GAR)	**Kernbereich der Gesundheitswirtschaft (KGW)**	z. B. erstattungsfähige Arzneimittel, Krankenhaus-behandlungen	z. B. nicht rezeptpflichtige Medikamente, individ. Gesundheitsleistungen
„Neue" Güter mit Gesundheitsbezug	**Erweiterte Gesundheitswirtschaft (EGW)**	z. B. Zuschüsse zu Präventionskursen, Verhaltensgutschriften	z. B. Wellness, gesundheitsfördernde Ernährung, Kleidung

Tab. 1.6 Marktvolumen erster und zweiter Gesundheitsmarkt. (Quelle: Schneider et al. 2016, S. 87, eigene Darstellung)

	Erster Gesundheitsmarkt	Zweiter Gesundheitsmarkt
Kernbereich der Gesundheitswirtschaft (KGW) 2008 2014	217 Mrd. € 273 Mrd. €: + 26,0 %	27 Mrd. € 31 Mrd. €: + 16,6 %
Erweiterte Gesundheitswirtschaft (EGW) 2008 2014	27 Mrd. € 28 Mrd. €: + 3,3 %	35 Mrd. € 45 Mrd. €: + 27,5 %

wenigen Wachstumsmärkte, die es überhaupt noch gibt" (Frankfurter Allgemeine Zeitung vom 21.5.2005, zitiert nach Albers 2016, S. 10). Das zeigen auch die enormen Wachstumszahlen.

Schon im Jahr 2000 wurden weltweit schätzungsweise 3,5 Billionen Dollar für Gesundheit ausgegeben (vgl. Dohmen et al. 2013, S. 19), seither ist der Markt weiter gewachsen. In Deutschland lag im Gesundheitsbereich die durchschnittliche nominale Wachstumsrate der Bruttowertschöpfung mit 3,3 % um ungefähr 1,1 % höher als in der Gesamtwirtschaft (vgl. Schneider et al. 2016, S. 42). In der Schweiz nahmen die Kosten – und damit auch der Umsatz – des Gesundheitswesens zwischen 2000 und 2008 um volle 36 % zu (vgl. Widmer 2011, S. 132). Schneider et al. (2016, S. 43) nennen die Gesundheitswirtschaft deshalb zu Recht einen Wachstumstreiber. In vielen Ländern – so in Deutschland – übertrafen ihre Wachstumsraten die der Gesamtwirtschaft in den letzten Jahren deutlich.

Abb. 1.16 zeigt den – sehr unterschiedlichen – Anteil der Gesundheitskosten am Bruttoinlandprodukt in einer Reihe von Ländern in Europa, Asien, Amerika und im Pazifikraum.

Interessant ist, dass sich in den letzten 50 Jahren der Anteil der Gesundheitskosten am Bruttoinlandprodukt in den meisten Ländern – zumindest innerhalb der OECD – laufend erhöht hat. In den 1960er-Jahren generierte der Gesundheitssektor im – damaligen – OECD-Raum gerade mal 2,3 % des BIP. 1980 lagen die entsprechenden Anteile der Gesundheitskosten in den OECD-Staaten meist unter 6 % oder knapp darüber. 2015 lagen die durchschnittlichen Gesundheitskosten im Schnitt bei 9,4 % des BIP (vgl. Fagagnini 2015, S. 142 f.). Allerdings gibt es auch Abweichungen nach oben: So lagen in den USA die Gesundheitsausgaben bereits 2005 bei über 15 % des BIP (vgl. Wasmuth 2013, S. 17), heute liegen sie bei über 16 %.

In den OECD-Staaten und in Deutschland wuchsen die Gesundheitskosten in den Jahren 2010–2014 erheblich, vgl. Abb. 1.17.

Abb. 1.18 zeigt für einige europäische Länder, wie die Gesundheitskosten auf öffentliche Versicherungen und auf Private verteilt sind.

Am geringsten ist die Abwälzung der Gesundheitskosten auf Private in Deutschland. In Deutschland erfolgt die Finanzierung des Gesundheitssystems im Wesentlichen über die Lohnsumme der Arbeitnehmerinnen und Arbeitnehmer, die über ein Einkommen bis 4575 EUR im Monat verfügen. Durch die sogenannte Beitragsbemessungsgrenze wird festgelegt, bis zu welcher Einkommenshöhe ein bestimmter Prozentsatz des Einkommens an die gemeinsame Krankenkasse abgeführt werden muss. Für 2015 war diese Grenze auf 49.500 EUR festgesetzt (vgl. Albers 2016, S. 40). In Prozent lag der Arbeitnehmerbeitrag an die gesetzliche Krankenversicherung 2015 bei 7,3 % seines Bruttoeinkommens. Personen mit Einkommen über der Beitragsgrenze zahlen diesen Prozentsatz nur auf den Einkommensanteil bis zu 4125 EUR. Mit anderen Worten: Bei zunehmendem Einkommen sinkt der Beitrag an die gesetzliche Krankenversicherung. So beträgt er etwa bei einem Monatseinkommen von 10.000 EUR gerade mal 3 % (vgl. Albers 2016, S. 40). Von derart tiefen Beiträgen bei hohen Leistungen können die Schweizer nur träumen.

Wenn man die Schweiz mit anderen Ländern vergleicht, fällt der hohe Anteil der Gesundheitskosten auf, den die Schweizerinnen und Schweizer aus eigener Tasche bezahlen: Die Schweiz ist das OECD-Land, in welchem der direkte Anteil der Privathaushalte an die Gesundheitskosten am größten ist: Schweizerinnen und Schweizer zahlten 2008 volle 31 % der Gesundheitskosten aus eigener Tasche. Mehr zahlten einzig die Mexikaner (49 %) und die Südkoreaner (35 %; vgl. Schoch 2011a, b).

Dabei besitzt die Schweiz nicht nur als einziges Land Europas eine Pro-Kopf-Prämie für Krankenkassen unabhängig vom Einkommen, sondern die Patienten zahlen – je nach Versicherungsmodell – jährlich einen Erstkostenanteil zwischen 350 und 2500 Franken (also zwischen 320 und 2300 EUR; sogenannte Franchise) sowie 10 % auf alle anderen Kosten bis zu 700 Franken (also 645 EUR; sogenannter Selbsthalt). Außerdem sind in der Schweiz die Zahnarztkosten – die schnell in Tausende von Euro gehen – nicht

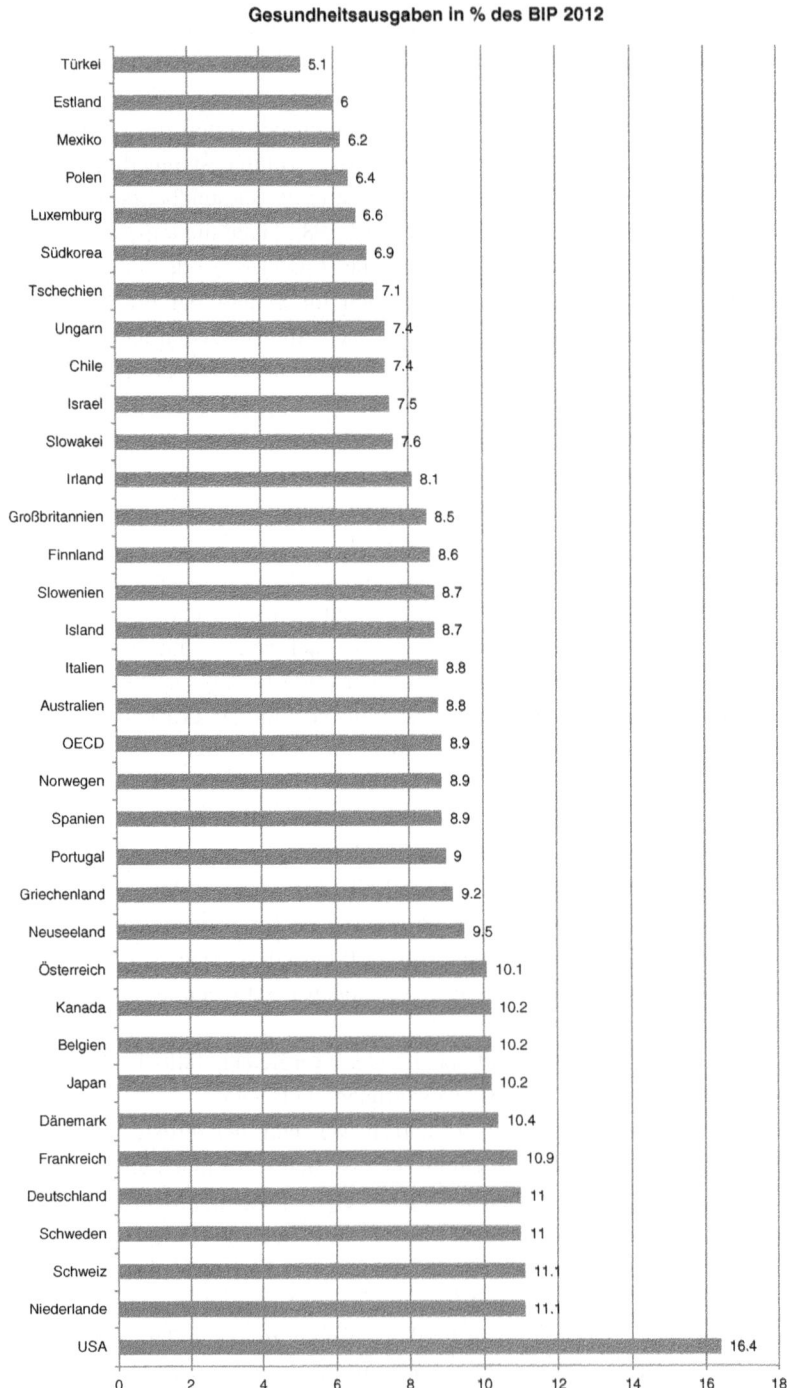

Abb. 1.16 Gesundheitsausgaben weltweit. (Quelle: OECD 2015; eigene Darstellung)

Jährliches Wachstum der Gesundheitsausgaben 2010–2014 in %

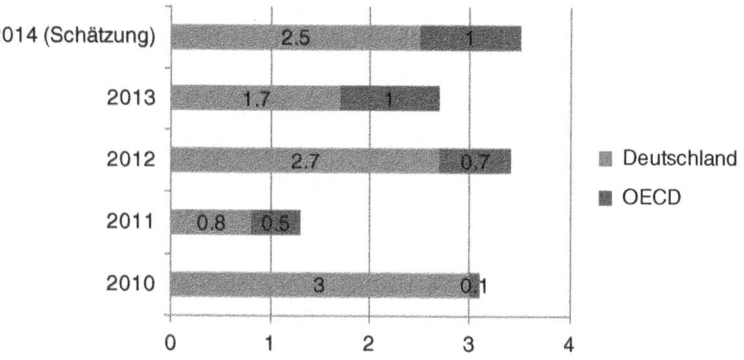

Abb. 1.17 Jährliches Wachstum der Gesundheitsausgaben. (Quelle: OECD 2015; eigene Darstellung)

Aufteilung der Gesundheitskosten 2015 in % des BIP auf öffentlichen Versicherungen und Private

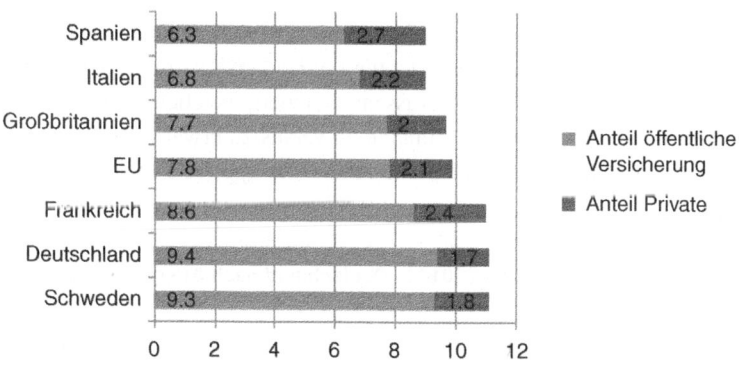

Abb. 1.18 Aufteilung der Gesundheitskosten. (Quelle: OECD 2016; eigene Darstellung)

versichert. Weil zudem die Krankenkassen privat sind – nur die Grundversicherung ist gesetzlich obligatorisch geregelt mit staatlicher Vorgabe des Leistungskatalogs und der Beitragshöhe – und eine staatliche Versicherung oder gar eine Einheitsversicherung fehlt, steigen die Kosten Jahr für Jahr an, und zwar deutlich höher als die jeweilige Teuerung.

Auch gemessen an der Kaufkraft zahlen die Schweizer viel mehr als Menschen anderer Länder (vgl. Troschke und Stössel 2012, S. 138): In keinem anderen Land Europas und auch nicht in den USA zahlten Privatpersonen 2013 so viel an die Krankenversorgung wie in der Schweiz (vgl. Egger 2014, S. 105).

So betrug der Anteil der privaten Gesundheitskosten an den persönlichen Konsumausgaben in der Schweiz 6,1 %, während er in den USA nur gerade bei 2,9 % und in Deutschland sogar nur bei 2 % lag (Schoch 2011b).

2009 flossen in der Schweiz von den privaten Zahlungen an die Gesundheitskosten von insgesamt 19 Mrd. Franken 29 % an Pflegeheime, 19 % in zahnärztliche Behandlungen und 17 % in andere ärztliche Behandlungen (Franchise, Selbstbehalt; vgl. Schoch 2011b).

Allerdings sind auch in Deutschland die privaten Beiträge von Haushalten und privaten Organisationen ohne Erwerbszweck an die Gesundheitsausgaben zwischen 1995 und 2006 um 75 % gestiegen, während der Anteil der öffentlichen Haushalte an die Gesundheitsausgaben in der gleichen Zeit um rund ein Drittel zurückgingen (Troschke und Stössel 2012, S. 133).

Doch auch in Deutschland sind die Beitragssätze – also Arbeitgeber- und Arbeitnehmerbeiträge – gestiegen, und zwar von 8,2 % im Jahr 1970 auf 15,5 % im Jahr 2014 (vgl. Albers 2016, S. 41). In absoluten Zahlen stiegen die Kassenbeiträge von – umgerechnet – 185,22 EUR im Jahr 1980 auf 602,25 EUR 2016 (vgl. Albers 2016, S. 42). Dabei waren 2013 immerhin 69,9 Mio. Menschen oder 86,5 % der Bevölkerung der Bundesrepublik Deutschland über die gesetzliche Krankenversicherung versichert (vgl. Albers 2016, S. 41).

Abb. 1.19 zeigt, wie sich die Gesundheitskosten in Deutschland 2014 auf die verschiedenen Träger verteilten.

Allerdings läuft in Deutschland – wie Albers (2016, S. 50) es nennt – ein Umbau des Krankenversicherungssystems in Richtung Privatversicherung. 2016 waren bereits 8,9 Mio. Deutsche in privaten Krankenkassen versichert, welchen nach rein betriebswirtschaftlichen Kriterien – also Beitragseinnahmen versus zu erwartende Kosten – rechnen. Ähnlich wie in der Schweiz die staatliche Altersvorsorge (AHV) im Vergleich zu den

Gesundheitshausgaben 2014 in Deutschland nach Ausgabenträgern

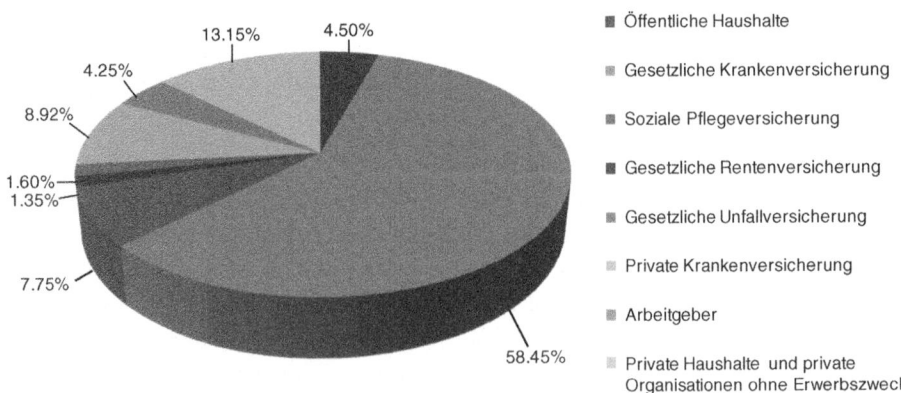

Abb. 1.19 Aufteilung Gesundheitskosten in Deutschland. (Quelle: destatis.de 2016, eigene Berechnungen und Darstellung)

privaten Pensionskassen deutlich günstiger ist, arbeitet auch in Deutschland die (staatliche) Krankenversicherung deutlich billiger als die Privatkassen: So liegen die Verwaltungskosten der gesetzlichen Krankenversicherungen seit Jahren konstant bei 5,1 % des Umsatzes, wogegen die Privatkassen bei 9,1 % liegen (vgl. Albers 2016, S. 51). Offensichtlich haben die Privatversicherer den Wachstumsmarkt Gesundheit entdeckt.

Und trotz dieser Entwicklung besteht folgendes Paradox: „Je leistungsfähiger das Gesundheitswesen, desto kränker die Bevölkerung" (Widmer 2011, S. 25). Warum ist das so? Ganz einfach, weil die Menschen in einem Land mit einem schlechten oder wenig ausgebauten Gesundheitswesen früher sterben, weil der medizinische Fortschritt immer mehr Krankheiten früher erkennt und bekämpft und weil das steigende Gesundheitsbewusstsein die Nachfrage nach gesundheitsfördernden Produkten und Dienstleistungen steigen lässt. Außerdem steigt mit zunehmendem Alter der Bedarf nach gesundheitlicher Versorgung. Die höchsten Gesundheitskosten treten im letzten Lebensjahr auf (vgl. Albers 2016, S. 107), allerdings unabhängig vom Alter. Selbstkritisch hat Maio (2014, S. 129) festgehalten: „Die extrem hohen Ausgaben am Lebensende sind häufig Folge des verlorengegangenen Augenmaßes; der Patient versteift sich auf eine Technologie, weil ihm keine Alternative ernsthaft vermittelt wird. Hieran ist auch eine Unbeholfenheit zu erkennen, ja gar eine Hilflosigkeit im Umgang mit den letzten Fragen: mit den Fragen nach dem guten Leben, dem Sinn des Todes, dem Sinn des Lebens". Mit anderen Worten: Gerade auch aus der Sicht der Ökonomie müsste hier diejenige Wissenschaft zum Einsatz kommen, deren Kerngeschäft genau in der Thematisierung dieser Fragen liegt: Die Theologie oder genauer die theologische oder religiöse Ethik.

Ich habe an anderer Stelle (vgl. Jäggi 2016a, S. 18) Religion wie folgt definiert:

Eine Religion oder ein religiöses System ist durch drei zentrale Elemente gekennzeichnet: Erstens bietet jede Religion Zugänge zu vertikaler Spiritualität an, zweitens praktiziert sie in Form von sozialen Interaktionen der Gläubigen horizontale Spiritualität und drittens erwartet sie von den Gläubigen bestimmte Handlungsweisen, die ihrem ethisch-normativen Handlungsrahmen entsprechen. Somit zeichnen sich Religionen oder religiöse Gemeinschaften im Wesentlichen durch drei Dinge aus: **Erstens** beanspruchen Religionen oder religiöse Gemeinschaften, **spirituelle oder transzendente Erfahrungen** in irgendeiner Form zu vermitteln. **Zweitens** bieten Religionen oder religiöse Gemeinschaften **Bewältigungsstrategien für existentielle Erfahrungen** wie Tod, Verlust eines nahe stehenden Menschen …, schwere, lang dauernde Krankheit usw. an. **Drittens** geben Religionen oder religiöse Gemeinschaften einen **normativen (oder ‚ethischen') Rahmen** für das Verhalten in Alltagssituationen vor.

Wenn es stimmt, dass die Vermittlung von Zugängen zu Spiritualität und Transzendenz sowie das Angebot eines übergreifenden ethischen Handlungsrahmens die Kernaufgaben der Religionen sind, müsste gerade auch die Ökonomie daran interessiert sein. Denn eine medizinisch-technologische Überversorgung in der allerletzten Lebensphase erübrigt sich dann, wenn andere Optionen und alternative Sichtweisen von Leben und Tod aufscheinen. Allerdings – und das ist die andere Seite – müssten sich auch die Theologie und die religiöse Ethik stärker auf diese Fragen einlassen.

Dabei stellt die Nachfrage nach Gesundheitsprodukten und -dienstleistungen sowohl in aufstrebenden Gesellschaften wie China oder Indien (Nachholbedarf) als auch in zunehmend überalterten Gesellschaften wie in Japan oder Europa, und bereits auch China, einen schnell wachsenden Markt dar.

In diesem Zusammenhang stellt sich auch die Frage, wie die wachsende Nachfrage nach Gesundheitsprodukten und -dienstleistungen finanziert wird, und als Folge davon, ob sich der Gesundheitsmarkt mehr und mehr in einen hochtechnologischen – und teuren – Spezialistenmarkt und eine billige – und qualitativ bescheidene – Grundversorgung aufspaltet.

Hier kommt die Rolle der **Gesundheitspolitik** ins Spiel. Diese hat eine doppelte Funktion: Zum einen besteht das normative Ziel der Gesundheitspolitik „die Verbesserung der gesundheitlichen Lage der Bevölkerung durch die Vermeidung von Krankheit und vorzeitigen Tod sowie durch die Vermeidung oder Verringerung krankheitsbedingter Einschränkungen der Lebensqualität und des vorzeitigen Todes" (Rosenbrock und Gerlinger 2015, S. 161).

Im Bereich der Public Health wird zwischen drei Arten der Prävention unterschieden (vgl. Egger und Razum 2014, S. 15):

1. Primärprävention: Sie bezweckt, das Auftreten von Gesundheitsschäden, Neuerkrankungen und Todesfällen in der Bevölkerung zu vermeiden oder deren Wahrscheinlichkeit zu senken. Dazu gehören Aufklärung (z. B. über die Schädlichkeit einer Verhaltensweise), Impfen usw.
2. Sekundärprävention: Sie zielt darauf ab, klinisch unauffällige Frühformen von Erkrankungen rechtzeitig zu erkennen und zu behandeln, um die Erkrankung zu stoppen oder zu heilen (z. B. bevölkerungsweite Screening von Brust- oder Darmkrebs).
3. Tertiärprävention: Will die Verschlimmerung einer bereits bestehenden Erkrankung verhindern oder den Vorgang verlangsamen. Weitere Ziele sind eine Verbesserung der Lebensqualität oder der sozialen Funktionsfähigkeit (z. B. Rehabilitation nach einer schweren Herz-Kreislauf- oder Krebserkrankung).

In diesem Zusammenhang kann man auch von einem Präventionsparadox (vgl. Egger und Razum 2014, S. 18) sprechen: Eine Präventionsmaßnahme bringt große Vorteile für die gesamte Bevölkerung oder Bevölkerungsgruppe, aber sie bringt dem einzelnen Individuum wenig. Und man könnte vielleicht ergänzen: Auch ökonomisch ist für medizinische Unternehmen und Dienstleistungsanbieter die Akutmedizin interessanter als die Prävention.

Das zeigt sich auch am Ausgabenvolumen. So wurden etwa 2014 in Deutschland von den insgesamt knapp 238 Mrd. EUR Gesundheitskosten gerade mal 11,5 Mrd. oder nicht einmal 5 % für Prävention ausgegeben (vgl. gbe-bund.de 2016).

Denn Prävention schließt auch die Minimierung von Erkrankungswahrscheinlichkeiten durch eine Verringerung pathogener Belastungen und die Stärkung gesundheitsfördernder Ressourcen ein. Gleichzeitig – und das ist das andere – beinhaltet Gesundheitspolitik auch rein betriebswirtschaftliche Kosten-Nutzen-Analysen,

Effizienzaspekte oder Kostenvorgaben. Dabei geht das eine nicht ohne das andere. Denn Gesundheitspolitik definiert normativ-strategische Vorgaben, aber sie ist auch für deren optimale volks- und betriebswirtschaftliche Umsetzung zuständig.

Dabei gibt es große Unterschiede zwischen den nationalen Gesundheitssystemen, nicht nur im Leistungsbereich, sondern vor allem auch bei der Finanzierung.

Das zeigt sich auch bei den Kosten, wobei diese trotz sehr unterschiedlichen Gesundheitssystemen in den hochentwickelten Ländern Europas und in den USA erstaunlich wenig variieren, vgl. Abb. 1.20.

In absoluten Zahlen heißt das etwa für die Schweiz, dass jährlich rund 60 Mrd. Franken an Gesundheitskosten anfallen (vgl. Widmer 2011, S. 81). In Deutschland lagen die Gesundheitsausgaben 2011 bei rund 294 Mrd. EUR (vgl. Wernitz und Pelz 2015, S. 29).

Doch nicht nur die Kosten, sondern auch die Qualität des Gesundheitssystems sind volkswirtschaftlich von Bedeutung. Als **Qualitätskriterien** gelten dabei – laut Kirchgässner und Gerritzen (2011, S. 59) – unter anderem **Umfang und Erreichbarkeit der Leistungen, Zugang zu Medikamenten** sowie **Rechte und Informationen der Patientinnen und Patienten.**

In der Schweiz ist im Vergleich mit dem Ausland der Kostenanteil für die stationäre Behandlung sehr hoch, wie Abb. 1.21 zeigt.

Hauptgrund dafür ist die längere Verweildauer der Patienten im Spital. Ein weiterer Grund liegt möglicherweise in den im Vergleich zum Ausland kleineren Spitälern und damit verbunden in der größeren Zahl der Spitäler in der Schweiz (Kirchgässner und Gerritzen 2011, S. 60). Demgegenüber ist laut Kirchgässner und Gerritzen (2011, S. 61)

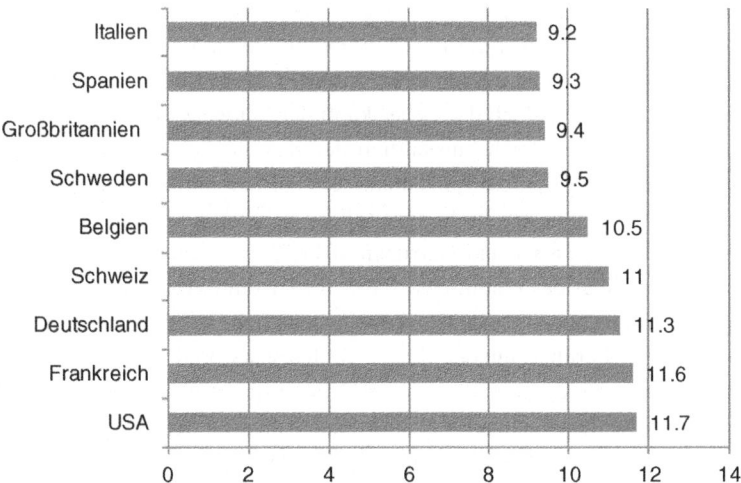

Abb. 1.20 Gesundheitskosten in einigen europäischen Ländern. (Quelle: Egger 2014, S. 105, OECD 2013; eigene Darstellung)

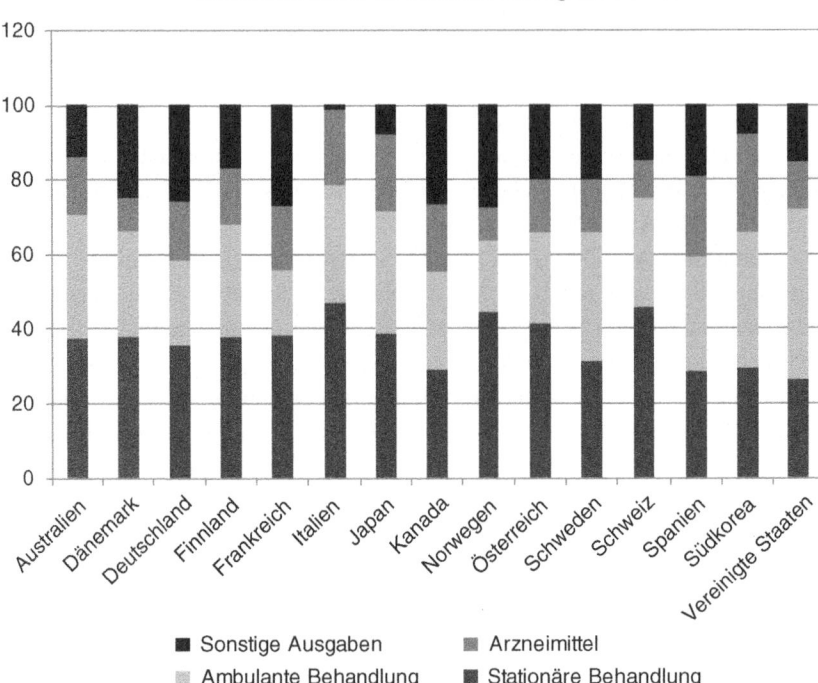

Abb. 1.21 Kostenanteile für stationäre Behandlung in Europa gemäß OECD-Gesundheitsstatistik 2010 in Prozent. (Quelle: Kirchgässner und Gerritzen 2011, S. 61)

der Anteil für Ausgaben für Medikamente pro Kopf und auch gemessen am Bruttoinlandprodukt in der Schweiz eher gering. Während die Preise für Originalmedikamente in der Schweiz – laut Kirchgässner und Gerritzen (2011, S. 61) – nur wenig teurer sind als etwa in Deutschland, sind jedoch die Generika in der Schweiz massiv teurer als in anderen europäischen Ländern. Auch hinsichtlich der Kosten für die Langzeitpflege nimmt die Schweiz in der OECD einen Spitzenplatz ein. In keinem anderen der untersuchten Länder ist der private Anteil an die Langzeitpflege so hoch wie in der Schweiz: Er liegt bei vollen 60 % (Kirchgässner und Gerritzen 2011, S. 61). Laut Kirchgässner und Gerritzen (2011, S. 61) liegt das daran, dass dafür weder eine Sozialversicherung noch ein privates Versicherungsangebot besteht – wobei wahrscheinlich genauer wäre: ein bezahlbares privates Versicherungsangebot. Laut Kirchgässner und Gerritzen (2011, S. 61) dürfte sich zwar in Folge des am 1. Januar 2011 in Kraft getretenen Bundesgesetzes über die Neuordnung der Pflegefinanzierung der private Anteil an den Pflegekosten leicht verringern, aber er wird trotzdem der höchste aller OECD-Staaten bleiben.

Wie gesagt: Die Schweiz gehört zu den OECD-Mitgliedländern mit den höchsten Beiträgen der Versicherten für die Krankenvorsorge. Weil es keine Abstufung der Krankenkassenprämien nach wirtschaftlicher Leistungsfähigkeit der Versicherten (Lohn) gibt, zahlen die Personen mit den kleinsten Einkommen – relativ – am meisten. Im Unterschied zu vielen anderen Ländern zahlen die Betriebe nichts an die Krankenkassen, und der Beitritt zu einer Krankentaggeldversicherung, welche krankheitsverursachte Lohnausfälle abdecken soll, ist nach wie vor freiwillig. In vielen Betrieben bezahlen die Arbeitnehmer 50 % der Prämien der Krankentaggeldversicherung (sofern vorhanden), während in anderen Betrieben die Prämien zu 100 % vom Arbeitgeber übernommen werden.

Gleichzeitig sind in den letzten Jahren die Beiträge des Staates an die Krankenkassenkosten anteilmäßig zurückgegangen. Während der Staat in den 1970er-Jahren noch 40 % der Krankenkassenkosten trug, waren es 2008 nur noch 26,9 % (Rodriguez 2011). Zwischen 1996 und 2010 betrug der jährliche Anstieg der Krankenkassenprämien für Erwachsene mehr als 5 % pro Jahr, deutlich mehr als die Inflation.

Sowohl Deutschland als auch die Schweiz kennen das System der Fallpauschalen in den Krankenhäusern. In Deutschland wurde dieses System bereits 1992 im Gesundheitsstrukturgesetz vorgesehen (vgl. Albers 2016, S. 111) und 2004 in Form des Diagnosis Related Systems (DRG) für die stationäre Behandlung umgesetzt (vgl. Dohmen et al. 2013, S. 28). Die Schweiz folgte acht Jahre später: Seit Januar 2012 werden dort die Spitäler nicht mehr einfach durch die öffentliche Hand und die Versicherer finanziert. Die Spitäler erhalten Tages- und Fallpauschalen, was den Druck auf nicht rentable Angebote der Spitäler erheblich vergrößert. Nicht wenige fürchten, dass sich die Gesundheitsversorgung verschlechtern könnte und Patientinnen und Patienten zu früh nach Hause geschickt werden. Die Problematik der Fallpauschalen umriss Albers (2016, S. 115) mit Blick auf Deutschland wie folgt: „Die Patienten müssen möglichst punktgenau im Rahmen der vorgegebenen Verweildauer entlassen werden. Es gibt nur ein schmales Zeitfenster, in dem das Krankenhaus keinen Verlust macht. Entlässt das Krankenhaus zu schnell, gibt es Abschläge, entlässt es zu spät, schießt es zu“. Weil aber die Medizin keine exakte Wissenschaft ist, kann immer geschehen, dass es Verzögerungen oder Komplikationen gibt. Hält der Arzt aus medizinischen Gründen eine längere Verweildauer in der Klinik für notwendig, dann muss er die zusätzlichen Kosten, welche den Fallerlös übersteigen, erklären. Abgesehen vom Legitimierungsdruck wird dabei vergessen, dass statistische Durchschnittswerte immer eine fiktive Mittelung darstellen, jeder Einzelfall ist anders.

Einzelne Aspekte des deutschen Fallpauschalensystems sind – gelinde gesagt – schon befremdlich: Wird ein Patient vor der unteren Grenzverweildauer entlassen, die für jede Fallpauschale definiert ist, muss die Klinik bei der Abrechnung finanzielle Abschläge in Kauf nehmen, die bis zu 50 % des Rechnungsbetrags gehen können (vgl. Dohmen et al. 2013, S. 30). Zwischen der unteren und der oberen Grenzverweildauer erhält die Klinik die ganze Rechnung, und wird die obere Grenzverweildauer überschritten, erfolgen tagesgleiche Zuschläge, welche nicht die gesamten anfallenden Behandlungskosten decken (vgl. Dohmen et al. 2013, S. 30 f.). Das bedeutet, dass sowohl effizient arbeitende Kliniken mit tieferer Verweildauer als auch ganzheitlich und multifaktoriell arbeitende Kliniken mit höherer Verweildauer ökonomisch bestraft werden – die nach unten und nach oben erweiterte durchschnittliche Grenzverweildauer diktiert also die ökonomische Entschädigung.

Dazu kommt auch ein Fehlsteuerungseffekt: Vom DRG-System – also dem konkretisierten System der Fallpauschalen in Deutschland – betriebswirtschaftlich als besonders attraktiv bewertete Bereiche wie Kardiologie, orthopädische Chirurgie usw. wurden dabei auf Kosten anderer, weniger lukrativer Abteilungen ausgebaut (vgl. Dohmen et al. 2013, S. 30).

Dazu kommt, dass infolge des medizinischen Fortschritts die Anzahl der Definitionen von Fallpauschalen laufend zunimmt. So gab es in Deutschland ursprünglich 800 Fallpauschalen, 2016 waren es bereits rund 1200 (vgl. Albers 2016, S. 117).

All das führte zu einer Aufblähung privater Akteure im Gesundheitsbereich: So stieg etwa in Deutschland u. a. durch den Kauf von öffentlichen Krankenhäusern die Zahl der privaten Kliniken zwischen 1994 und 2002 um 63, zwischen 2002 und 2011 um 144, also auf mehr als das Doppelte (vgl. Dohmen et al. 2013, S. 35). Das wirkte sich natürlich auch auf die Fallzahlstrategie aus: „Je höher die Zahl der Behandlungsfälle, desto höher die Erlöse des Krankenhauses". Die Fallzahlen aller Krankenhäuser [in Deutschland, Anm. CJ] stiegen dementsprechend von 2005 bis 2011 um 8,6 % und damit deutlich mehr als in den Jahren 2000 bis 2005 (−2,9 %). Der Anteil der privaten Krankenhausträger an der Fallzahlsteigerung beträgt damit 68 %.

2011 diskutierte das schweizerische Parlament über die Revision des Krankenversicherungsgesetztes (KVG). Im Zentrum standen Bemühungen, mit einem Managed-Care-Modell die obligatorische Krankenversicherung auch im ambulanten Bereich zu reformieren. Dabei sollte der Anreiz für die Versicherten erhöht werden, sich in einem Managed-Care-Modell zu versichern. Während der Selbstbehalt für diejenigen, die sich einem solchen System anschließen würden, bei 10 % bleiben sollte, war geplant, den Selbstbehalt der anderen Versicherten auf 20 % zu erhöhen (vgl. Schoch 2011a). Das bedeutete im Klartext, dass jeder Versicherte neben den steigenden Krankenkassenprämien, neben der Franchise von mehreren hundert bis 2500 Franken pro Jahr zusätzlich 10 % oder eben 20 % der Krankheitskosten tragen sollte. Das kann im Einzelfall schnell in die Tausende von Franken gehen. **Ein solches System** – das übrigens außer der Schweiz in Europa kein anderes Land kennt – **mit Pro-Kopfprämien unabhängig vom Einkommen ist unsozial, ungerecht und führt zur Verarmung eines zunehmenden Teils der Bevölkerung.** Auch wenn ein Teil dieser finanziellen Belastung bei den Einkommensschwächsten durch die staatlichen Prämienverbilligungen abgefedert wird, sind gerade die Angehörigen der unteren und mittleren Mittelschicht am stärksten von diesen individuellen Krankheitskosten betroffen – insbesondere, weil die Anspruchsgrenze für die Prämienverbilligungen in vielen Kantonen viel zu tief angesetzt ist.

In der Herbstsession 2011 von National- und Ständerat – also den beiden Kammern des schweizerischen Parlaments – kam es zu einer Einigung: Dabei sollte die Wahl eines Ärztenetzes zum Normalfall werden, wobei der Selbstbehalt der Versicherten bei 10 % und einem Maximalbetrag von 700 Franken pro Jahr blieb. Wäre jemand keinem Ärztenetz beigetreten, so wäre der Selbstbehalt auf 15 % gestiegen, und die Obergrenze von 700 auf

1000 Franken. Im Unterschied zu bisher sollten die Ärztenetze der Normalfall werden, die freie Arztwahl die Ausnahme. Die Krankenkassen hätten weiterhin alle in die Grundversicherung aufnehmen müssen, sie durften nach diesem Konzept jedoch mit Ärztenetzen Verträge abschließen – mussten dies aber nicht. Netzwerk-Versicherte hätten mehrjährige Verträge mit Krankenkassen abschließen können, jedoch mit der Auflage, bei vorzeitiger Kündigung eine Austrittsprämie zu bezahlen. Ein weiteres Problem bestand darin, dass es in Teilen der Schweiz gar keine Ärztenetze gab, so etwa in Bergkantonen wie Glarus, im Kanton Uri und im Wallis (vgl. Prelicz-Huber 2011). Das hätte bedeutet, dass der Bevölkerung in diesen Randregionen nur die teurere freie Arztwahl blieb – oder der Anschluss an ein weit entferntes Ärztenetz. Prelicz-Huber (2011) kritisierte außerdem, dass die Vorlage falsche Anreize aussandte: Ärzte, die nicht gleich ein Medikament verschreiben, sondern sich für ein Gespräch mit dem Patienten Zeit nehmen, hätten als teurer gegolten und weniger erhalten, als für irgendeine andere Behandlung. Damit hätte sich im Modell des Managed Care diese falsche Anreizstruktur weiter verschärft. Dazu kam, dass ein Ärztenetzwerk, das seine Zuweisungsquote an Spezialisten ausgeschöpft hätte, dies danach vermieden hätte, was laut Prelicz-Huber (2011) dazu hätte führen können, dass die Patientinnen und Patienten nicht mehr die bestmögliche Behandlung bekommen hätten, sondern die Behandlung, die am billigsten ist. Obwohl die Managed-Care-Vorlage lange Zeit breite Unterstützung genossen hatte – allerdings waren die Ärzte selber gespalten –, erlitt sie im Sommer 2012 in der Volksabstimmung eine deutliche Abfuhr. Offenbar hatte vor allem der Verlust der freien Arztwahl keine Mehrheit in der schweizerischen Bevölkerung gefunden.

Demgegenüber müsste ein sozial und ökologisch ansprechendes Gesundheitswesen folgende Kriterien erfüllen:

- Alle in einem Land wohnhaften Personen sollen **Zugang zu einer flächendeckenden Gesundheitsvorsorge guter Qualität** haben.
- Über eine großzügig definierte Grundversorgung **hinausgehende Leistungen** – wie z. B. kosmetische Eingriffe, Geschlechtsumwandlungen, In-vitro-Befruchtungen usw. – sollen von der Grundvorsorge ausgeschlossen werden und die entsprechenden Kosten sind vollständig **von den Nachfragerinnen und Nachfragern zu trage**n.
- Die individuelle Finanzierung der Gesundheitsvorsorge (Grundversorgung) soll **höchstens 10 % über direkte private Beiträge** (Krankenkassenprämien, Franchise, Selbstbehalt) erfolgen. Mindestens 90 % der Kosten sollen entweder über direkte Staatsbeiträge (z. B. Steuern) oder über paritätische Arbeitgeber- und Arbeitnehmer-Beiträge an eine dafür zu schaffende Sozialversicherung erfolgen, die nicht nur die direkten Heilungskosten, sondern auch einen allfälligen Lohnausfall (Krankentaggeldversicherung) abdeckt. Auf jeden Fall soll die Finanzierung von **mindestens 90 % der Gesundheitskosten einkommens- und vermögensabhängig** erfolgen, nicht über Pro-Kopf-Prämien.
- Eine **Rationierung der Gesundheitsleistungen** – etwa durch Begrenzung teurer Medikamente – ist **abzulehnen**, alle haben Anrecht auf die gleichen Leistungen, unabhängig von ihrem Einkommen.

- **Alternative Therapieformen** sind zu fördern.
- **Alle Therapieformen** – also sowohl schulmedizinische als auch darüber hinaus gehende Therapieformen – sollen einem **permanenten Wirksamkeitsmonitoring** unterzogen werden.

Einen originellen Vorschlag hat Hans-Peter Studer (2010, S. 68 f.) gemacht. Er schlug vor, die Prämien der Versicherungsnehmenden zu splitten, und zwar in einen Solidaranteil, der wie bisher in den Risikotopf aller Versicherten fließen sollte, und die andere Hälfte, die in ein persönliches, zweckgebundenes Gesundheitskonto fließen sollte. Persönliche Gesundheitskosten würden zuerst aus diesem Gesundheitskonto beglichen, und erst wenn dieses Gesundheitskonto auf null wäre, würden die weiteren Behandlungskosten aus dem gemeinsamen Risikotopf aller Versicherten bezahlt – abzüglich einer Kostenselbstbeteiligung des Versicherten. Bei längerer Gesundheit und entsprechend hohem Stand des persönlichen Gesundheitskontos würde der Prämienanteil, der auf das persönliche Gesundheitskonto fließt, schrittweise bis auf null sinken. Wenn man einmal davon absieht, dass die Kostenselbstbeteiligung immer noch unsozial ist und stark verringert oder gar aufgehoben werden sollte, scheint dieser Vorschlag durchaus diskutabel.

Aus medizinethischer Sicht gibt es nach Beauchamp und Childress (2001; vgl. auch Heinemann und Miggelbrink 2015, S. 253) vier ethische Prinzipien, nach denen gehandelt werden sollte: Erstens Autonomie, zweitens Nichtschädigung, drittens Fürsorge/ Wohltätigkeit und viertens Gerechtigkeit. Das bedeutet für Umweltrisiken wie etwa Lärm oder Elektrosmog, dass die Nichtschädigung – neben der Selbstbestimmung und Gerechtigkeit – mindestens ebenso wichtig ist wie die Versorgung mit Verkehrs- oder Kommunikationsleistungen.

In Deutschland leiden rund 50 % der Bevölkerung an einer chronischen Erkrankung und fast 20 % an zwei oder mehr chronischen Erkrankungen (vgl. Rosenbrock und Gerlinger 2015, S. 213) – in anderen Ländern dürfte die Situation ähnlich sein. In der Schweiz schätzte man, dass 2011 der Großteil der Nachfrage nach hausärztlichen Leistungen durch die rund 700.000 Chronischkranken bezogen wurde (vgl. Widmer 2011, S. 27).

Dabei können Umweltfaktoren wesentliche Ursachen für chronische Leiden sein. Wenn außerdem berücksichtigt wird, dass in vielen Ländern – so in Deutschland – die Zahl der chronisch Kranken zunimmt (vgl. Schneider et al. 2014, S. 63), lohnt es sich auch ökonomisch, die einzelnen umweltspezifischen Faktoren genau zu analysieren. Dabei haben Schneider et al. (2014, S. 63) zu Recht darauf hingewiesen, dass neben den direkten Ergebnissen medizinischer Prozesse („Output") auch die Auswirkungen auf die Lebensqualität und -dauer („Outcome") von entscheidender Bedeutung sind. Dabei müsste die Forderung des Sachverständigenrats zur Begutachtung der Entwicklung im Gesundheitswesen nach einer „konsequent ganzheitlichen Betrachtung des Versorgungsgeschehens" (Schneider et al. 2014, S. 64) nicht nur auf die „postoperative" Perspektive des „medizinischen Produktionsprozesses" bezogen, sondern auch auf die prätherapeutische Phase bezogen werden, sprich auf die Umweltfaktoren und -einflüsse. Wenn auch Krankheiten die medizinischen Leistungen und damit das Bruttoinlandprodukt in die Höhe treiben, sollte man jedoch nicht in die falsche Logik verfallen, Krankheiten als Wachstumstreiber zu sehen – selbst wenn das rein ökonomisch gesehen zutrifft.

1.6 Ökologische Kosten der heutigen Wirtschaft

Die OECD hat folgende Definition der grenzüberschreitenden Umweltbeeinträchtigung durchgesetzt:

> Pollution is the introduction by humankind, directly or indirectly, of substances or energy into the environment resulting in deleterious effects of such a nature as to endanger human health, harming living resources and eco-systems, impair amenities or interference with other legitimate uses of the environment (OECD 1977; zitiert nach Eisele 2012, S. 242).

Eisele (2012, S. 250) hat darauf hingewiesen, dass im internationalen Umweltrecht und bei entsprechenden Regelwerken immer häufiger auf das Vorsorgeprinzip zurückgegriffen wird. Das ist insbesondere dann von Bedeutung, wenn der Eintritt eines Umweltschadens nicht ausgeschlossen, aber auch nicht nachgewiesen werden kann. „Und spätestens seit der Deklaration von Rio de Janeiro aus dem Jahre 1992 sprechen sich zahlreiche Autoren für die Anerkennung des Vorsorgeprinzips als allgemeines Völkergewohnheitsrecht des internationalen Umweltrechts aus" (Eisele 2012, S. 250).

Allerdings konnte sich ein allgemeines Kollektivrecht auf eine gesunde Umwelt für die eigene Bevölkerung in der Völkerrechtspraxis bisher nicht durchsetzen (vgl. Eisele 2012, S. 255). So postulierte etwa das Prinzip 1 der Stockholmer Erklärung nicht ein Recht für einzelne Personen, sondern ein „Recht" für die gesamte Menschheit – also „man" im Sinn von „mankind". Auch die Europäische Menschenrechtskonvention schweigt zu dieser Problematik (vgl. Eisele 2012, S. 256). Zwar postuliert die allgemeine Menschenrechtserklärung in Art. 25 einen Anspruch auf eine Lebenshaltung, welche Gesundheit und Wohlbefinden gewährleistet. Nur: Laut Eisele (2012, S. 256) gilt das bestenfalls als Maxime für staatliches Handeln, aber ohne jeden Anspruch auf Verbindlichkeit. Und im Internationalen Pakt über wirtschaftliche, soziale und kulturelle Rechte hält zwar Art. 11 Abs. 1 Satz 1 eine Jedermannsrecht auf einen angemessenen Lebensstandard sowie auf stetige Verbesserung der Lebensbedingungen fest, doch die einzelnen Staaten haben dies nur in abgeschwächter Form übernommen, nämlich als Dokumentationspflicht ohne Rechtfertigungszwang gegenüber den Einzelpersonen (vgl. Eisele 2012, S. 257).

Die Europäische Union hat im Vertrag über die EU (EUV) in Bezug auf das Umweltschutzrecht festgehalten, dass die Union „auf … ein hohes Maß an Umweltschutz und Verbesserung der Umweltqualität" hinarbeitet (vgl. Art. 3 II EUV, sowie Kotulla 2014, S. 54). Im Art. 191 I des Vertrags über die Arbeitsweise der EU (VAEU) werden als verbindliche Ziele der EU in Bezug auf die Umwelt folgende Ziele umschrieben:

- Erhalt und Schutz der Umwelt,
- Schutz der menschlichen Gesundheit,
- Umsichtige und effiziente Verwendung natürlicher Ressourcen,
- Förderung von Maßnahmen auf internationaler Ebene zur Bewältigung regionaler und globaler Umweltprobleme sowie zur Bekämpfung des Klimawandels.

Da soll sich die Umweltschutzpolitik der EU von drei Prinzipien leiten lassen: dem Vorsorgeprinzip (=Prävention statt Repression), dem Ursprungsprinzip (=Bekämpfung von Umweltbeeinträchtigungen an der Quelle) und dem Verursacherprinzip (=Beseitigung der Folgen hervorgerufener Umweltzerstörung; vgl. Kotulla 2014, S. 54).

Dabei ist das EU-Umweltschutzrecht ein sogenanntes Querschnittsrecht, das in Art. 11 VAEU als so genannte „Querschnittsklausel" festgeschrieben ist (vgl. Kotulla 2014, S. 55). Damit ist der Umweltschutz nicht nur eine sektorielle Aufgabe neben anderen, sondern Bestandteil aller Unionspolitiken, die insbesondere auf die Förderung einer nachhaltigen Entwicklung ausgerichtet sein muss – oder müsste.

Es ist sehr schwierig – bis unmöglich – die ökologischen Kosten der Marktwirtschaft zu beziffern. Dies, weil die ökologischen Kosten auf den verschiedensten Ebenen auftreten, weil sie ständig wechseln und weil der erforderliche ökologische und soziale Input der Wirtschaft ständig variiert. Außerdem zeigt sich ein erheblicher Teil der ökologischen Kosten als indirekte Kosten, denen ökonomische Erträge gegenüberstehen, die erst dank dieser Kosten überhaupt möglich sind. Dazu kommt, dass die ökologischen und sozialen Kosten zu einem erheblichen Teil nicht von den direkten Verursachern getragen werden, sondern von bestimmten Bevölkerungsgruppen oder von der Allgemeinheit. Fakt ist, dass an dritte abgewälzte Kosten in der Betriebsrechnung als Gewinne erscheinen, weshalb betriebswirtschaftlich meist nur geringe Motivation besteht, externe Kosten zu bilanzieren oder auszuweisen. Denn sonst könnte ja jemand auf die Idee kommen, diese Kosten durch spezifische, zusätzliche Steuern oder Gebühren zu begleichen.

Literatur

Aecherli, Willy 2004: Umweltbelastung Lärm. Zürich/Chur: Verlag Rüegger.
Alber, Christoph 2004: Zum Rechtsschutz gegen Fluglärm. Insbesondere gegen die Festlegung so genannter Flugrouten. Frankfurt/Main: Peter Lang.
Albers, Wolfgang 2016: Zur Kasse, bitte! Gesundheit als Geschäftsmodell. Berlin: Verlag das Neue Berlin.
Balmer, Ueli 2013: Auf dem Weg zu einer koordinierten Verkehrspolitik. In: Die Volkswirtschaft 12–2013. 4 ff.
Basner, Mathias 2007: Die Anwendung der Forschungsergebnisse des Deutschen Zentrums für Luft- und Raumfahrt (DLR), Köln, für ein Konzept zum Schutz gegen nächtlichen Fluglärm. In: Oldiges, Martin (Hrsg.): Der Schutz vor nächtlichem Fluglärm. Dokumentation des Symposions „Der Schutz vor nächtlichem Fluglärm" des Instituts für Umwelt- und Planungsrecht der Universität Leipzig am 20. Januar in Leipzig. Baden-Baden: Nomos. 17 ff.

Beauchamp, Tom L. / Childress, James F. 2001: Principles of biomedical ethics. 5th ed. New York: Oxford University Press.

Berg-Beckhoff, Gabriele / Heyer, Kristina / Kowall, Bernd / Breckenkamp, Jürgen / Razum, Oliver 2010:The Views of Primary Care Physicians on Health Risks From Electromagnetic Fields. In: Deutsches Ärzteblatt International. 107 (46) 817 ff.

Birrer, Mathias 2007: Der Clinch mit den Nachbarn. Das Handbuch der Eigentümer und Mieter. 2. Auflage. Beobachter-Ratgeber. Zürich: Jean Frey.

Blaschke, Ulrich 2010: Lärmminderungsplanung. Der Schutz vor Umgebungslärm durch Lärmkartierung und Lärmaktionsplanung. Berlin: Duncker & Humblot.

Bochud, Sarah 2013: Eine Mobilitätsabgabe senkt den Druck auf Strasse und Schiene und fördert das Wachstum. In: Die Volkswirtschaft 12–2013. 14 f.

Bofinger, Peter 2007: Grundzüge der Volkswirtschaftslehre. Eine Einführung in die Wissenschaft von Märkten. 2. Auflage. München et al.: Pearson Studium.

Bofinger, Peter 2015: Grundzüge der Volkswirtschaftslehre. Eine Einführung in die Wissenschaft von Märkten. 4., aktualisierte Auflage. München et al.: Pearson Studium.

Bösch, Arnel 2016: Der erste lärmarme Deckbelag in Meggen. In: Gmeindsposcht Meggen. Nr. 5/ Dezember 2016. 14.

Brändle, Stefan 2013: Doppelt so viele Flugzeuge wie heute. In: Neue Luzerner Zeitung vom 26.9.2013.

Brauchle, Uwe R. / Pifko, Clarisse 2006: Betriebskunde. Grundlagen mit Beispielen und Repetitionsfragen mit Lösungen. 3. Auflage. Zürich: Compendio Bildungsmedien AG.

Bruns, Frank / Buser, Benjamin 2011: Kosten und Nutzen von grossen Verkehrsinfrastrukturprojekten. In: Die Volkswirtschaft. 10–2011. 9 ff.

Bundesamt für Raumentwicklung 2001: Externe Lärmkosten des Verkehrs: Hedonic Pricing Analyse. Arbeitspapier (Vorstudie II). Bern: Eidgenössisches Departement für Umwelt, Verkehr, Energie, Energie und Kommunikation (UVEK).

Bundes-Immissionsschutzgesetz (BImSchG) 2012: Kommentar unter Berücksichtigung der Bundes-Immissionsschutzverordnungen, der TA Luft sowie der TA Lärm. 9. Auflage. Von Hans D. Jarass. München: CH. Beck.

Bundeszentrale für gesundheitliche Aufklärung (Hrsg.) 2008: Lärm und Gesundheit. Materialen für die Klassen 5 bis 10. 2. Auflage. Köln: Bundeszentrale für gesundheitliche Aufklärung.

Buwal 2002: Lärm. Lärmbekämpfung in der Schweiz. Stand und Perspektiven. Schriftenreihe Umwelt Nr. 329. Bern: Bundesamt für Umwelt, Wald und Landschaft (Buwal).

Buwal 2005: Elektrosmog in der Umwelt. Bern: Bundesamt für Umwelt, Wald und Landschaft (Buwal).

Commission of the European Communities 1996: Future Noise Policy. Green Paper. Brussels. 4.11.1996.

Cross, Lilo / Neumann, Bernd 2008: Die heimlichen Krankmacher. München/Zürich: Pendo.

destatis.de 2016: Gesundheitsausgaben nach Ausgabenträgern. https://www.destatis.de/DE/ZahlenFakten/GesellschaftStaat/Gesundheit/Gesundheitsausgaben/Tabellen/Ausgabentraeger.html (Zugriff 23.12.2016).

Daiber, Jürgen 2015: Franz Kafka und der Lärm. Klanglandschaften der frühen Moderne. Münster: Mentis.

De Haan, Peter 2016: Verkehr. In: Swiss Academy of Sciences / Akademien der Wissenschaften Schweiz: Brennpunkt Klima Schweiz. Grundlagen, Folgen und Perspektiven. 174ff.

Dickschus, Arthur / Otto, Georg 2009: Elektrosmog und Erdstrahlen. Feinde unserer Gesundheit. Ruhpolding: Konzept-Verlag.

Dohmen, Arndt et al. 2013: Gesundheit ist keine Ware. Wenn Geld die Medizin beherrscht! Ursachen – Folgen – Alternativen. Hamburg: VSA-Verlag.

Dorsch, Monique 2016: Verkehr und Tourismus. Plauen: M&S-Verlag.

Dyttrich, Bettina 2016: Die versuchsweise Bestrahlung der Bevölkerung. In: WochenZeitung vom 8.12.2016. 7.

Ebner von Eschenbacch, Malte 2015: Migration zwischen Weltläufigkeit und Orsansässigkeit. Reflexionen zu Mobilität und Immobilität in der Migrationsforschung. In: Widersprüche 138/ Dezember 2015. 25ff.

Edner, S. / Sandtner, M. 2000: Staatsgrenzen in der TriThena – Barriere oder Stimulus. In: Regio Basiliensis. 41 (1). 15 ff.

EDA – Eine Welt 1/2015: Transport. Facts and Figures. März 2015. 17.

Egger, Matthias 2014: Gesundheitssysteme. In: Egger, Matthias / Razum, Oliver (Hrsg.): Public Health. Sozial- und Präventivmedizin kommt. 2. Auflage. Berlin: Walter de Gruyter. 101 ff.

Egger, Matthias / Razum, Oliver 2014: Public Health: Konzepte, Disziplinen und Handlungsfelder. In: Egger, Matthias / Razum, Oliver (Hrsg.): Public Health. Sozial- und Präventivmedizin kommt. 2. Auflage. Berlin: Walter de Gruyter. 1 ff.

Eisenhardt, Thilo 2008: Mensch und Umwelt. Die Wirkungen der Umwelt auf den Menschen. Frankfurt/Main: Peter Lang.

Electromagnetic Fields and Cancer 2016: Last Update May 27, 2016. https://www.cancer.gov/about-cancer/causes-prevention/risk/radiation/electromagnetic-fields-fact-sheet (Zugriff 26.1.2017)

Eisele, Reiner Alexander 2012: Zur Eindämmung grenzüberschreitenden Fluglärms beim An- und Abflug zum und vom Flughafen Zürich-Kloten. Dissertation. Freiburg/Br.: Buchverlag Rombach.

Eisenhardt, Thilo 2008: Mensch und Umwelt. Die Wirkungen der Umwelt auf den Menschen. Frankfurt/Main: Peter Lang.

Eisenhut, Peter 2010: Aktuelle Volkswirtschaftslehre. Zürich/Chur: Verlag Rüegger.

Eisenhut, Peter 2012: Aktuelle Volkswirtschaftslehre. Zürich/Chur: Verlag Rüegger.

Europäische Kommission 2011: Weißbuch. Fahrplan zu einem einheitlichen europäischen Verkehrsraum – Hin zu einem wettbewerbsorientierten und ressourcenschonenden Verkehrssystem. Brüssel. 28.11.2011. KOM (2011) 144 endgültig.

Europäisches Parlament 2001: Die physiologischen und umweltrelevanten Auswirkungen nicht ionisierender elektromagnetischer Strahlung. STOA – Bewertung wissenschaftlicher und technologischer Optionen. Options Brief und Zusammenfassung. Brüssel: März 2001. PE Nr. 297.574.

Fagagnini, Hans Peter 2015: Der Markt um Leib und Leben. Mit kritischem Blick auf das Verhältnis von Gesundheit, Gesellschaft und Politik. Zürich/Chur: Somedia Buchverlag / Edition Rüegger.

Fecker, Andreas 2012: Fluglärm. Daten und Fakten. Stuttgart: Motorbuch Verlag.

Fiechter, Oliver 2016: Zur Lage der Freelancer. Der digitale Marktplatz. In: Neue Zürcher Zeitung vom 10.9.2016:12.

Fischer, Barbara / Leukert, Karolin / Suter, Stephan / Vaterlaus, Stephan / Zenhäusern, Patrick 2011: Finanzierungsansätze für Verkehrsinfrastrukturen und deren Einfluss auf die Produktivität. In: Die Volkswirtschaft 10-2011. 18 ff.

Flitner, Michael 2007: Lärm an der Grenze. Fluglärm und Umweltgerechtigkeit am Beispiel des binationalen Flughafens Basel-Mulhouse. Stuttgart: Franz Steiner Verlag.

Forster, Christof 2014: 9 Milliarden externe Verkehrskosten. In: Neue Zürcher Zeitung vom 1.7.2014. 10.

Fostac 2016: Elektrosmog: Welche Elektrosmogverursacher gibt es? http://www.fostac.ch/de/wissenswertes/elektrosmog.html (Zugriff 24.11.2016).

Freyer, Walter 2015: Tourismus. Einführung in die Fremdenverkehrsökonomie. 11., überarbeitete und aktualisierte Auflage. Oldenbourg: De Gruyter.

gbe-bund.de 2016: Gesundheitsausgaben in Deutschland in Mio. €. Gliederungsmerkmale: Jahre, Art der Einrichtung, Art der Leistung, Ausgabenträger. http://www.gbe-bund.de/oowa921-install/servlet/

oowa/aw92/WS0100/_XWD_PROC?_XWD_2/1/XWD_CUBE.DRILL/_XWD_30/D.733/4427 (Zugriff 23.12.2016).

Gethmann, Carl Friedrich 2015: Gibt es ein moralisches Recht auf Mobilität, und wenn ja, wo sind seine Grenzen? In: Funkt, Michael (Hrsg.): „Transdisziplinär" „Interkulturell". Technikphilosophie nach der akademischen Kleinstaaterei. Würzburg: Königshausen & Neumann. 377ff.

Glaser, Roland 2008: Heilende Magnete – strahlende Handys. Bioelektromagnetismus: Fakten und Legenden. Weinheim: Wiley-VCH.

Goffman, Erving 1980: Rahmen-Analyse. Ein Versuch über die Organisation von Alltagserfahrungen. Frankfurt: Suhrkamp Taschenbuch (Orig. New York 1974).

Grasberger, Thomas / Kotteder, Franz 2003: Mobilfunk. Ein Freilandversuch am Menschen. Verlag Antje Kunstmann.

Greiner, Wolfgang 2012: Methoden zur gesundheitsökonomischen Evaluation. In: Hurrelmann, Klaus / Razum, Oliver (Hrsg.): Handbuch Gesundheitswissenschaften. 5., vollständig überarbeitete Auflage. 375 ff.

Greiser, Eberhard 2007: Wie verallgemeinerungsfähig sind die Empfehlungen der sogenannten Fluglärm-Synopse und der DLR-Studie zum Nacht-Fluglärm? Eine epidemiologische Bewertung. In: Oldiges, Martin (Hrsg.): Der Schutz vor nächtlichem Fluglärm. Dokumentation des Symposions „Der Schutz vor nächtlichem Fluglärm" des Instituts für Umwelt- und Planungsrecht der Universität Leipzig am 20. Januar in Leipzig. Baden-Baden: Nomos. 32 ff.

Griffel, Alain 2015: Umweltrecht in a nutshell. Zürich/St. Gallen: Dike.

Grütter, Peter 2016: Mobilfunk modernisieren. In: Neue Zürcher Zeitung vom 2.12.2016. 10.

Heinemann, Stefan / Miggelbrink, Ralf 2015: Medizinethik für Ärzte und Manager. In: Thielscher, Christian (Hrsg.): Medizinökonomie 1. Das System der medizinischen Versorgung. 2., aktualisierte und erweiterte Auflage. Wiesbaden: Springer Gabler. 225 ff.

Hellbrück, Jürgen / Schlittmeier, Sabine / Klatte, Maria 2014: Klang und Krach. Wirkungen von Lärm auf den Menschen. In: Schmidt, Wolf Gerhard (Hrsg.): Faszinosum „Klang". Anthropologie – Medialität – kulturelle Praxis. Berlin: De Gruyter. 49 ff.

Henderson, Hazel 1985: Das Ende der Ökonomie. München: Goldmann Verlag.

Hinkelammert, Franz Josef 1999: Wirtschaft, Utopie und Theologie. Die Gesetze des Marktes und der Glaube. In: Hinkelammert, Franz Josef: Kultur der Hoffnung. Für eine Gesellschaft ohne Ausgrenzung und Naturzerstörung. Mainz: Matthias-Grünewald-Verlag. 183 ff.

Hoffmann, Heinz / von Lüpke, Arndt / Maue, Jürgen H 2003: 0 Dezibel + 0 Dezibel = 3 Dezibel. Einführung in die Grundbegriffe und die quantitative Erfassung des Lärms. 8., aktualisierte und erweiterte Auflage. Berlin: Erich Schmidt Verlag.

Hotz, Stefan 2016: Keine Entspannung beim Fluglärm. Trotz Gegenmassnahmen steigt die Anzahl betroffener Anwohner weiter an. In: Neue Zürcher Zeitung vom 17.12.2016:20.

Huffschmid, Jörg 2002: Politische Ökonomie der Finanzmärkte. Hamburg: VSA-Verlag.

Infras 2004: Ermittlung der Befürchtungen und Ängste der breiten Öffentlichkeit hinsichtlich möglicher Gefahren der hochfrequenten elektromagnetischen Felder des Mobilfunks. Durch geführt durch Infras – Institut für angewandte Sozialwissenschaft GmbH im Auftrag des Bundesamtes für Strahlenschutz. Bonn: Infras.

Infras 2007: Ermittlung der Befürchtungen und Ängste der breiten Öffentlichkeit hinsichtlich möglicher Gefahren der hochfrequenten elektromagnetischen Felder des Mobilfunks – Jährliche Umfragen. Im Auftrag des Bundesministeriums für Umwelt, Naturschutz und Reaktorsicherheit. Bonn: Infras.

Jäggi, Christian J 2016a: Auf dem Weg zu einer inter-kontextuellen Ethik. Übergreifende Elemente aus religiösen und säkularen Ethiken. Reihe Ethik interdisziplinär. Band 23. Münster: Lit Verlag.

Jäggi, Christian J 2016b: Migration und Flucht. Wirtschaftliche Aspekte – regionale Hot Spots – Dynamiken – Lösungsansätze. Wiesbaden: Springer Gabler.

Jäggi, Christian J 2016c: Volkswirtschaftliche Baustellen. Analyse – Szenarien – Lösungen. Wiesbaden: Springer Gabler.

Kälin, Peter 2016: Vorsorge oder späte Sorge. In: Neue Zürcher Zeitung vom 2.12.2016. 10.

Kappeler, Rudolf 2010: Formelle und materielle Enteignung gemäss den Fluglärmentscheiden des Bundesgerichtes. Zürich/St. Gallen: Dike.

Katalyse (Hrsg.) 2002: Institut für angewandte Umweltforschung e. V.: Elektrosmog. Grundlagen, Grenzwerte, Verbraucherschutz. 5. Überarbeitete und erweiterte Auflage. Heidelberg: C.F. Müller Verlag.

Kaufmann, Vincent 2013: „Wir sollten Langsamkeit waren". Interview. In: Neue Zürcher Zeitung vom 31.5.2013.

Kaufmann, Vincent / Viry, Gil 2015: High Mobility as Social Phenomen. In: Kaufmann, Vincent / Viry, Gil (Hrsg.): High Mobility in Europe. Work and Personal Life. Hampshire: Palgrave Macmillan.

Kirchgässner, Gebhard / Gerritzen, Berit 2011: Leistungsfähigkeit und Effizienz: Das Gesundheitssystem der Schweiz im internationalen Vergleich. In: Die Volkswirtschaft. 4-2011. 59ff.

Knierim, Bernhard 2014: Mobilität und Gerechtigkeit: Mehr Verkehr macht nicht glücklicher. In: oekom e.v. – Verein für ökologische Kommunikation (Hrsg.): Postfossile Mobilität. Zukunftstauglich und vernetzt unterwegs. München: oekom. 88ff.

Koslowski, Peter 2009: Ethik der Banken. Folgerungen aus der Finanzkrise. München: Wilhelm Fink Verlag.

Kotulla, Michael 2014: Umweltrecht. Grundstrukturen und Fälle. 6., neu bearbeitete Auflage. Stuttgart: Richard Boorberg Verlag.

Krättli, Nicole / Meier, Peter Johannes 2011: Der mobile Wahnsinn. In: Der Beobachter 18/2011.

Länderdaten.info 2016: Durchschnittliches Einkommen weltweit. https://www.laenderdaten.info/durchschnittseinkommen.php (Zugriff 22.12.2016).

Levallois, P. et al. 2002: Study of self-reported hypersensitivity to electromagnetic fields in California. In: Environmental Health Perspectives. Vol. 110, Suppl. 4. 619ff.

Lukoschek, Barbara 2013: Ethik der Befreiung. Engagierter Buddhismus und Befreiungstheologie im Dialog. Paderborn: Ferdinand Schöningh.

Maio, Giovanni 2014: Geschäftsmodell Gesundheit. Wie der Markt die Heilkunst abschafft. Berlin: Suhrkamp.

Marschall, Paul 2015: Neoklassische Gesundheitsökonomie. In: Thielscher, Christian (Hrsg.): Medizinökonomie 1. Das System der medizinischen Versorgung. 2., aktualisierte und erweiterte Auflage. Wiesbaden: Springer Gabler. 115ff.

Maschke, Christian / Neumüller, Manfred 2007: Kritik am Schutzniveau des DLR-Nachtschutzkonzepts. In: Oldiges, Martin (Hrsg.): Der Schutz vor nächtlichem Fluglärm. Dokumentation des Symposions „Der Schutz vor nächtlichem Fluglärm" des Instituts für Umwelt- und Planungsrecht der Universität Leipzig am 20. Januar in Leipzig. Baden-Baden: Nomos. 45ff.

Maturana, Humberto R. / Varela, Francisco J. 1987: Der Baum der Erkenntnis. Bern: Scherz Verlag.

Meierhofer, Ernst 2006: Gesundheitsrisiko Elektrosmog. 2. Auflage. Gesundheitstipp-Ratgeber. Zürich: Puls Media AG.

Minder, C. E. et al. 2001: Leukemia, brain tumors, and exposure to extremely low frequency electromagnetic fields in Swiss railway employees. In: American Journal of Epidemiology. Vol. 153/No. 9. 825 ff.

Müller, Jürg 2016: Emotionale Diskussion um Grenzwerte. In der Schweiz wird derzeit an den Regeln der Mobilfunkstrahlung geschraubt. In: Neue Zürcher Zeitung vom 20.10.2016: 27.

Müller-Jentsch, Daniel 2013: Warum die Schweiz ein Mobility Pricing braucht. In: Die Volkswirtschaft 12–2013. 16 ff.

Neth, Matthias Oliver 2010: Grenzüberschreitender Fluglärmschutz. Dissertation an der Universität Tübingen. Stuttgart.

Neue Zürcher Zeitung 12.7.2011: Alpenländer buttern am meisten in die Schiene.

Neue Zürcher Zeitung 31.5.2013: 30 Minuten für den Weg zur Arbeit.

Neue Zürcher Zeitung 9.12.2016: Mehr statt leistungsfähiger Mobilfunkantennen. 13.

OECD 1977: OECD Council Recommendation on implementing a regime of equal right of access and non-discrimination in relation to transfrontier pollution. Annex, Introduction lit. a). In: ILM 16 (1977). 977ff.

OECD 2013: Health Data 2013 online database. www.oecd.org/health/ (Zugriff 11.11.2015).

OECD 2015: OECD Gesundheitsstatistiken 2015. http://www.oecd.org/berlin/presse/Health-Statistics-Deutschland-Laendernotiz.pdf (Zugriff 24.11.2016).

OECD 2016: Health at a Glance: Europe 2016. http://www.oecd.org/health/health-at-a-glance-europe-23056088.htm (Zugriff 24.11.2016).

Oliva, C. 1998: Belastungen der Bevölkerung durch Flug- und Straßenlärm. Eine Lärmstudie am Beispiel der Flughäfen Genf und Zürich. Berlin: Duncker & Humblot.

Prelicz-Huber, Katharina 2011: Referendum gegen Managed Care. Wenn Sie dem eigenen Arzt zu teuer werden. Interview. In: WochenZeitung vom 17.11.2011.

Raschle, Urs 2016: IPhone 7 mit hohem SAR-Wert. 17. Oktober 2016. Urs Raschle: Elektrosmog – Analysen – Lebensraum –Energetik. https://urs-raschle.ch/iphone-7-mit-hohem-sar-wert/ (Zugriff 24.11.2016).

Reh, Werner 2014: Nachhaltige Mobilität: Die Leitplanken setzen die Bürger. In: oekom e.v. – Verein für ökologische Kommunikation (Hrsg.): Postfossile Mobilität. Zukunftstauglich und vernetzt unterwegs. München: oekom. 32 ff.

Rietz, Helga 2016: Wie viel Lärm ist zu viel? In: Neue Zürcher Zeitung vom 2.12.2016. 50 ff.

Rodriguez, Michaël 2011: Das Schweizer Gesundheitssystem. In: Le Monde Diplomatique (deutsche Ausgabe). Februar 2011.

Rogall, Holger 2015: Grundlagen einer nachhaltigen Wirtschaftslehre. Volkswirtschaftslehre für Studierende des 21. Jahrhunderts. Marburg: Metropolis-Verlag.

Rolshoven, Johanna 2014: Mobilitäten. Für einen Paradigmenwechsel in der Tourismusforschung. In: Rolshoven, Johanna / Spode, Hasso / Sporrer, Dunja / Staldbauer, Johanna: Mobilitäten! Voyage – Jahrbuch für Reise- & Tourismusforschung 2014. Berlin: Metropol Verlag.

Röösli, Martin et al. 2005: Repräsentative Befragung zu Sorgen und gesundheitlichen Beschwerden im Zusammenhang mit elektromagnetischen Feldern in der Schweiz. Bern: Institut für Sozialmedizin der Universität Bern im Auftrag des Bundesamtes für Umwelt, Wald und Landschaft Buwal.

Röösli, Martin / Babisch, Wolfgang 2014: Lärm. In: Egger, Matthias / Razum, Oliver (Hrsg.): Public Health. Sozial- und Präventivmedizin kommt. 2. Auflage. Berlin: Walter de Gruyter. 183ff.

Röösli, Martin / Berg-Beckhoff, Gabriele 2014: Nicht-ionisierende Strahlung. In: Egger, Matthias / Razum, Oliver (Hrsg.): Public Health. Sozial- und Präventivmedizin kommt. 2. Auflage. Berlin: Walter de Gruyter. 190ff.

Rosenbrock, Rolf / Gerlinger, Thomas 2015: Gesundheitspolitik. In: Thielscher, Christian (Hrsg.): Medizinökonomie 1. Das System der medizinischen Versorgung. 2., aktualisierte und erweiterte Auflage. Wiesbaden: Springer Gabler. 159 ff.

Saint-Exupéry, Antoine 1976: Nachtflug. Frankfurt: S. Fischer.

Scheiner, Hans-Christoph / Scheiner, Ana 2006: Mobilfunk. Die verkaufte Gesundheit. Peiting: Michaels Verlag.

Schlimm, Anette 2011: Ordnungen des Verkehrs. Arbeit an der Moderne – deutsche und britische Verkehrsexpertise im 20. Jahrhundert. Bielefeld: Transcript.

Schneeberger, Paul 2011: Die Bahn wird zum Tram, Mobility-Pricing ist in Sicht. In: Neue Zürcher Zeitung vom 4.8.2011.

Schneeberger, Paul 2012: Spitzen im Verkehr brechen. In: Neue Zürcher Zeitung vom 23.7.2012.

Schneeberger, Paul 2016: Je grossflächiger, desto kontroverser. Wo Verkehrslärm ganze Lebensräume beschallt, erzeugt er Opposition. In: Neue Zürcher Zeitung vom 2.12.2016. 53.

Schneeberger, Paul 2017: Ein Zehntel für den Verkehr. Seit vierzig Jahren ist der Anteil der Mobilität an den Ausgaben der Haushalte stabil. In: Neue Zürcher Zeitung vom 23.1.2017. 9.

Schneider, Markus / Karmann, Alexander / Braeseke, Grit 2014: Produktivität der Gesundheitswirtschaft. Gutachten für das Bundesministerium für Wirtschaft und Technologie. Wiesbaden:
Springer Gabler.

Schneider, Markus et al. 2016: Gesundheitswirtschaftliche Gesamtrechnung 2000 – 2014. Gutachten für das Bundesministerium für Wirtschaft und Energie. Europäische Schriften zu Staat und
Wirtschaft. Band 40. Baden-Baden: Nomos.

Schoch, Claudia 2011a: Nagelprobe für das Parlament in der Gesundheitspolitik. In: Neue Zürcher
Zeitung vom 10.9.2011.

Schoch, Claudia 2011b: Die Schweizer zahlen am meisten selbst. Die privaten Ausgaben für
Gesundheitsleistungen im internationalen Vergleich. In: Neue Zürcher Zeitung vom 26.10.2011.

Schürer, Andreas 2016: Geteilte Meinung zu geteiltem Lärm. In: Neue Zürcher Zeitung vom
2.12.2016. 52.

Siegenthaler, Claude Patrick 2006: Ökologische Rationalität durch Ökobilanzierung. Eine Bestandsaufnahme aus historischer, methodischer und praktischer Perspektive. Marburg: Metropolis-Verlag.

Sienel, Marius 2013: Der deutsche Gesundheitsmarkt: Risiken und Potenziale für den Handels-
markt der Zukunft. Hamburg: Disserta Verlag.

Singh, Sarika / Kapoor, Neerum 2014: Health Implications of Electromagnetic Fields, Mechanisms
of Action, and Research Needs. In: Advances in Biology. Vol. 2014.

Statista 2016: Weltweites Tourismusaufkommen nach Anzahl Reiseankünfte. https://de.statista.
com/statistik/suche/?q=Weltweiter+Tourismus (Zugriff 16.12.2016).

Stock, Wilfried / Bernecker, Tobias 2014: Verkehrsökonomie. Eine volkswirtschaftlich-empirische
Einführung in die Verkehrswissenschaft. 2. Auflage. Wiesbaden: Springer Gabler.

Stöcker, Birgit 2007: Elektrosmog – eine reale Gefahr. Aachen: Shaker Verlag.

Stoermer, Nikolas Bernhard 2005: Der Schutz vor Fluglärm unter besonderer Berücksichtigung
der luftverkehrsrechtlichen Zulassung von Flughäfen und der Festlegung der Flugverfahren.
Dissertation. Berlin: Logos Verlag.

Studer, Hans-Peter 2010: Gesundheitswesen als kosteneffizientes Solidarsystem mit Eigenverantwortung. In: Seidl, Irmi / Zahnt, Angelika (Hrsg.): Postwachstums-gesellschaft. Konzepte für
die Zukunft. Marburg: Metropolis-Verlag.

Thielscher, Christian 2015: Grundlagen der Wirtschaftswissenschaften. In: Thielscher, Christian
(Hrsg.): Medizinökonomie 1. Das System der medizinischen Versorgung. 2., aktualisierte und
erweiterte Auflage. Wiesbaden: Springer Gabler. 81ff.

Troschke, von, Jürgen / Stössel, Ulrich 2012: Gesundheitsökonomie – Gesundheitssystem –
Öffentliche Gesundheitspflege. Reihe: Querschnittsbereiche Band 3. 2., überarbeitete Auflage.
Bern: Verlag Hans Huber.

umverkehR, August 2012: ÖV-Test 2012: Vorabdruck. Flyer. Zürich: umverkehR.

Vögeli Heinz 2016: Vögeli, Heinz: Öffentlicher Verkehr: Die Mobilität der Zukunft. In: Neue Zürcher Zeitung vom 21.9.2016. 10.

Waist, Thomas 2014: Bilder des Verkehrs. Repräsentationspolitiken der Gegenwart. Bielefeld:
Transcript.

Wasmuth, Timo 2013: Gesundheitsausgaben: Determinanten und Auswirkungen auf die Gesundheit.
Theoretische Modellierung und empirische Analyse. Dissertation. Frankfurt/Main: Peter Lang.

Watzlawick, Paul 1976: Wie wirklich ist die Wirklichkeit? Wahn - Täuschung – Verstehen. Mün-
chen/Zürich: Piper.

Wernitz, Martin H. / Pelz, Jörg 2015: Gesundheitsökonomie und das deutsche Gesundheitswesen. Ein praxisorientiertes Lehrbuch für Studium und Beruf. 2., aktualisierte und erweiterte Auflage. Stuttgart: W. Kohlhammer.

WHO 2017: Electromagnetic fields (EMF). What are electromagnetic fields? Summary of health effects: What happens when you are exposed to electromagnetic fields? http://www.who.int/ peh-emf/about/WhatisEMF/en/index1.html (Zugriff 26.1.2017).

Widersprüche 2015: Zu diesem Heft. In: Mobilitäten. Wider den Zwang, sesshaft oder mobil sein zu müssen. Widersprüche – Zeitschrift für sozialistische Politik im Bildungs-, Gesundheits- und Sozialbereich. 138/Dezember 2015. 3ff.

Widmer, Werner 2011: Das Gesundheitswesen der Schweiz. Ein Überblick aus individueller, betrieblicher und gesellschaftlicher Sicht. Zürich: Careum Verlag.

Wipfli, Otto 2007: Bemessung immissionsbedingter Minderwerte von Liegenschaften. Mit besonderer Berücksichtigung des Fluglärms. Dissertation. Zürich: Schulthess Juristische Medien.

Wirth, Katja 2004: Lärmstudie 2000. Die Belästigungssituation im Umfeld des Flughafens Zürich. Aachen: Shaker Verlag.

Zwamborn et al. 2003: TNO-Report: Effects of global communication system radio-frequency fields on well being and cognitive functions of human subjects with and without subjective complaints. Den Haag: TNO-Institut.

Wer gewinnt durch den Status quo?

2

2.1 Märkte und Gewinne

Karl-Heinz Brodbeck (2015, S. 47) hat Warenmärkte wie folgt umschrieben:

> Waren sind Produkte, die von irgendjemand *als* Güter – einem Käufer – anerkannt werden und deren Eigentümer als Tauschpartner identifiziert und definiert sind. Doch erst ihre Beziehung zum Geld als jeweiliger Gegenleistung verwandelt sie in Waren. Und erst *Waren* bilden Märkte. *Geldlose* Tauschprozesse kann man zwar als Vorformen von Märkten betrachten. Doch erstens ist der Versuch, aus solchen Tauschformen das Geld – logisch oder historisch –, ‚abzuleiten‘, schlicht gescheitert … Zweitens sind Märkte als *soziale Institutionen* nur definiert durch regelmässige, über eine längere Zeitspanne verlaufende Käufe und Verkäufe, was nur durch eine universalisierte Geldverwendung möglich ist.

Märkte bestehen also aus einem Viereck, siehe Abb. 2.1.

Dazu ist zweierlei zu bemerken: Wenn einer dieser vier Bestandteile fehlt, kann nicht von einem Markt oder nur von einem unvollständigen Markt gesprochen werden. Und wenn zwischen Käufer und Verkäufer ein großer Informationsunterschied besteht, geht das zulasten des schlechter informierten Marktteilnehmers: Meist dürfte das der Käufer sein, in Einzelfällen aber auch der Verkäufer (etwa wenn jemand, der keine Ahnung vom Immobilienmarkt hat, ein Haus weit unter dem Preis verkauft).

Doch wer gewinnt eigentlich durch eine stärkere Marktorientierung eines gesundheitlichen, sozialen oder ökologischen Angebots? Aus ökonomischer Sicht könnte man sagen: Alle. Denn die Märkte sorgen dafür, dass bedarfsgerecht, effizient und effektiv produziert wird. Der Nachfrager erhält das gewünschte Produkt oder die gewünschte Dienstleistung und der Produzent verdient an seiner Leistung. Doch das Problem ist komplexer.

Wenn es stimmt – wie etwa Giovanni Maio (2014, S. 36 ff.) – meint, dass zum Beispiel das Gesundheitswesen zunehmend nach ökonomischen Kriterien und immer weniger nach

© Springer Fachmedien Wiesbaden GmbH 2017
C.J. Jäggi, *Ökologische Baustellen aus Sicht der Ökonomie*,
DOI 10.1007/978-3-658-16821-6_2

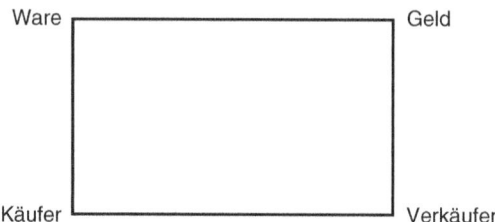

Abb. 2.1 Die vier Bestandteile von Märkten

Tab. 2.1 Stufen der Ökonomisierung medizinischer Versorgung. (Quelle: Maio 2014, S. 22)

Stufe 1 (autonomer Pol)	Überhaupt kein Kostenbewusstsein bei den Akteuren; Zahlungsfähigkeit ist problemlos gegeben; Akteure können völlig autonom handeln
Stufe 2	Verlustvermeidung als „Soll-Erwartung" an die Akteure; ansonsten handeln die Akteure autonom
Stufe 3	Verlustvermeidung als „Muss-Erwartung" an die Akteure; Autonomie der Akteure wird in Teilen beschnitten (z. B. in Form von Rationierung)
Stufe 4	Verlustvermeidung als „Muss-Erwartung" kombiniert mit Gewinnzielen als „Soll-Erwartung"; Akteure sollen ihr Handeln an die Marktgängigkeit anpassen
Stufe 5 (weltlicher Pol)	Gewinnerzielung als einziges Ziel des Teilsystems

medizinischen Erfordernissen funktioniert, dann ist der Gewinner zweifellos nicht der Patient und auch kaum der direkte Erbringer medizinischer Leistungen, denn dieser gerät immer stärker unter ökonomischen Druck. Gewinner sind vielmehr der öffentliche Haushalt (Kostenbremsen), die Anbieter medizinischer Produkte und Leistungen mit großer Marktmacht (z. B. Pharmaindustrie, Hersteller medizinischer Geräte usw.) und allenfalls gewisse neoliberale Politiker (Sparmaßnahmen, Defizitabbau usw.).

Maio (2014) hat den Mechanismus der Ökonomisierung medizinischer Versorgung in Anlehnung an Schimank und Volksmann (2008) sowie nach Slotala (2011, S. 72) wie in Tab. 2.1 dargestellt.

Laut Maio (2014, S. 36) hat etwa die Einführung der Fallpauschale als Berechnungsmodell im Gesundheitsbereich dazu geführt, dass die mobilisierende Pflege, also das Bemühen, den Patienten wieder auf die Beine zu bringen, abgenommen hat, was faktisch einer Senkung des Versorgungsniveaus gleichkommt. Außerdem bedeutet die stärkere ökonomische Ausrichtung im Gesundheits- und Pflegebereich, dass der Aufwand minimiert wird, aber auch die Komplexität der Leistung reduziert wird. Damit wird im Prinzip eine Reduktion der Komplexität der medizinischen Leistung erreicht, was faktisch nicht selten einen Abbau der Qualität bedeutet. Denn es werden ja im Rahmen der Vereinfachung nicht nur überflüssige Abläufe geglättet, sondern – infolge stärker nach ökonomischen Kriterien erfolgender medizinischer Leistungen – auch wünschenswerte Leistungen abgebaut (vgl. Maio 2014, S. 41).

> Diese Vereinfachungen werden finanziell belohnt, aber die eigentliche Qualität der Medizin ist nicht die gekonnte Vereinfachung, sondern die Fähigkeit ihrer Ärzte, sich die Komplexitäten, mit denen sie zu tun haben, zu vergegenwärtigen. Doch je mehr die Ärzte diese Komplexität im Auge behalten, desto stärker werden sie vom System benachteiligt oder sanktioniert, weil sie dann viele Tätigkeiten nach Dienstende noch abschließen müssen oder weil sie für unwirtschaftlich gehalten werden (Maio 2014, S. 41).

Fazit: „Erhaltenswert ist nicht länger, was einen wertvollen Beitrag zur Versorgung der Patienten leistet, sondern nur noch, was zur finanziellen Konsolidierung beiträgt. ... So wird das Soziale, wie schon Michel Foucault treffend ausgedrückt hat, einem permanenten ‚ökonomischen Tribunal' unterworfen (Foucault 2006, S. 343)" (Maio 2014, S. 42 f.).

Daraus entsteht so etwas wie ein Fehlanreiz im Gesundheitssystem: Weil der Markt Investitionen dort belohnt, wo ein Bedarf kostengünstig und effizient erfüllt werden kann, werden gut lösbare Probleme – wie z. B. unkomplizierte Operationen für junge Menschen – vorgezogen, während Patienten mit schwierigen Problemlagen als zu risikoreich eingestuft und damit eher gemieden oder unterversorgt werden (vgl. Maio 2014, S. 45).

Dazu kommt Folgendes: Wie Daniel Dorniok (2015, S. 219) zu Recht betonte, „hat Nichtwissen eine stabilisierende Wirkung, wenn Wissen gezielt zurückgehalten wird, das andernfalls bei Individuen zu Verhaltensänderungen und in der Folge zu negativen sozialen Veränderungen geführt hätte". Umgekehrt führe „entgrenztes Wissen" – so Dorniok 2015, S. 219 – zu tief greifenden Veränderungen. Allerdings ist dem entgegenzuhalten, dass einfach „mehr zu wissen" längst nicht zu Verhaltensänderungen führt – das ist aus der Einstellungsforschung zur Genüge bekannt. Dazu kommt, dass zu viele Informationen Verhaltensänderungen geradezu blockieren können, weil die handelnde Person in der Unterscheidung von wichtigen und unwichtigen Informationen schlicht überfordert ist.

Maio (2014, S. 46) zieht aus all dem folgendes Fazit: „Unter dem Aspekt der Rentabilität werden die Patienten nicht danach sortiert, wie viel man ihnen helfen kann ..., sondern danach, wie viel Geld sie einbringen. Aber die Höhe des Erlöses ist eben nicht kongruent mit der Notwendigkeit zu helfen. Die Medizin jedoch, die gezwungen wird, nach Rentabilitätskriterien zu behandeln, kann dies nur tun, wenn sie dabei ihr eigenes Selbstverständnis völlig ignoriert".

Etwas anders stellt sich die Frage nach Gewinnern und Verlierern im Lärmbereich.

Nicht unwesentlich für die Frage, wer – etwa im Lärmbereich – zu den Gewinnern und zu den Verlierern der aktuellen Situation gehört, ist der Stand der Umsetzung der vorgesehenen Maßnahmen. In der Schweiz hätten gemäß Art. 17 Abs. 3 der Lärmschutzverordnung (LSV) vom 19.12.1986 die darin vorgesehenen Schallschutzmaßnahmen bis spätesten 15 Jahre nach Inkrafttreten der Verordnung – also bis 2002 – umgesetzt werden sollen. Aufgrund der Nichteinhaltung dieses Zeitrahmens wurden die Fristen großzügig verlängert: für Verkehrslärm auf Nationalstraßen bis zum 31.03.2015, für Hauptstraßen und übrige Straßen bis zum 31.07.2020, für zivile Flugplätze bis 31.05.2016 und für militärische Waffen-, Schieß- und Übungsplätze sogar bis zum 31.07.2025 (Abs. 4 lit. a + b sowie Abs. 6 lit. a – d; vgl. Griffel 2015, S. 82 f.). Bei Militärflugplätzen wurde die Frist für die Lärmschutzmaßnahmen bis 2020 verlängert (vgl. Art. 17 Abs. 6 lit a der Lärmschutzverordnung; vgl. auch Griffel 2015, S. 86). Auch in der EU ist es immer wieder zu Verzögerungen bei der Durchsetzung von Immissionsgrenzwerten gekommen.

All das bedeutet, dass die Nutzer des Status quo weiter vom Istzustand profitieren und die Geschädigten weiterhin zu einem erheblichen Teil den Lärmwirkungen ausgesetzt sind bzw. mit gesundheitlichen oder anderen Schwierigkeiten dafür bezahlen müssen.

2.2   Mobilitätsmärkte

Sehr viele wirtschaftliche, staatliche und Regierungsstellen beurteilen die Mobilität ausschließlich positiv. So gilt etwa in der EU die transnationale Mobilität als entscheidender Faktor für den beruflichen Erfolg. Die Kommission der Europäischen Gemeinschaften hat im Juli 2009 ein Grünbuch mit der Überschrift „Die Mobilität junger Menschen zu Lernzwecken fördern" verabschiedet (Europäische Kommission 2009). Damit soll die Mobilität zu Ausbildungszwecken erhöht werden (vgl. Turnherr 2015, S. 11): „Studien bestätigen, dass die Mobilität zu Lernzwecken die Qualität des Humankapitals verbessert, da die Schüler und Studierenden Zugang zu neuem Wissen erhalten, ihre Sprachkenntnisse erweitern und interkulturelle Kompetenzen erlangen" (Europäische Kommission 2009, S. 3). Verlangt werden im Grünbuch unter anderem bessere Vorbereitung, Mentoring-Angebote, die Übertragbarkeit von Stipendien und optimale Integration von Mobilitätserfahrungen in den Lernbereich.

Auch der Deutsche Gewerkschaftsbund unterstützte das vorbehaltlos – und ging sogar noch weiter: So sollten bis 2015 mindesten 30 % der Jugendlichen und bis 2020 mindestens 50 % der Jugendlichen Europas von der Mobilität für Lernzwecke Gebrauch machen können, was einen Ausbau der bestehenden europäischen Mobilitätsprogramme auf 1,8 Mio. Jugendliche bis 2015 und auf 2,9 Mio. Jugendliche bis 2020 bedeuten würde (vgl. Deutscher Gewerkschaftsbund 2009, S. 2). Dabei stellt sich allerdings die Frage, ob größere geografische Mobilität der Lernenden zwangsläufig zu einer besseren Ausbildung führt. Das – einzige? – Argument, dass mit einer größeren Mobilität die Wettbewerbsfähigkeit gestärkt werde, wird auch kaum belegt. Außerdem stellt sich die Frage, ob anstelle von geografischer Mobilität nicht auch eine virtuelle Mobilität möglich wäre – die vielleicht im Endeffekt mehr bringt.

Auch im Transportbereich war das Wachstum in den letzten Jahren beträchtlich. So stieg etwa in Deutschland zwischen 1991 und 2011 die Transportleistung – also die transportierte Tonnage mal Transportweite – um 64 % auf 651,1 Mrd. km, was ein durchschnittliches Wachstum von 3 % im Jahr bedeutete (vgl. Leerkamp 2014, S. 81). Interessant ist der Hinweis von Leerkamp (2014, S. 81), dass die in vielen anderen

Industrieländern feststellbare Entkoppelung der Wirtschafts- und der Transportleistung in Deutschland (noch) nicht belegbar ist.

Im Verkehrsbereich besteht nicht nur ein enormer Nachfragemarkt nach Transportkapazitäten, sondern auch an Investitionen. So wurden in die neue Bundesverkehrswegplanung (BVWP) 2015 für Deutschland 800 Straßenprojekte für 51,5 Mrd. EUR, 47 Schienenprojekte für 33,9 Mrd. EUR und 26 Wasserstraßenprojekte für 5,1 Mrd. EUR aufgenommen – obwohl bereits bei der Vorgängerplanung BVWP 2003 klar gewesen war, dass sich bereits die dort enthaltenen Ziele im Rahmen der Haushaltsplanung nicht realisieren ließen (vgl. Heuser und Mergner 2014, S. 40). Gleichzeitig wächst der laufende Investitionsbedarf für die Sanierung maroder Brücken, beschädigter Straßen, einsturzgefährdeter Kanalufer und Schleusen sowie von Langsamfahrstellen im Schienennetz. Bereits 2013 verlangte die sogenannte Bodewig-Kommission dafür mindestens 7,2 Mrd. EUR zusätzlich an Haushaltsmitteln, also etwa das Dreifache der 2014 investierten Neu- und Aufbaumittel (vgl. Heuser und Mergner 2014, S. 40). Gleichzeitig forcierten die Behörden die Verkehrsinvestitionen in Deutschland vor allem auf Neu- und Ausbauvorhaben, und zwar schwergewichtig im Straßenverkehr (vgl. Heuser und Mergner 2014, S. 40). Die – auch in der Schweiz festzustellende – Priorisierung des Straßenverkehrs erscheint umso fraglicher, als (wie Canzler und Knie 2014, S. 49 meinen) die Loslösung vom exklusiven Privatfahrzeug längst begonnen hat: Carsharing, Modelle wie Uber und ähnliche Verkehrspraktiken sind eindeutig im Kommen. Canzler und Knie (2014, S. 49) sehen bereits seit 20 Jahren eine Tendenz, „die vorgegebenen Produktions- und Distributionsstrukturen zu hinterfragen und Ideen und Projekte in Bürgerhand zu übernehmen. Diese Bewegung startete bereits in den 1990er Jahren auf dem Land mit den Bürgerbussen und der Idee, dass sich Bürger(innen) ihre eigene Personenbeförderung organisieren. In den letzten Jahren kommen aber auch im städtischen Umfeld und mit den neuen Möglichkeiten der digitalen Kommunikation weitere Geschäftsideen auf den Tisch". Dadurch sollen die Straßen von schlecht ausgelasteten Pkws entlastet werden.

Mobilitätsmärkte tendieren in ihrer Eigendynamik dazu, sich laufend selbst zu vergrößern. So wie bessere Straßen zu mehr Verkehr führen, zieht der Ausbau von Flughäfen mehr Flugverkehr an. Interessant in diesem Zusammenhang ist die Schlussfolgerung von Reiner Alexander Eisele (2012, S. 271) zur Frage, ob es in Zürich einen zu einem Hub ausgebauten Flughafen braucht:

> Das Interesse an einem Luftverkehrsdrehkreuz mit Transitflügen wird … nicht geschützt, denn es kann hier nur auf den regionalen Verkehrsbedarf ankommen. Einzelne Studien sind … zu dem Ergebnis gelangt, dass der regionale Markt in Zürich auch ohne einen sogenannten Hub befriedigt werden könnte. Die aktuelle Zahl an Flugbewegungen in Zürich-Kloten übersteigt demnach bei Weitem den Bedarf des Flughafeneinzugsgebietes. Folglich kann noch keine Rede davon sein, dass ein unwiderlegbarer, unausweichlicher Verkehrsbedarf für das gegenwärtige Verkehrsvolumen am Flughafen Zürich nachgewiesen werden konnte (Eisele 2012, S. 271).

Heute verläuft die Diskussion über die Mobilitätsmärkte vorwiegend über die Frage, welche Verkehrsträger effizienter, kostengünstiger oder nachhaltiger sind. So wies etwa der Uber-Chef der DACH-Region – also der Länder Deutschland, Österreich und Schweiz – darauf hin, dass in vielen Städten die Personenwagen 15 bis 20 % der Fläche allein zum Parken brauchen, und dass zu Stoßzeiten 30 % der Fahrzeuge in Innenstädten „schon da [sind] und … nur noch einen Parkplatz [suchen]" (Jalali 2016, S. 18). Allerdings geht es beim Uber-Modell eher um eine neue Art von Bewirtschaftung und Gewinnbeteiligung. Dabei sind die Arbeitsbedingungen im Taxigewerbe – vorsichtig gesagt – ziemlich prekär: So erhält laut Jalali (2016, S. 19) ein Taxi-Fahrer in Basel gemäß Gesamtarbeitsvertrag einen Minimallohn von 3100 Franken im Monat – was für die Schweiz ein sehr tiefer Lohn ist – und arbeitet dafür mindestens 53 h pro Woche. Dabei verbringt – so Jalali (2016, S. 19) ein herkömmlicher Taxifahrer rund 70 % seiner Arbeitszeit mit Warten auf Kunden. Dagegen arbeite ein Uber-Fahrer vielleicht zweimal vier Stunden am Tag und sei in dieser Zeit voll ausgelastet. Dies würde auch von Taxichauffeuren genutzt, weshalb rund 80 % der Fahrzeuge bei Uber klassische Taxis seien. Was allerdings Jalali in diesem Interview nicht direkt sagte, ist die Tatsache, dass die durch Uber gelobte „Preiselastizität" – also die tieferen Preise – auch zu tieferen Löhnen bei den Fahrern führt. Jalalis Philosophie lautet dabei so: „Aus San Francisco und New York wissen wir, dass der von uns eröffnete Markt auf das Vier- oder Fünffache des Taximarkts angewachsen ist, während der Taximarkt sich stabil entwickelt, weil er plafoniert ist. Uns geht es nicht darum, Taxi-Kunden abzuwerben. Wir wollen den vielen Menschen, die sich alleine hinter das Steuer setzen, einen Anreiz geben, auf das eigene Auto zu verzichten. Da liegt das Marktpotenzial" (Jalali 2016, S. 19). Zweifellos ist es richtig, dass günstigere Preise und einfachere Buchungsmöglichkeiten die Nachfrage nach Fahrten erhöhen. Nur: Werden da nicht einfach noch mehr Kosten externalisiert und auf die Allgemeinheit abgeschoben – weil damit auch das Verkehrsvolumen künstlich gesteigert wird? Der Nachweis fehlt bisher, dass die Zunahme der Uber-Fahrten mit einer entsprechenden Abnahme privater Fahrten einhergehen – es ist zumindest vorstellbar, dass ein anderer Mechanismus wirkt, den man auch aus dem Luftverkehr kennt: Verbilligung der Preise führt zu mehr Verkehr und nicht zu einer Verkehrsberuhigung!

Wer in den Tourismus involviert ist und davon profitiert, zeigt die Tourismusdienstleistungskette, siehe Tab. 2.2.

2.3 Märkte für Verbrennungsmotoren

Jedes Produkt besitzt einen eigenen individuellen, ökologischen Produktelebenszyklus, den man wie in Abb. 2.2 darstellen kann (vgl. Siegenthaler 2006, S. 59):

Betrachtet man ein gängiges Produkt auf dem Markt von seiner Lebensdauer her, so ergibt sich ein Bild wie in Abb. 2.3.

Dabei kann der Lebenszyklus durch neue Teil-Innovationen verlängert werden. Ursache für das Überschreiten des Höhepunktes und des Niedergangs eines Produkts können unter anderem sein: Überholte Technologie, geänderte äußere Bedingungen (z. B. strengere Umweltauflagen), Imageprobleme oder ganz einfach gewandelte Bedürfnisse der Nachfrager.

Tab. 2.2 Mobilitätsleistungsketten im Tourismus. (Quelle: In Anlehnung an Dorsch 2016, S. 35, eigene Ergänzungen und eigene Darstellung)

	Art der Aktivität	Anbieter	→	Neg. Auswirkungen	Auf wen
Vorher	Information, Reservierung	eReiseplattformen, Reisebüros, Tourismusanbieter			
	Anreise	Privat-Pkw, Bus, Bahn, Flugzeug, Fähre, Taxi	→	Lärm, Luftverschmutzung	Anwohner, Gemeinden, Umwelt
Vor Ort	Örtl. Information	Tourismusinformat., Tourismusanbieter	→		
	Verpflegung	Restaurant, Hotels, Bars, Läden	→	Lärm, Abfall	Anwohner, Gemeinden
	Beherbergung	Hotellerie, Parahotellerie	→	Lärm, Abfall, Ressourcenverzehr	Anwohner, Gemeinden, Umwelt
	Transport	Privat-Pkw, Bus, Bahn, Bergbahnen, Schiff	→	Lärm, Luftverschmutzung, Ressourcenverzehr	Anwohner, Gemeinden, Landschaft
	Animation, Sport, Unterhaltung, kult. Angebote	Skilifte, Sportzentren, Bars, Diskotheken, Theater, Kinos, Museen	→	Lärm, Luftverschmutzung, Abfall, Ressourcenverzehr	
	Landschaftspflege, Umweltschutz	Bund, Länder bzw. Kantone, Gemeinden, NGOs	→	Zusätzliche Kapazitäten + Kosten	Anwohner, Allgemeinheit
Nachher	Abreise	Privat-Pkw, Bus, Bahn, Flugzeug, Fähre, Taxi	→	Lärm, Luftverschmutzung	Anwohner, Gemeinden, Umwelt
	Nachbetreuung	Anbieter, Ombudsstellen, Konsumentenorg			

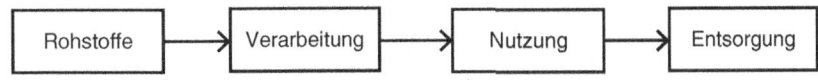

Rohstoffe → Verarbeitung → Nutzung → Entsorgung

Abb. 2.2 Ökologischer Produktelebenszyklus

Die Frage ist nun, ob und mit welchen zusätzlichen Inputs und Innovationen die Lebensdauer eines Produkts verlängert werden kann. In Bezug auf den Benzinmotor (bzw. Dieselmotor) und den Individualverkehr können das sein: Leistungssteigerungen des Verbrennungsmotors durch technische Innovation, geräuschärmere Motoren, Motoren mit

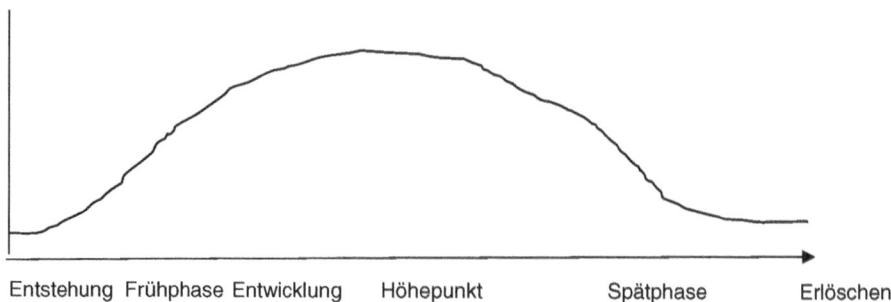

Entstehung Frühphase Entwicklung   Höhepunkt   Spätphase   Erlöschen

Abb. 2.3 Lebensdauerkurve eines Produkts auf dem Markt

geringerem Kraftstoffverbrauch, Verringerung der Abgase. Verkürzend für die Lebensdauer für Privatautos mit Benzin- oder Dieselmotoren können sein: Zunehmender Widerstand gegen Straßenlärm und Abgase, verstopfte Straßen und damit sinkende Attraktivität des Privatverkehrs (das gilt übrigens auch für Hybrid- oder Elektropersonenwagen), Zeitgeist (z. B. Förderung des öffentlichen Verkehrs und Vorbehalte gegen den Privatverkehr) …

Im Moment gibt es über eine Milliarde Autos weltweit (vgl. Parment 2016, S. 7; sowie Stan 2015, S. 1). Das weitere Wachstum der Automärkte wird sich auf die emerging states konzentrieren – etwa auf Indien und China –, während in der westlichen Welt die Zahl der Fahrzeuge laut Prognosen eher abnehmen wird. Interessant ist, dass immer weniger junge Menschen einen Führerschein besitzen (vgl. Parment 2016, S. 8), der soziale Druck auf Jugendliche, einen Führerschein zu machen, scheint abzunehmen.

Als Megatrends in der Automobilindustrie nennt Parment (2016, S. 14) Urbanisierung und Elektrifizierung – beides eher verkaufsdämpfende Entwicklungen für das traditionelle Benzin- und Dieselauto. Die zunehmende Digitalisierung wird den Automobilmarkt dahin gehend beeinflussen, dass Angebote der shared economy zunehmen (vgl. Parment 2016, S. 33) und die Zahl der Besitzer eines eigenen Pkws eher zurückgehen wird. Wie schnell das allerdings der Fall sein wird, muss vorläufig offen bleiben.

Parment (2016, S. 43 f.) sieht folgende Trends für den zukünftigen Automobilmarkt:

- Digitalisierung und stärkere Transparenz der Marktmechanismen;
- Verstärkter internationaler Wettbewerb mittels digitalem Zahlungsverkehr;
- Industrieverschiebungen;
- Vervielfältigung der Vertriebskanäle mit Vorteilen für die starken und Nachteilen für die schwachen Marken;
- Entwicklung in Richtung Badge Engineering, d. h. immer stärkere Identifizierung des Kunden mit der Automarke.

Damit wird der künftige Automobilmarkt voraussichtlich durch zwei Entwicklungen gekennzeichnet sein: Geringere Produktionszahlen bei den einzelnen Automarken und stärkeres Gewicht auf die Premiummarken.

2.4   Elektronikmärkte

In Europa und weltweit hat sich in den letzten 20 Jahren die Nachfrage nach Mobiltelefonie massiv vergrößert. So waren 1993 in der EU noch 14 Mio. Handys im Einsatz. Im Jahr 2000 waren es bereits 194 Mio. Mobiltelefone. Auch in Deutschland
nahm die Zahl der Handy-Nutzer massiv zu: 1995 waren noch 3 Mio. Mobiltelefone
in Betrieb, 1996 waren es schon 5 Mio., 1998 12 Mio., im Frühling 2001 50 Mio.
und Anfang 2003 bereits 60 Mio. (vgl. Grasberger und Kotteder 2003, S. 195). Noch
größer war der Zuwachs in den „emerging states", z. B. in China, Indien, in Südostasien und im Nahen Osten, aber auch in Afrika. Für 2010 rechnete man weltweit mit
1,7 Mrd. Handy-Nutzern und für 2012 mit 2,3 Mrd. (vgl. Grasberger und Kotteder
2003, S. 196).

Wie groß der – erwartete und tatsächliche – Markt für Mobiltelefonie ist, zeigt sich an
den ungeheuren Summen, die für UMTS-Konzessionen flossen. So erzielte die deutsche
Bundesregierung im Jahr 2000 50,8 Mrd. für die UMTS-Lizenzen (vgl. Grasberger und
Kotteder 2003, S. 197). In England wurden für die Lizenzen 38,2 Mrd. EUR erzielt, in
Italien 12 Mrd., in Frankreich 10 Mrd., in den Niederlanden 2,7 Mrd., in Polen 2 Mrd.
und in Österreich immerhin noch 830 Mio. EUR (vgl. Grasberger und Kotteder 2003,
S. 197 f.). Wenn sich auch einige Telefongesellschaften dabei übernahmen und sich
auf Jahre verschuldeten – die Zahlen zeigen doch die riesige Dimension dieser neuen
Märkte.

Zum Erwerb der Lizenzen kamen außerdem enorme Summen für den Aufbau der
Infrastruktur und die Gewinnung von Kunden – McKinsey schätzte den entsprechenden
Betrag für Deutschland zwischen 2000 und 2010 auf 98,7 Mrd. EUR (vgl. Grasberger
und Kotteder 2003, S. 198).

Allerdings muss aus heutiger Sicht darauf hingewiesen werden, dass gerade der
Markt für Smartphones offenbar langsam gesättigt ist. So schätzte man Anfang 2017
das Wachstum in den IT-Märkten für die meisten Länder Europas unter 3 %, darüber
lagen nur einige osteuropäischen Länder (vgl. Müller 2017, S. 25). 2016 wurden in der
Schweiz im ICT-Markt 30,6 Mrd. Franken oder nur gerade 0,2 % mehr umgesetzt als
2015. Für die EU wurde 2017 ein Wachstum von gerade einmal 0,8 % erwartet, und für
die Schweiz 1,1 %. Im Telekombereich ging der Umsatz mit Telekomausrüstung 2016
um volle 17 % zurück, und für 2017 wurde mit einem weiteren Rückgang von 3 %
gerechnet (vgl. Müller 2017, S. 25). Telekomfirmen und Hardwarehersteller sind mit
sinkenden Preisen konfrontiert, trotzdem rechneten sie für 2017 mit einer Umsatzsteigerung, so etwa in der Schweiz mit 2,5 % (vgl. Müller 2017, S. 25).

Wenn man heute die öffentlichen Verkehrsmittel benutzt, kann man sehen, dass mindestens 70–80 % der Passagiere mittlerweile das Handy benutzt um zu telefonieren, im
Internet zu surfen, Filme anzuschauen oder Musik zu hören. Auch das deutet darauf hin,
dass dieser Markt demnächst ausgereizt sein dürfte.

2.5   Gesundheitsmärkte

Aus ökonomischer Sicht lassen sich Gesundheitsmärkte als normale Märkte verstehen, wo sich Anbieter und Nachfrager treffen. Allerdings gibt es einen wichtigen Unterschied zu anderen Märkten: Die Intermediäre oder dazwischen geschalteten Vermittler oder Beeinflusser. In Anlehnung an Wasmuth (2013, S. 26) können die Beziehungen zwischen diesen drei Marktakteuren wie in Abb. 2.4 dargestellt werden.

In diesem Umfeld übt der Mediär einen entscheidenden Einfluss auf den Markt und auf die Marktstruktur aus.

Dabei geht es um erkleckliche Beträge: Gemäß Gesundheitswirtschaftlicher Gesamtrechnung generierte die Gesundheitswirtschaft in Deutschland 2010 eine Bruttowertschöpfung von 246 Mrd. EUR, dazu kamen Vorleistungen von 173 Mrd. EUR. Damit betrug der Produktionswert im Gesundheitsbereich insgesamt 419 Mrd. EUR, wobei die Wertschöpfungsquote – also das Verhältnis von Bruttowertschöpfung zum Produktionswert – im Gesundheitsbereich bei 58,7 % lag, also um etwa 10 Prozentpunkte höher als in der Gesamtwirtschaft (vgl. Schneider et al. 2016, S. 40). Oder anders gesagt: Fast jeder neunte Euro der Bruttowertschöpfung Deutschlands wurde in der Gesundheitswirtschaft erbracht.

Troschke und Stössel (2012, S. 62 ff.) haben mit Blick auf Deutschland drei Träger der Gesundheitsvorsorge definiert: Den Staat, privatwirtschaftliche Unternehmen und gemeinnützige Organisationen, siehe Tab. 2.3.

Das bedeutet, dass sehr viele Institutionen mit gesundheitlichen Folgen von gesellschaftlichen Entwicklungen, sozialen Gegensätzen, wirtschaftlichen Gegebenheiten, Umweltproblemen wie Lärm, Elektrosmog usw. zu tun haben – und auch davon profitieren. Dabei befinden sich die Anbieter von Gesundheitsprodukten und -dienstleistungen

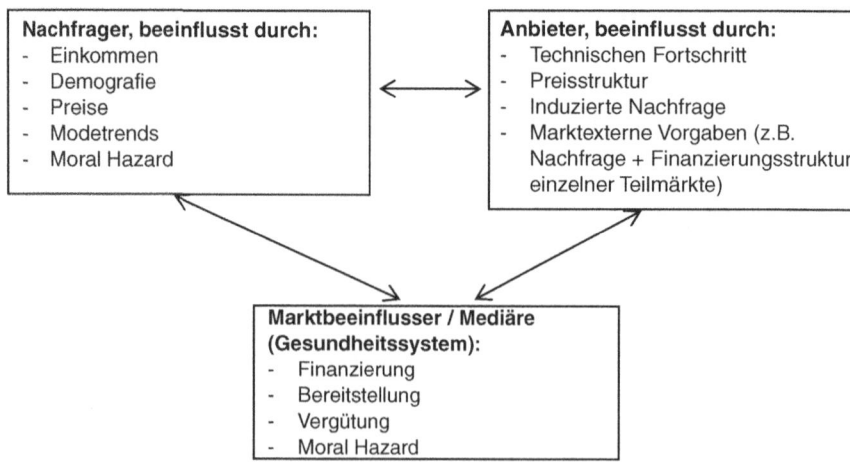

Abb. 2.4 Akteure in Gesundheitsmärkten

Tab. 2.3 Träger der Gesundheitsvorsorge. (Quelle: Troschke und Stössel 2012, S. 63)

Private Trägerschaft	Gemeinnützige Trägerschaft	Staatliche Trägerschaft
• Ärzte in Arztpraxen • Apotheker in Offizin-Apotheken • Andere Gesundheitsberufe in eigener Praxis (z. B. Krankengymnasten) • Privatpersonen und privatwirtschaftliche Organisationen als Träger von Krankenhäusern • Pharmagroßhandel, Pharmafirmen • Med.-techn. Firmen etc.	• Deutscher Caritasverband • Diakonisches Werk • Arbeiterwohlfahrt • Der Paritätische Wohlfahrtsverband • Zentralwohlfahrtsstelle der Juden • Karitative Stiftungen (z. B. R. Bosch Stiftung) als Träger von Krankenhäusern, Sozialstationen, Pflegeheimen etc.	• Städte und Landkreise als Träger von Gesundheitsämtern, Medizinaluntersuchungsämtern, Krankenhäusern, Beratungsstellen

in einer ambivalenten Rolle: Auf der einen Seite haben sie mit Patienten zu tun, die unter einer gesundheitlichen Beeinträchtigung leiden, auf der anderen Seite sind die Nutznießer ihrer Angebote ganz gewöhnliche Kunden, welche die Gesundheitsangebote vergleichen und als Konsumenten an den Gesundheitsmärkten auftreten.

Dabei ist die Preiselastizität der Nachfrage unterschiedlich, je nach Versorgungsbereich: Bei akuten und schwerwiegenden Erkrankungen dürfte der Preis eher eine geringe Rolle spielen (Grundversorgung), während bei geringfügige Beschwerden und in kosmetischen Bereichen der Preis sehr wohl eine Rolle spielt (vgl. Wasmuth 2013, S. 29). Entscheidend ist hier, welche der beanspruchen Leistungen in den Grundversorgungskatalog fallen und welche nicht – und inwieweit die Kosten durch die Versicherungen gedeckt sind. Bezieht man die Opportunitätskosten auf der Nachfrageseite mit ein – etwa bei hohen Selbstbeteiligungsanteilen der Versicherten – wird die Preiselastizität wieder entscheidend. Ein Spezifikum des Gesundheitsmarktes liegt darin, dass die Beziehung zwischen Produktqualität und Preis weniger eng ist als bei vielen anderen Gütern und Dienstleistungen (vgl. Sloan und Hsieh 2012, S. 277). In den meisten Branchen ist die Produktion von Gütern hoher Qualität mit höheren Kosten und damit mit hohen Preisen verbunden. Dabei wird Qualität häufig als ein-, zwei oder vielleicht dreidimensionales Konzept verstanden. Dagegen ist Qualität im Gesundheitsbereich multidimensional und schließt verschiedene Fähigkeiten, Bemühungen, mehr Zeitaufwand und unterschiedliche Behandlungsmethoden mit ein (vgl. Sloan und Hsieh 2012, S. 279). Dabei kann auch die Qualität einer medizinischen Leistung durch den direkten Kunden, also den Patienten, nur teilweise beurteilt werden.

Ökonomische Gewinner der zunehmenden Kommerzialisierung medizinischer Leistungen und des Ausbaus der Gesundheitsmärkte sind auf der einen Seite die Anbieter von medizinischen Produkten und Dienstleistungen, auf der anderen Seite die Nachfrager. Dabei orten Dohmen et al. (2013, S. 14) vor allem drei Tendenzen: Erstens eine „Medikalisierung des Alltags", zweitens eine Individualisierung der Risiken und drittens eine zunehmende Zuschreibung der Gesundheitsverantwortung an die einzelnen Individuen. Dabei werde das „Recht auf Gesundheit" immer mehr zu einem „Recht auf Gesundheitskonsum" (Dohmen et al. 2013, S. 14).

Weltweit gibt es so etwas wie eine zunehmende Schere der Gesundheitswahrnehmung und des Gesundheitskonzepts: Während in den nördlichen und hoch entwickelten Ländern die Gesundheitsvorsorge über den Markt wächst und sich marktwirtschaftliche Spielregeln ausbreiten, gibt es in den Ländern des Südens ein „People's Health Movement", das eine andere Wahrnehmung von Gesundheit und Krankheit hat und ein rein technisch verstandenes Gesundheitskonzept zurückweist (vgl. Dohmen et al. 2013, S. 14). In Ottawa hat die WHO 1986 eine Charta verabschiedet, die einen … eher sozialen Gesundheitsbegriff formulieren wollte:

> Um ein umfassendes körperliches, seelisches und soziales Wohlbefinden zu erlangen, ist es notwendig, dass sowohl einzelne als auch Gruppen ihre Bedürfnisse befriedigen, ihre Wünsche und Hoffnungen wahrnehmen und verwirklichen sowie ihre Umwelt meistern bzw. verändern können. In diesem Sinne ist die Gesundheit als ein wesentlicher Bestandteil des alltäglichen Lebens zu verstehen, und nicht als vorrangiges Lebensziel (zitiert nach Dohmen et al. 2013, S. 14).

Allerdings erscheint es vor der Dynamik globaler Gesundheitsmärkte fraglich, ob sich dieses Verständnis von Gesundheit durchsetzen wird.

Dabei stehen die Anbieter im Gesundheitsbereich vor einem Dilemma: Viele kranke Menschen bedeuten für sie größeren Umsatz – also könnte man überspritzt sagen: Es liegt im Interesse der Anbieter von medizinischen oder gesundheitsspezifischen Angeboten, dass möglichst viele Menschen krank sind – allerdings nur, solange sie – oder ihre Versicherungen – finanzkräftig genug sind, um die bezogenen Produkte (z. B. Medikamente) und Dienstleistungen zu bezahlen.

Dabei ist gerade der Medikamentenmarkt national strukturiert. Das zeigt sich unter anderem an den Preisen. Die Abb. 2.5 zeigt die sehr unterschiedliche Preisstruktur von Generika in einigen europäischen Ländern (100 % = Preisbasis in der Schweiz).

Etwas weniger deutlich, aber immer noch erheblich sind die Preisabweichungen bei patentabgelaufenen Originalprodukten, wie Abb. 2.6 zeigt (100 % = Preisbasis in der Schweiz).

Müsste man aus ökonomischer Sicht nicht fragen, inwieweit Gesundheitsprävention überhaupt im Interesse der Gesundheits- oder genauer „Krankheitsindustrie" liegt? Zwar stellt auch die Prävention eine Art Markt dar, nur dürfte dieser sehr viel kleiner sein als der Markt für Produkte und Dienstleistungen für erkrankte Personen – und er dürfte in direkter Konkurrenz zu gewaltigen anderen Märkten stehen, etwa zu Anbietern von Produkten und Dienstleistungen, die als Nebenwirkungen gesundheitliche Schäden verursachen, wie z. B. der Mobilfunk, Verbrennungsmotoren oder Atomkraftwerke.

Doch es gibt noch eine andere Seite der Prävention: So hielt etwa die Allgemeinärztin und Präsidentin des Ethischen Komitees des „British Medical Journals" im schweizerischen Tagesanzeiger vom 13.10.2009 fest:

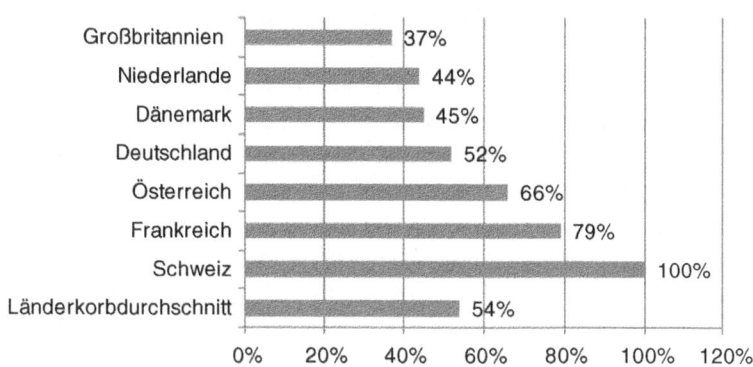

Abb. 2.5 Generikapreise in einigen europäischen Ländern. (Quelle: Schiesser 2015, S. 255; eigene Darstellung)

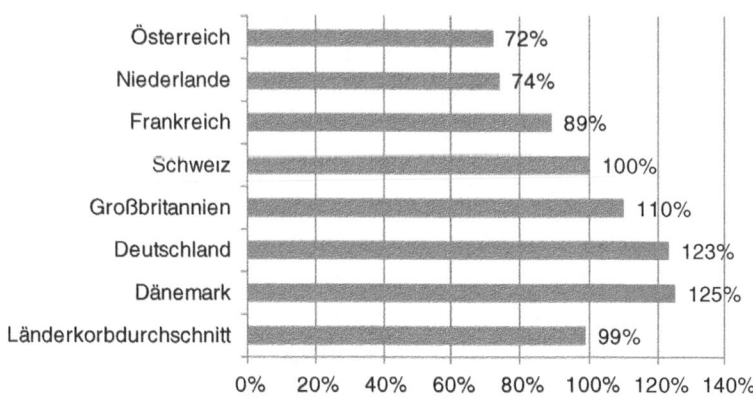

Abb. 2.6 Preisvergleich patentabgelaufener Originalmedikamente in einigen europäischen Ländern. (Quelle: Schiesser 2015, S. 255; eigene Darstellung)

Damit eine Befindlichkeitsstörung zur Krankheit wird, braucht es nicht viel mehr als ein cleveres Marketing. ... Dier Pharmafirmen haben ein Interesse daran, dass sich ein möglichst großer Teil der Bevölkerung für behandlungsbedürftig hält. Deshalb versuchen sie, die Grenzen zwischen gesund und krank zu ihren Gunsten zu verschieben. ... Der Normwert für Cholesterin wurde im Laufe der Jahre immer tiefer angesetzt. Würde man die heute geltende Norm als Maßstab anlegen, müsste jeder zweite Norweger über 25 einen Cholesterinsenker nehmen. Dabei sind die Norweger eines der langlebigsten Völker (zitiert nach Widmer 2011, S. 20).

Wenn man außerdem bedenkt, dass die in vielen Industriestaaten ungenügende Compliance dazu führt, dass – so Vaucher und Rohrer (2015, S. 20) – 30–50 % der verschriebenen Medikamente unbenutzt im Müll landen, ist der Gesundheitsmarkt nicht nur teuer, sondern auch ineffizient.

Es gibt also in Bezug auf die Prävention von ökologisch verursachten Leiden eine doppelte Gefahr: Auf der einen Seite steht das Anliegen einer Prävention beim Verursacher – also einer Reduktion der entsprechenden Immissionen an der Quelle – riesigen Eigeninteressen all der Anbieter und Unternehmen entgegen, welche an den immittierenden Geräten und Produkten verdienen und sich gegen jede Verschärfung von Grenzwerten oder gar gegen Haftungsansprüche wehren. Auf der anderen Seite steht die Pharmaindustrie bereits in den Startlöchern, um mit entsprechenden Angeboten die Symptome der durch Immissionen verursachten Leiden zu bekämpfen – gegen gutes Geld natürlich. Und wenn man bedenkt, dass zum Beispiel in Deutschland 2014 die Ausgaben für Arzneimittel mit 33,36 Mrd. EUR fast gleich hoch waren wie die ärztlichen Behandlungskosten in der Höhe von 33,43 Mrd. EUR (vgl. Albers 2016, S. 809), kann man sich vorstellen, wie groß einerseits der Pharmazeutika-Markt in den hoch entwickelten Ländern ist und wo anderseits auch mögliche Sparpotenziale liegen (würden)! Und wenn es stimmt, dass die durchschnittliche Bruttomarge gemäß Medicpool-Auswertung bei Medikamenten etwa in der Schweiz bei über 38 % und bei anderen Produkten im pharmazeutischen Bereich sogar bei 40 % liegt (vgl. Vaucher und Rohrer 2015, S. 27), wird schnell klar, wie lukrativ der Gesundheitsmarkt ist.

In den letzten 100 Jahren hat sich das Krankheitspanorama verändert, wie Abb. 2.7 zeigt.

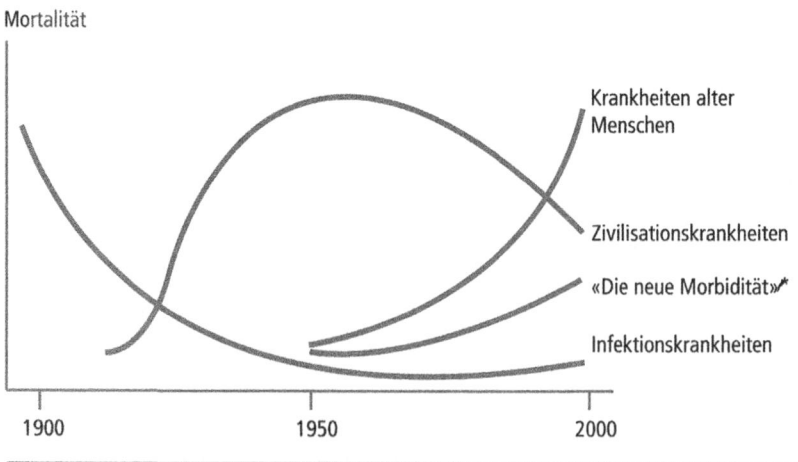

* psychosoziale Krankheiten und Gewaltphänomene

Abb. 2.7 Veränderungen des Krankheitspanoramas in den westlichen Industrienationen. (Quelle: Troschke und Stössel 2012, S. 70)

Seit der Einführung des Gesundheitsfonds in Deutschland 2009 erhalten Versicherte, die an einer oder mehreren von maximal 80 definierten Krankheiten leiden, so genannte Morbiditätszuschläge. Diese Leistungen sind im Sozialgesetzbuch festgelegt und können ggf. bei Sozialgerichten eingeklagt werden. Ein Beispiel eines solchen Leistungskatalogs zeigt – grafisch – Abb. 2.8.

Im Augenblick decken die deutschen Sozialversicherungen sechs Grundrisiken oder Notlagen ab: Krankheitsfolgen, Unfallfolgen, Pflegebedarf, Arbeitslosigkeit und allgemeine Armut (vgl. Troschke und Stössel 2012, S. 83).

Troschke und Stössel (2012, S. 124) haben sehr zu Recht darauf hingewiesen, dass „wegen der besonderen Implikationen der Auseinandersetzung von Menschen mit den Phänomenen von Gesundheit und Krankheit … das wirtschaftswissenschaftliche Modell rationaler, ökonomisch orientierter Entscheidungen nur bedingt anwendbar [ist]". Wenn trotzdem in Form verschiedenster Gesundheitsreformen versucht wurde und wird, das individuelle Verhalten bei der Beanspruchung von Gesundheitsangeboten durch positive Sanktionen wie Bonussysteme, Beitragsrückzahlungen usw. oder durch negative Sanktionen wie Zuzahlungen, Praxisgebühren usw. zu beeinflussen, dann muss der Erfolg zwangsläufig fraglich bleiben.

Allerdings gibt es einige ökonomische Zusammenhänge, die kaum infrage gestellt werden können. So kann man davon ausgehen, „dass die Höhe der Gesundheitskosten

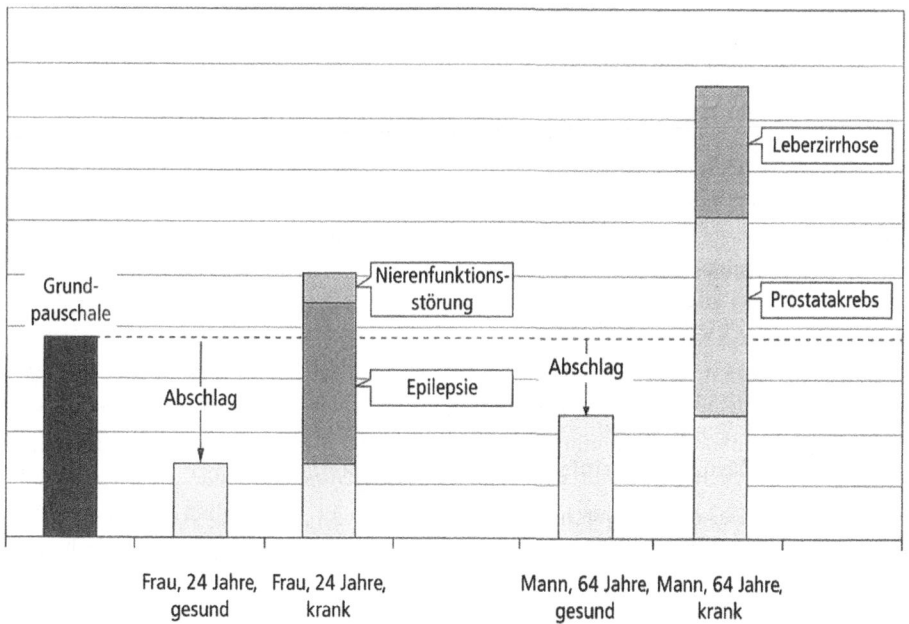

Abb. 2.8 Zuweisung für Pflichtleistungen der Krankenkasse in Deutschland: Grundpauschale mit alters-, geschlechts- und risikoadjustierenden Zu- und Abschlägen. (Quelle: Troschke und Stössel 2012, S. 82)

einen wichtigen Einfluss auf die Lebenserwartung der Bevölkerung eines Landes hat"
(Wasmuth 2013, S. 196). Gleichzeitig scheint es plausibel, dass ein größerer Anteil staatlich finanzierter Gesundheitskosten zu einer verbesserten Lebenserwartung benachtei-
ligter Bevölkerungsgruppen führt (vgl. Wasmuth 2013, S. 196 f.). Dazu kommt, dass ein
Zusammenhang zwischen Bildung und Einkommen sowie Gesundheit besteht: Mehr Bildung und/oder höheres Einkommen führen zu einer besseren Gesundheit (vgl. Wasmuth
2013, S. 196).

Zweifellos trifft es zu, dass Gesundheit keine Ware ist, wie Troschke und Stössel
(2012, S. 125) feststellen: „Gesundheit ist weder eine Ware noch eine Dienstleistung. Sie
kann weder verkauft noch gekauft werden. Gesundheit kann als Folge der Anwendung
von Waren (z.B. Medikamenten) und Dienstleistungen (z.B. Operationen) gestärkt oder
wiederhergestellt werden". Doch trifft das nicht für alle Lebensbereiche zu: Wohnen ist
keine Ware, aber das Angebot von Wohnungen; Sicherheit ist keine Ware, nur das Angebot von Sicherheitsdienstleistungen oder -produkten usw. Jedes Grundbedürfnis kann nur
durch Produkte oder Dienstleistungen befriedigt werden, nach denen es Bedarf – also
Nachfrage und Kaufkraft – gibt. Dabei können durchaus auch Ersatzprodukte nachge-
fragt werden, etwa sexuelle Dienstleistungen anstelle von Liebe usw.

Die Frage nach dem Verhältnis von Ersatzdienstleistungen und Grundbedürfnissen wird dann relevant, wenn das Angebot oder der Erwerb von (Ersatz-)Produkten und
(Ersatz-)Dienstleistungen die Befriedigung von Grundbedürfnissen beeinträchtigen oder
andere Grundbedürfnisse in Mitleidenschaft ziehen. Ersteres kann der Fall sein, wenn ein
notorischer Konsument von harter Pornografie unfähig wird, eine normale sexuelle Beziehung zu einer realen Partnerin zu leben, Letzteres wenn Internet- oder Handysucht die
normale zwischenmenschliche Kommunikation – zum Beispiel in der Familie – verunmöglicht. Oder wenn die Auswirkungen elektromagnetischer Felder die eigene Gesundheit oder die Gesundheit anderer gefährden.

In den Gesundheitswissenschaften ist der „salutogene" Ansatz von Antonovsky
(1987) interessant. Dieser versteht Gesundheit und Krankheit nicht als Dichotomien,
also sich ausschließende Gegensätze, sondern nach Antonovsky (1987) bewegt sich
jeder Mensch in einem Kontinuum von „health-eas" und „total wellness" auf der einen
Seite und „dis-ease" und „total illness" auf der anderen Seite. Dabei wird das Gleichgewicht dazwischen, also die Homöostase, als eine Art Idealziel gesehen, das aktiv
hergestellt werden muss. „Wo, das heißt an welcher Stelle eine Person sich auf dem
Gesundheits-Krankheits-Kontinuum verortet, hängt unter anderem von den verfügbaren
gesundheitsförderlichen Ressourcen ab. Diese umfassen neben materiellen und sozialen
Faktoren auch die Qualität der Lebensumwelt, darunter Luftqualität, Geräuschkulisse
(Ruhe, Lärm) Grünflächen sowie unbelastete und frische Nahrungsmittel" (Fehr et al.
2012, S. 575).

In diesem Zusammenhang ist auch das heute allgegenwärtige Resilienzkonzept zu verstehen. Im Zentrum der Resilienzforschung steht dabei die Frage „Was erhält den Menschen gesund?" (vgl. Lyssenko et al. 2011, S. 476). Der Begriff der Resilienz geht auf

den englischen Begriff „resilience" zurück und bedeutet Spannkraft, Strapazierfähigkeit, Elastizität (vgl. Lyssenko et al 2011, S. 476). Dabei steht die Frage nach Schutzfaktoren innerhalb und außerhalb einer Person im Zentrum, welche das Auftreten von Störungen beim Vorliegen von Belastungen vermindern können. Wichtig ist, dass diese Schutzfaktoren unabhängig von möglichen Risikofaktoren analysiert werden. Dabei gibt es **personale Schutzfaktoren** wie kognitive und affektive Fähigkeiten, soziale Kompetenz, biologische Korrelate oder Eigenschaften, familiäre Schutzfaktoren wie die Art der Eltern-Kind-Beziehung, Geschwisterbeziehungen, Eigenschaften der Eltern und **soziale Schutzfaktoren** wie soziale Vernetzung, Beziehungen zu Erwachsenen oder Gleichaltrigen, Qualität und Zugang zu Bildungsinstitutionen (vgl. Lyssenko et al. 2011, S. 477). Während frühere Forschungen Resilienz als „zeitlich stabile, situationsübergreifende Eigenschaft oder Persönlichkeitsmerkmal verstand, gilt heute die Resilienz als variable Kapazität, die sich im Kontext Mensch-Umwelt-Interaktion entwickelt" (vgl. Lyssenko 2011, S. 478). Wenn auch heute insbesondere in den USA umfassende Multikomponentenprogramme zur Stärkung der Resilienz bei Kindern und Jugendlichen ausgearbeitet und durchgeführt werden, stellt sich aus ökonomischer Sicht die Frage, wie sich die Frage der Resilienz in den Gesundheitsmärkten auswirkt. Ist das Resilienzkonzept mehr als ein Marketingtool oder eine Verkaufsstrategie, und wenn ja, wie zeigt sich dies in Form neuer, zusätzlicher Produkte und Dienstleistungen auf dem Gesundheitsmarkt?

Literatur

Albers, Wolfgang 2016: Zur Kasse, bitte! Gesundheit als Geschäftsmodell. Berlin: Verlag das Neue Berlin.

Antonovsky, A. 1987:Unravelling the mystery of health: How people manage stress and stay well. San Francisco, CA: Jossey-Bass.

Brodbeck, Karl-Heinz 2015: Güterbegriff und Marktbegriff. Zu den Grundlagen der Theorie des Marktes. In: Ötsch, Otto et al. (Hrsg.): Markt! Welcher Markt? Der interdisziplinäre Diskurs um Märkte und Marktwirtschaft. Weimar (Lahn): Metropolis. 27 ff.

Canzler, Weert/Knie, Andreas 2014: Energie- und Verkehrswende: Mobil mit selbst gemachtem Strom. In: oekom e. v. – Verein für ökologische Kommunikation (Hrsg.): Postfossile Mobilität. Zukunftstauglich und vernetzt unterwegs. München: oekom. 46 ff.

Deutscher Gewerkschaftsbund 2009: Stellungnahme des Deutschen Gewerkschaftsbundes zum Grünbuch „Die Mobilität junger Menschen zu Lernzwecken fördern". Berlin. 9.12.2009.

Dohmen, Arndt et al. 2013: Gesundheit ist keine Ware. Wenn Geld die Medizin beherrscht! Ursachen – Folgen – Alternativen. Hamburg: VSA-Verlag.

Dorniok, Daniel 2015: Nichtwissen in der heutigen Gesellschaft: Recht, Nachteil, Problem? Zur funktionalen Grundlegung von Nichtwissen in der Gesellschaft. In: Ötsch, Otto et al. (Hrsg.): Markt! Welcher Markt? Der interdisziplinäre Diskurs um Märkte und Marktwirtschaft. Weimar (Lahn): Metropolis. 211 ff.

Dorsch, Monique 2016: Verkehr und Tourismus. Plauen: M&S-Verlag.

Eisele, Reiner Alexander 2012: Zur Eindämmung grenzüberschreitenden Fluglärms beim An- und Abflug zum und vom Flughafen Zürich-Kloten. Dissertation. Freiburg/Br.: Buchverlag Rombach.

Europäische Kommission 2009: Grünbuch: Die Mobilität junger Menschen zu Lernzwecken fördern. Bruxelles: 8.7.2009. https://www.jugendpolitikineuropa.de/downloads/4-20-2588/com329_de.pdf (Zugriff 9.9.2016).

Fehr, Rainer et al. 2012: Umwelt und Gesundheit. In: Hurrelmann, Klaus/Razum, Oliver (Hrsg.): Handbuch Gesundheitswissenschaften. 5., vollständig überarbeitete Auflage. 573 ff.

Foucault, Michel 2006: Die Geburt der Biopolitik. Frankfurt/Main: Suhrkamp.

Grasberger, Thomas/Kotteder, Franz 2003: Mobilfunk. Ein Freilandversuch am Menschen. Verlag Antje Kunstmann.

Griffel, Alain 2015: Umweltrecht in a nutshell. Zürich/St. Gallen: Dike.

Heuser, Tilmann/Mergner, Richard 2014: Planung der Bundesverkehrswege: Die Weichen richtig stellen. In: oekom e. v. – Verein für ökologische Kommunikation (Hrsg.): Postfossile Mobilität. Zukunftstauglich und vernetzt unterwegs. München: oekom. 39 ff.

Jalali, Rasoul 2016: „Wir fangen an, die Städte zu bewegen". Uber-Chef Rasoul Jalali will die Mobilität verändern. Im Interview erklärt er, warum Zürich dafür ein besonders gutes Pflaster ist. In: Neue Zürcher Zeitung vom 15.11.2016. 18 f.

Leerkamp, Bert 2014: Güterverkehr: Die Nachhaltigkeit fährt hinterher. In: oekom e. v. – Verein für ökologische Kommunikation (Hrsg.): Postfossile Mobilität. Zukunftstauglich und vernetzt unterwegs. München: oekom. 81 ff.

Lyssenko, Lisa/Franzkowiak, Peter/Bengel, Jürgen 2011: Resilienz und Schutzfaktoren. In: Blümel, Stephan/Franzkowiak, Peter/Kaba-Schönstein, Lotte/Nöcker, Guido/Trojan, Alf (Hrsg.): Leitbegriffe der Gesundheitsförderung und Prävention. Glossar zu Konzepten, Strategien und Methoden. Köln: Bundeszentrale für gesundheitliche Aufklärung BZgA. 476 ff.

Maio, Giovanni 2014: Geschäftsmodell Gesundheit. Wie der Markt die Heilkunst abschafft. Berlin: Suhrkamp.

Müller, Giorgio V. 2017: Ende des Smartphone-Boom. In: Neue Zürcher Zeitung vom 18.1.2017.25.

Parment, Anders 2016: Die Zukunft des Autohandels. Vertrieb und Konsumentenverhalten im Wandel. Wie das Auto benutzt, betrachtet und gekauft wird. Wiesbaden: Springer Gabler.

Schiesser, Andreas 2015: Medikamente. In: Oggier, Willy (Hrsg.): Gesundheitswesen Schweiz 2015–2017. 5., vollständig überarbeitete Auflage. Bern: Hogrefe Verlag. 243 ff.

Schimank, Uwe/Volksmann, Ute 2008: Ökonomisierung der Gesellschaft. In: Maurer, Andreas (Hrsg.): Handbuch der Wirtschaftssoziologie. Heidelberg: Springer. 382 ff.

Schneider, Markus et al. 2016: Gesundheitswirtschaftliche Gesamtrechnung 2000–2014. Gutachten für das Bundesministerium für Wirtschaft und Energie. Europäische Schriften zu Staat und Wirtschaft. Band 40. Baden-Baden: Nomos.

Siegenthaler, Claude Patrick 2006: Ökologische Rationalität durch Ökobilanzierung. Eine Bestandsaufnahme aus historischer, methodischer und praktischer Perspektive. Marburg: Metropolis-Verlag.

Sloan, Frank A./Hsieh, Chee-Ruey 2012: Health Economics. Cambridge, Mass./London: The MIT Press.

Slotala, Lukas 2011: Ökonomisierung der ambulanten Pflege. Wiesbaden: VS Verlag für Sozialwissenschaften.

Stan, Cornel 2015: Alternative Antriebe für Automobile. Hybridsysteme, Brennstoffzellen, alternative Energieträger. 4., aktualisierte und erweiterte Auflage. Berlin/Heidelberg: Springer.

Troschke, von, Jürgen/Stössel, Ulrich 2012: Gesundheitsökonomie – Gesundheitssystem – Öffentliche Gesundheitspflege. Reihe: Querschnittsbereiche Band 3. 2., überarbeitete Auflage. Bern: Verlag Hans Huber.

Turnherr, Gregor 2015: Transnationale Mobilität in der beruflichen Erstausbildung. Beeinflus-
    sende Faktoren in der Phase der Berufsorientierung für eine grenzüberschreitende Mobilität im
    Bodenseeraum. Frankfurt/Main: Peter Lang.
Vaucher, Fabian/Rohrer, Stefanie 2015: Apotheken und Drogerien. In: Oggier, Willy (Hrsg.):
    Gesundheitswesen Schweiz 2015–2017. 5., vollständig überarbeitete Auflage. Bern: Hogrefe
    Verlag. 13 ff.
Wasmuth, Timo 2013: Gesundheitsausgaben: Determinanten und Auswirkungen auf die Gesund-
    heit. Theoretische Modellierung und empirische Analyse. Dissertation. Frankfurt/Main: Peter
    Lang.
Widmer, Werner 2011: Das Gesundheitswesen der Schweiz. Ein Überblick aus individueller,
    betrieblicher und gesellschaftlicher Sicht. Zürich: Careum Verlag.

Was tun?

3

Aus rechtlicher Sicht lassen sich vier grundlegende Strategien oder Instrumente zur Steuerung des Umweltverhaltens unterscheiden (vgl. Kotulla 2014, S. 40 ff.):

1. Instrumente direkter Verhaltenssteuerung wie Verbote, Gebote, Anzeige-, Anmeldungs-, Gestattungspflichten sowie Untersagungs- und Beschränkungskompetenzen;
2. Instrumente indirekter Verhaltenssteuerung wie ideelle oder materielle Motivationsanreize, Benutzungsvorteile, Umweltabgaben, Informationen und Warnungen vor Gefahren, Abgabe von Zertifikaten oder Lizenzen, Umweltabsprachen sowie Haftungsregelungen;
3. Planungsvorgaben und -abläufe wie systematische Bestandesaufnahmen des Bestehenden, Prognosen, Vorgaben zum Vorgehen, Regelungen zum Angehen von Ziel- und Interessenkonflikten;
4. Instrumente staatlicher Eigenvornahme wie Errichtung eigener Einrichtungen z. B. für die Abfallentsorgung, Lärmprävention usw.

In diesem Zusammenhang ist die Diskussion um die ökologischen Menschenrechte von Bedeutung. Obwohl das Umweltmenschenrecht gemeinhin zu den sogenannten „Menschenrechten der dritten Generation" gezählt wird (vgl. Schmidt-Radefeldt 2000, S. 44), besteht immer noch keine Einstimmigkeit darüber, ob das Recht auf Umwelt zu den Individual- oder Kollektivrechten zu zählen ist.

Dabei hat sich in den letzten Jahren die Diskussion stark verändert. Während in den vergangenen Jahrzehnten der Diskussionsschwerpunkt auf einem Grund- oder Menschenrecht auf eine (gesunde) Umwelt oder Ökologie lag, stand in jüngster Zeit die Frage nach ökologischen Menschenrechten im Zentrum (vgl. Schmidt-Radefeldt 2000, S. 27). Dabei akzeptiert die neue Sichtweise zwar den Menschen im Zentrum des Grundrechtsverständnisses, aber neu wird diese anthropozentrische Sichtweise aufgeweicht.

© Springer Fachmedien Wiesbaden GmbH 2017
C.J. Jäggi, *Ökologische Baustellen aus Sicht der Ökonomie*,
DOI 10.1007/978-3-658-16821-6_3

Im Gegensatz zum traditionellen Umweltgrundrecht positivieren die ökologischen Menschenrechte die natürliche Umwelt nicht als menschenrechtliches Schutzgut, sondern verstehen sie als Gefährdungsquelle für die etablierten menschenrechtlichen Schutzgüter (vgl. Schmidt-Radefeldt 2000, S. 27). Dabei ist zu bedenken, dass die Menschheit nicht nur auf eine gesunde Umwelt angewiesen ist, sondern selbst Teil von ihr ist (vgl. Schmidt-Radefeldt 2000, S. 33). Das bedeutet, dass der Blickwinkel immer ein doppelter sein muss: Der Mensch interagiert durch sein Handeln mit der Umwelt und wirkt dadurch auf sie ein, aber der Mensch ist auch Teil davon und von ihr abhängig.

Diese doppelte Sichtweise spiegelt sich auch in verschiedenen Erklärungen: So stellte etwa die Stockholmer Umweltdeklaration 1982 fest, dass der Mensch – oder genauer: die Menschheit – ein Grundrecht auf Freiheit, Gleichheit und angemessene Lebensbedingungen in einer qualitativen Umwelt hat, welche ihm ein Leben in Würde und Wohlergehen ermöglicht und dies auch künftigen Generationen sichert (Grundsatz 1 der Stockholmer Umwelterklärung, vgl. Schmidt-Radefeldt 2000, S. 35). Diese Erklärung stellte also den Mensch mit seinen Bedürfnissen ins Zentrum der Überlegungen.

Dagegen stellte die ebenfalls 1982 veröffentlichte Weltcharta für die Natur den prozeduralen Aspekt in den Mittelpunkt: „Jedermann muss nach den Gesetzen seines jeweiligen Landes die Möglichkeit haben, sich einzeln oder gemeinsam mit anderen am Entscheidungsprozess zu beteiligen, von dessen Ergebnis seine eigene Umwelt unmittelbar betroffen ist, und er muss Zugang zu Abhilfemöglichkeiten haben, wenn in seiner Umwelt Schäden oder Verschlechterungen der Umweltbedingungen eingetreten sind" (zitiert nach Schmidt-Radefeldt 2000, S. 35 f.).

Bei beiden Ansätzen besteht ein spezifisches Problem: Während in der Stockholmer Umwelterklärung eine Individualberechtigung (bewusst?) fehlt, lässt sich auch von der Weltcharta für die Natur kein konkretes Individualrecht ableiten (vgl. Schmidt-Radefeldt 2000, S. 36). Auch die Erklärung der Konferenz der Vereinten Nationen über Umwelt und Entwicklung – die sogenannte Erklärung von Rio – „hat die Chance verstreichen lassen, in Fortführung der Stockholmer Erklärung ein Individualrecht auf gesunde Umweltbedingungen festzuschreiben" (Schmidt-Radefeldt 2000, S. 36). Damit bleibt auch diese Erklärung eigenartig kraftlos.

Entsprechend stellt Schmidt-Radefeldt (2000, S. 36) fest: Es „lässt sich festhalten, dass das Völkerrecht ein explizites, rechtlich verbindliches kodifiziertes Umweltmenschenrecht nicht kennt. Zahlreiche zumeist unverbindlich gebliebene (rechtspolitische) Erklärungen heben allenfalls die Bedeutung der Menschenrechte für den Umweltschutz hervor, verbinden damit aber keine subjektivrechtlichen Individualansprüche". Allerdings lasse sich aus einer Zusammenschau internationaler Bestimmungen des Umweltvölkerrechts eine grundsätzliche völker(vertrags)rechtliche Verpflichtung der Staaten zum Umweltschutz ableiten, die konstitutionelles Gemeingut aller Staaten – also universelles Verfassungsrecht – geworden sei (vgl. Schmidt-Radefeldt 2000, S. 38).

Doch diese Situation erscheint weder befriedigend noch tragfähig genug, um umweltrechtliche Bestimmungen in den einzelnen – in allen! – Staaten durchzusetzen. Ja, Schmidt-Radefeldt (2000, S. 42) spricht sogar von einem bestehenden „Vollzugsdefizit im Umweltbereich", das nur durch besondere Aktivitäten der Bürgerinnen und Bürger („control-by-participation") überwunden werden könne. Mit anderen Worten: Auf der (grund)rechtlichen Ebene kommt man im Moment in Bezug auf konkrete umweltpolitische Regelungen kaum weiter.

3.1 Grüne Wirtschaft

Der Rat für nachhaltige Entwicklung (2015) hat Nachhaltigkeit wie folgt umschrieben: „Nachhaltige Entwicklung heißt, Umweltgesichtspunkte gleichberechtigt mit sozialen und wirtschaftlichen Gesichtspunkten zu berücksichtigen. Zukunftsfähig wirtschaften bedeutet also: Wir müssen unseren Kindern und Enkelkindern ein intaktes ökologisches, soziales und ökonomisches Gefüge hinterlassen. Das eine ist ohne das andere nicht zu haben" (zitiert nach Müller 2015, S. 1).

Dabei werden normalerweise als die drei Säulen der Nachhaltigkeit die Ökonomie, die Ökologie und die soziale Dimension verstanden (vgl. Müller 2015, S. 6 f.). Das Problem ist dabei, dass kaum je eine Gleichwertigkeit ökologischer und wirtschaftlicher Interessen besteht, geschweige denn durchgesetzt werden kann.

Man hat in der Biodiversitätsforschung versucht, Ökosystemleistungen ökonomisch zu berechnen. Gemäß dem Millenium Ecosystem Assessment (MA) lassen sich vier Typen von Ökosystemleistungen unterscheiden:

- Basis- oder unterstützende Leistungen: Nährstoffkreislauf, Bodenbildung, Primärproduktion usw.;
- Versorgungsleistungen: Nahrung, Trinkwasser, Holz und Fasern, Brennstoffe usw.;
- Regulationsleistungen: Klimaregulierungen, Hochwasserregulierungen, Krankheitsregulierungen, Wasserreinigungen usw.;
- Kulturelle Leistungen: Ästhetik, Spiritualität, Bildung, Erholung usw. (vgl. Hansjürgens und Lienhoop 2015, S. 14).

Das Problem liegt dabei darin, dass die Ökonomie diese Leistungen stets nur anthropogen, also aus der Sicht des Menschen beschreiben und bewerten kann. Was für einen Menschen eine Leistung eines Ökosystems sein kann, ist für andere Lebewesen vielleicht irrelevant: Sie brauchen keine Brennstoffe, keine Rohstoffe für Kleidung, keine Hochwasserregulierung usw. Die Ökonomisierung der Leistung von Ökosystemen ist immer nur partiell und anthropozentrisch, obwohl jedes Ökosystem eine Vielzahl weiterer Leistungen erbringt. Das bedeutet: Die Sicht der Ökologie und der Ökonomie sind diametral entgegengesetzt: Während sich der Ökologe für das Ökosystem als Ganzes, für dessen Dynamik oder dessen Gleichgewichtszustand interessiert, richtet der Ökonom aus der Sicht des Knappheitsparadigmas seinen Blick auf die von Menschen erwünschten Leistungen und Produkte.

Ökosystemleistungen und öffentliche Güter

„Eine Vielzahl von Ökosystemleistungen hat den Charakter öffentlicher Güter. Für sie fehlen Märkte, welche Knappheit anzeigen und die Bereitstellung dieser Güter anreizen. Durch die Nicht-Rivalität im Konsum (ein Konsument reduziert mit seiner Nutzung nicht die Konsummöglichkeit anderer Konsumenten) und die Nicht-Anwendbarkeit des Ausschlussprinzips (ein Anbieter kann einen Nutzer nicht von der Nutzung ausschließen) entziehen sich die Güter dem Marktmechanismus, was bedeutet, dass auf Ebene der Individuen einerseits der Anreiz zur ‚sparsamen' bzw. effizienten Nutzung entfällt (die Kosten der Nutzung werden externalisiert, d. h. der Gesellschaft ‚aufgebürdet'), gleichzeitig aber auch der Anreiz zur Bereitstellung bzw. Investition in das Gut nicht gegeben ist (denn auch die Erträge werden externalisiert, sprich von der Gesellschaft ‚aufgezehrt' und für den Einzelnen lohnt es sich nicht, ein solches Gut anzubieten). Dieser in fehlenden Märkten begründete Druck lastet insbesondere auf den regulierenden Ökosystemleistungen" (Hansjürgens und Lienhoop 2015, S. 41).

Das bedeutet, dass die ökonomische Sicht immer eine andere sein muss als die ökologische. Allerdings können beide komplementär sein: Während der Ökonom das Effizienzdenken in die Politik einführt, vertritt der Ökologe eine ganzheitlichere Sicht – und zeigt die Risiken eines zu kurzfristigen Effizienzdenkens. Eine mögliche Schnittstelle beider könnte ein langfristiges – also intergenerationales –, aber doch anthropogenes Verständnis eines Ökosystems sein, das auch die externen Kosten und die externen – d. h. anthropogen nicht direkt relevanten – Leistungen mit berücksichtigt.

Jedoch ist eine gefährliche und irreführende Gleichsetzung von Werten mit ihrer Quantifizierung, ihrer Monetarisierung und in der Folge ihrer Priorisierung zu vermeiden (vgl. Karfyllis 2000, S. 204). Dabei sollte man auch nicht den Fehler machen, die Nicht-Quantifizierbarkeit und die Nicht-Monetarisierbarkeit mit Irrelevanz gleichzusetzen (vgl. Karfyllis 2000, S. 204): Zum einen, weil auch nicht quantifizierbare Werte Werte sind, und zum anderen, weil sehr viele Werte noch nicht oder prinzipiell nicht monetarisiert werden können. Komplexe Werte wie Liebe, Solidarität oder Gerechtigkeit können nicht monetarisiert werden, aber niemand wird wohl bestreiten, dass es Werte sind!

Die Ökonomie tendiert dazu, komplexe Ökosysteme durch einfache oder eindimensionale Ökosysteme zu ersetzen, weil diese leichter zu steuern und zu kontrollieren sind. Landwirtschaftliche Monokulturen auf einem planierten, maschinengängigen Boden eigenen sich bestens für eine industrielle Produktion einzelner Nahrungsmittel, aber diese eindimensionalen Ökosysteme sind energiefressend, krankheitsanfällig und verzehren Unmengen an Rohstoffen (z. B. durch künstliche Düngung). Dagegen sind Mischkulturen mit multipler und komplexer Fauna und Flora sehr viel schwieriger zu steuern, weniger leicht maschinell zu bearbeiten und grundsätzlich anspruchsvoller. Aber solche Ökosysteme reduzieren das Klumpenrisiko, der Ertrag kann bei vielen Produkten höher sein – wie etwa der Anbau von Hecken auf Äckern und Wiesen gezeigt hat – und die Anfälligkeit für Schädlinge und Krankheiten sinkt, ganz abgesehen davon, dass die Artenvielfalt besser erhalten bleibt. So kommen denn auch Hansjürgens und Lienhoop (2015, S. 62) in Bezug auf die ökonomische Bewertung komplexer Ökosysteme zu folgendem Schluss: „Durch die Vielschichtigkeit von Biodiversität und die globalen Dimensionen bestimmter Ökosystemdienstleistungen stößt die ökonomische Bewertung an Grenzen". Zwar orten sie den Grund im fehlenden ökologischen Wissen, aber man könnte auch sagen, dass der Grund im fehlenden oder geringeren Reduktionismus ökologischer Sichtweisen liegt, während die Ökonomie in ihrem Bestreben, Leistungen und Erträge zu maximieren und den Aufwand zu minimieren auf einfache oder besser eindimensionale Quantifizierungsmaßstäbe angewiesen ist, was sich gerade bei komplexen Ökosystemen als problematisch erweist.

Die Sichtweisen von Ökonomie – insbesondere im betriebswirtschaftlichen Sinn – und der Ökologie bleiben verschieden. Das gilt auch für die ethische Sichtweise. Deshalb bringt es nichts, die grundlegenden Unterschiede in der Sichtweise künstlich mit schönen Phrasen zu übertünchen, wie z. B. „Ökonomie und Ökologie Hand in Hand" oder – wie der Ethiker Martin Rohnheimer (2016) – Unternehmen als „Wohlstandsgeneratoren" zu bezeichnen, welche (meist) ethisch oder ökologisch handeln. Auch mag man die Gegenüberstellung von Ethik und Ökonomie beklagen – wie etwa Huster (2012, S. 22) das tut –, Fakt ist, dass gerade international oder global tätige Unternehmen oft weder ethisch noch ökologisch handeln. Der Gegensatz von Ökologie und Ökonomie zeigt sich besonders deutlich am Shareholder Value. Dieses Unternehmensverständnis ist darauf ausgerichtet, den Börsenwert der Firma und den Gewinn zu maximieren. „Soweit der Shareholder überhaupt ein Interesse an der Natur hat, gilt dies nur für handelbare Ressourcen" (Rechsteiner 2004, S. 39). Naturgemäß ist der Shareholder Value kurz- oder allenfalls mittelfristig ausgerichtet, also auf ein Zeitfenster von 5, allenfalls 10 Jahre. Nicht marktfähige Güter – etwa Aktivitäten zur Herstellung und zum Erhalt des öffentlichen Gutes Umwelt – werden in der volkswirtschaftlichen Gesamtrechnung als Aufwand gebucht, aber diesem Aufwand steht in der volkswirtschaftlichen Gesamtrechnung kein monetärer Ertrag gegenüber (vgl. Rechsteiner 2004, S. 38), was einerseits falsch und anderseits sehr verkürzt ist. Das Gleiche gilt etwa für Bildungsausgaben (vgl. Rechsteiner 2004, S. 38).

Deutlich offener für Umweltfragen ist der Stakeholder-Value-Ansatz, der auch direkt und indirekt vom Unternehmensprozess Betroffene, also Kunden, Lieferanten, Staat und gesellschaftliche Institutionen in die Rechnung einbezieht. Allerdings verursacht die Stakeholder-Beziehung auch Kosten, welche wieder auf den Unternehmensgewinn zurückwirken: Deshalb „ist das Management herausgefordert, die Beziehungen zu seinen Stakeholdern so zu gestalten, dass sie einen möglichst großen Beitrag an die Steigerung des Unternehmenswerts leisten" (Figge und Schaltegger 2004, S. 55). Also ist der Stakeholder-Value-Ansatz letztlich nur ein Zuträger für den Shareholder-Value-Ansatz? Wie man es dreht und wendet – der Widerspruch bleibt bestehen.

Corporate Social Responsibility – eine Alternative?
In KMU- und Unternehmerkreisen wird immer wieder auf das Konzept der Corporate Social Responsibility (CSR) hingewiesen, welches versucht, unternehmerische Tätigkeit und soziale, ökologische und ethische Verantwortung miteinander in Einklang zu bringen. Dieses Anliegen ist zweifellos ehrenwert.

Corporate Social Responsibility

Corporate Social Responsibility (CSR) ist ein Konzept gesellschaftlicher Verantwortung von Unternehmen, das sich am Prinzip der Nachhaltigkeit orientiert und sich auf die Bereiche Ökonomie, Ökologie und Soziales erstreckt. Mit ihrem Engagement in einer Vielzahl von Handlungsfeldern leisten Unternehmen im Rahmen ihrer Geschäftstätigkeit einen entscheidenden Beitrag für eine zukunftsfähige Gesellschaft.

Die gesellschaftliche Verantwortung, der ein Unternehmen unterliegt und die Bereiche, in denen es sich engagiert, sind dabei abhängig von den Unternehmensspezifika, der Branche und den Märkten, in denen es operiert. Verschiedene geografische Handlungsebenen (lokal, national, europäisch, global), Unterschiede zwischen Entwicklungs- und Industrieländern, zwischen Großunternehmen, KMUs und Mikrounternehmen sowie zwischen verschiedenen Branchen führen dazu, dass Unternehmen unterschiedliche Schwerpunkte in ihrem gesellschaftlichen Engagement setzen.

Die Vielzahl von Handlungsfeldern ist Ausdruck des offenen und weiten Charakters von CSR. Sie macht deutlich, dass es keinen „one-size-fits-all"-Ansatz zur gesellschaftlichen Verantwortung von Unternehmen geben kann. Unternehmen brauchen Flexibilität und Handlungsspielräume, um ihren Teil der Verantwortung für nachhaltige Entwicklung wahrzunehmen und einen Beitrag zum schonenden Umgang mit Ressourcen, zur gesellschaftlichen und wirtschaftlichen Entwicklung zu leisten. Unternehmen müssen selbst entscheiden können, in welchen Bereichen sie sich engagieren (CSR Germany 2017a).

Corporate Social Responsibility geht von den Unternehmen aus. CSR-Initiativen entspringen dem Engagement des jeweiligen Unternehmens und beruhen auf Eigeninitiative und Eigenverantwortung. Wie ein Unternehmen seine gesellschaftliche Verantwortung wahrnimmt, ist abhängig von der Branche, der Größe und den Märkten, in denen das Unternehmen operiert. Die von einem Unternehmen gesetzten Schwerpunkte auf bestimmte ökologische und soziale Aktivitäten sind abhängig von den Bedürfnissen der jeweiligen Stakeholder.

Notwendige Voraussetzung für das gesellschaftliche Engagement von Unternehmen und Hauptziel unternehmerischen Handelns ist wirtschaftlicher Erfolg. Nur international wettbewerbsfähige und wirtschaftlich gesunde Unternehmen sind überhaupt in der Lage, ihren Beitrag zur Lösung gesellschaftlicher Probleme zu leisten. Unternehmen tragen vor allem Verantwortung, indem sie Arbeitsplätze sichern – ein prosperierendes Unternehmen ist der beste Garant für den Erhalt von Arbeitsplätzen.

Das vielfältige Engagement der Unternehmen zeigt sich in der Praxis. Gute Beispiele für unternehmerische Verantwortung veranschaulichen, wie „gelebte" CSR aussieht und wie sie sich kontinuierlich weiterentwickelt (CSR Germany 2017b).

CSR-Konzepte vertreten folgende Prinzipien:

Die Unternehmen verpflichten sich auf freiwilliger Basis zu einer Unternehmensführung im Kerngeschäft, das im Wesentlichen folgenden Prinzipien folgt:

- Faire Behandlung und Beteiligung von Mitarbeitenden;
- Effizienter und schonender Umfang mit natürlichen Ressourcen;
- Soziale und ökologische Produktion in der Wertschöpfungskette;
- Befolgung von Menschenrechts- und ILO-Kernarbeitsnormen;
- Leistung eines positiven Beitrags an das Gemeinwesen;
- Investition in Bildung;
- Förderung von kultureller Vielfalt und Toleranz im Betrieb;
- Eintreten für fairen Wettbewerb;

- Maßnahmen zur Korruptionsprävention;
- Transparenz in der Unternehmensführung; und
- Achtung der Verbraucherrechte und Verbraucherinteressen.

Mark Schieritz (2009, S. 115) hat das Konzept der Corporate Social Responsibility wie folgt zusammengefasst: „Der Begriff der Corporate Social Responsibility steht für einen Beitrag der Wirtschaft zu nachhaltiger Entwicklung, die über die gesetzlichen Forderungen hinausgeht. Die EU-Kommission definiert CSR als ein ‚Konzept, das den Unternehmen als Grundlage dient, auf freiwilliger Basis soziale Belange und Umweltbelange in ihre Tätigkeit und in die Wechselbeziehung mit den Stakeholdern zu integrieren'". Im Unterschied zu neoklassischen Ökonomen, die jegliche Forderung, dass sich Unternehmen für andere Ziele als für die Maximierung ihres Gewinns einsetzen sollten, ablehnten, geht die Idee der Corporate Social Responsibility davon aus, dass Unternehmen einen Beitrag an die nachhaltige Entwicklung all jener Länder leisten sollten, in denen sie tätig sind.

Diese Zielausrichtung der CSR ist zweifellos grundsätzlich zu begrüßen. Jedoch ist ihre Chance, nämlich die Freiwilligkeit, zugleich auch ihre Schwäche. Was geschieht, wenn ein der CSR verpflichteter Betrieb in finanzielle Schwierigkeiten gerät? Ist er dann noch in der Lage, diese Selbstverpflichtung einzuhalten? Oder geschieht dann nicht das, was wir in vielen „Soft-Bereichen" kennen, wie etwa beim Diversity Management, bei Genderfragen usw., nämlich, dass diese jeweils als erstes fallen gelassen werden, wenn das Überleben eines Betriebs gefährdet ist?

Einzelne Wirtschaftsethiker (vgl. z. B. Stoecker et al. 2011, S. 163) haben gegen die Corporate Social Responsibility kritisch eingewendet, dass die Freiwilligkeit der CSR dem eigentlichen Gehalt des Verantwortungsbergriffs entgegenstehe, denn Verantwortung bedeute, Rede und Antwort stehen zu müssen. So hätte selbst freiwillig übernommene Verantwortung Verpflichtungscharakter. Demgegenüber interpretierten viele Unternehmen CSR als eine Art von Wohltätigkeit, die jederzeit wieder beendet werden könne. Außerdem könnten Unternehmen, welche die soziale Verantwortung nur freiwillig übernähmen, weder moralisch noch strafrechtlich verantwortlich gemacht werden.

Die Frage muss deshalb lauten, welche ethischen und ökologischen Forderungen an die Unternehmen und an alle anderen Marktakteure zu richten sind; und umgekehrt, wie die Ethik und Ökologie vor der Ignorierung ökonomischer Gesetzmäßigkeiten bewahrt werden können. Natürlich stimmt es – wie Huster (2012, S. 23) betont –, dass gegen ein Kostenbewusstsein ethisch überhaupt nichts einzuwenden ist. Das eigentliche ethische Problem liegt auf einer anderen Ebene, sozusagen auf der Metaebene. Das zeigt sich etwa am Beispiel des Gesundheitswesens: Welche Ansprüche kann/darf/soll der Einzelne auf Gesundheitsleistungen haben, selbst wenn diese sehr teuer oder wenn ihre Wirkung eher gering ist? Ist die Verlängerung des Lebens um 6 Monate 100.000 EUR, 500.000 EUR oder 1 Mio. EUR wert? Und wenn ja, in welchem Bereich sollen diese Gelder eingespart werden: Bei der Bildung der Kinder, Jugendlichen oder jungen Erwachsenen, bei der mangelhaften Versorgung vieler Menschen in den armen Ländern,

oder beim Konsum der Reichen und Superreichen (z. B. in Form einer hoch progressi-
ven Reichtums- oder Konsumsteuer, z. B. für Luxusgüter)? Ein ethisches Problem liegt
auch in der Frage, welche Leistungen ein Mensch beanspruchen darf, ohne das Solidari-
tätsprinzip und die Verteilungsgerechtigkeit zu gefährden. Und hier besteht ganz klar ein
Konflikt zum ökonomischen Prinzip der Marktausweitung und der Umsatz- und Profit-
maximierung einzelner Branchen.

Ein besonderes Problem liegt dabei in der ökonomischen Sichtweise und in der
Priorisierung der Produktionsfaktoren Kapital, Arbeit, Boden, Rohstoffe und Know-
how. Insbesondere bei den Produktionsfaktoren Boden und Rohstoffe zeigt sich deren
stark instrumentelle Sichtweise. Dabei bleibt die Bedeutung der Umwelt für die Wirtschaft oft außen vor. Aus diesem Grund haben Autoren wie Hansjürgens und Lienhoop
(2015, S. 13) vorgeschlagen, den Begriff *Naturkapital* als „ökonomische Metapher für
den begrenzten Vorrat an physischen und biologischen Ressourcen der Erde und die
begrenzte Bereitstellung von Gütern und Leistungen durch Ökosysteme" zu benutzen,
also ein deutlich umfassenderes Konzept als der Rohstoffbegriff, der ja sehr einseitig
aus der Sicht des unmittelbaren Produktionsprozesses verstanden wird. Dagegen ist der
Begriff des Naturkapitals auch für moderne Netzwerktheorien – wie etwa der Actor-
Network-Theory – anschlussfähig (vgl. dazu Jäggi 2016a, S. 244 ff.).

Friedrich M. Zimmermann (2016, S. 19) hat als einer der wenigen Autoren darauf
hingewiesen, dass die drei Aspekte Ökonomie, Ökologie und soziale Gerechtigkeit nicht
gleichgewichtig sind, sondern „dass für unser weiteres (Über-)Leben eindeutig die Natur
als originäre Wertschöpfungsquelle zu stehen hat".

Auch Stefan Huster (2012, S. 34) hat – mit Blick auf die Gesundheitsvorsorge – darauf hingewiesen, dass die Tatsache der begrenzten finanziellen Ressourcen „nicht dazu
führen [darf], dass die konkrete Behandlungsentscheidung maßgeblich von Kostener-
wägungen beeinflusst wird", ebenso wenig sei zu akzeptieren, dass „eine Differenzierung der Gesundheitsversorgung nach der individuellen finanziellen Leistungsfähigkeit"
erfolge (Huster 2012, S. 34).

Dabei ist auch die soziale Nachhaltigkeit wichtig. Zimmermann (2016, S. 14) hat vier
Ebenen sozialer Nachhaltigkeit umschrieben:

- Soziale Integration als Vernetzung und gegenseitige Anerkennung sozio-kultureller
  Unterschiede ohne Ausgrenzung;
- Dauerhaftigkeit in der Sicherung des sozialen Friedens, des Rechts auf Bildung und
  der Risikovermeidung;
- Verteilungsgerechtigkeit zwischen und innerhalb der Generationen, zwischen Arm
  und Reich (auch auf internationaler Ebene) sowie soziale Gleichberechtigung aller
  Bevölkerungsgruppen;
- Partizipation als Mitsprache und Mitentscheidung aller Mitglieder und Gruppen der
  Gesellschaft.

Rogall (2015, S. 630) hat vorgeschlagen, die Marktwirtschaft nach folgenden Ordnungsprinzipien auszurichten und damit zu einer nachhaltigen Wirtschaft umzubauen:

1. Umbau und Ökologisierung des **Steuer- und Abgabesystems** in Richtung Kapitalumsatzsteuer; höhere Spitzensätze bei den Vermögenssteuern bzw. Einführung von Vermögenssteuern, falls noch nicht vorhanden; Gewinn- und Umsatzsteuern zur Finanzierung von Bildung, Umweltsicherung und sozialer Sicherheit; Austrocknung von Steueroasen sowie drastische Verfolgung von Steuerhinterziehung;
2. Politik des **selektiven Wachstums** zum Zweck „der ökologischen Modernisierung des Kapitalbestandes und de[s] Ausbau[s] und der Verstetigung des Angebots meritorischer Güter (insbes. In Bildung, Forschung und Entwicklung)" (Rogall 2015, S. 630);
3. Abbau **prekärer Beschäftigungsverhältnisse** und der Reduktion der Gesamtarbeitszeit auf 20 bis 33 h pro Woche sowie deren Aufteilung unter alle Menschen (vgl. Rogall 2015, S. 630 und 636);
4. Regulierung der **Finanzmärkte** (Ausbau der Bankenaufsicht, Verbot hoch spekulativer Finanzprodukte, Finanztransaktionssteuer, Aufteilung der Banken in Geschäfts- und Investmentbanken);
5. Strenge Regeln für **Unternehmensverkäufe** (z. B. hinsichtlich Eigenkapitalquote);
6. „Rekommunalisierung von Unternehmen der **Daseinsvorsorge**" (Rogall 2015, S. 630).

Zur Finanzierung der dabei entstehenden Kosten soll unter anderem eine Kapitaltransaktionssteuer („Tobin-Steuer", vgl. dazu ausführlich Jäggi 2016b, S. 114 f.) von 1 % eingeführt werden (vgl. Rogall 2015, S. 638).

Grundsätzlich muss in einer grünen Wirtschaft das Konzept des Marktes nicht nur hinterfragt, sondern auch ethisch reflektiert und allenfalls verändert werden. Dies umso mehr, als die Ökonomie selbst ihr eigenes Grundparadigma des stets vernünftig handelnden homo oeconomicus längst verlassen hat: Wenn ich eine Uhr aus einer bestimmten Marken-Manufaktur kaufe, die viel teurer ist als eine ebenso solide und gut aussehende Uhr einer unbekannten Firma, handle ich im Grunde ökonomisch irrational. Das gilt für den gesamten Bereich des Brandings – also für alle Aktivitäten im Zusammenhang mit der Schaffung eines Namens für ein Produkt im Bewusstsein der Konsumenten –, für den ganzen riesigen Markt der unterschiedlichsten Label, ja im Grunde für alle Qualitätsmarken. Und wenn ich als verantwortlicher Konsument Fair-trade-Produkte erwerbe, obwohl sie teurer sind, handle ich auch entgegen der ökonomischen Logik (vgl. dazu Wiesmann 2014, S. 51).

Neubacher (2012, S. 151) hat auf einen wichtigen Zusammenhang zwischen Umweltschutz und Eigentum hingewiesen: „Eigentumsrechte sind für den Umweltschutz von zentraler Bedeutung. Ein Wald, der niemandem gehört, wird geplündert. Ein Waldbesitzer, der vom Holzverkauf lebt, käme nie auf die Idee, alle Bäume zu fällen, ohne neue zu pflanzen". Das stimmt im Prinzip zweifellos – allerdings kann eine Holznutzungspraxis auch auf den kurzfristigen Profit ausgerichtet sein, wie etwa die massive Abholzung von Tropenwäldern in Südostasien und in Lateinamerika gezeigt haben. Es braucht also ein langfristig angelegtes, nachhaltiges Eigentumskonzept. Die wichtige Rolle des Eigentums hat auch der lateinamerikanische Ökonom Hernando de Soto erkannt und betont, etwa bei der Legalisierung von Squatter-Siedlungen in südamerikanischen Slums.

In seinem bahnbrechenden Buch „Marktwirtschaft von unten" zeigte Hernando de Soto (1992) den Zusammenhang von Entwicklung, informeller und formeller Wirtschaft am Beispiel Perus auf. 1982 bestand in Lima 42,6 % des Wohnraums in Form von informellen Siedlungen, 49,2 % aus formellen Quartieren und der Rest von 8,2 % setzte sich aus ärmlichen Behausungen irgendwo im Niemandsland dazwischen zusammen (de Soto 1992, S. 49). Anders gesagt kamen in Lima auf zehn formelle neun informelle Wohnungen. Im Juni 1984 betrug der durchschnittlich Wert einer informellen Wohnung 22.038 US\$, der Gesamtwert aller Immobilien in den informellen Siedlungsgebieten lag bei 8319,8 Mio. US\$ – also bei 69 % der langfristigen Auslandsverschuldung Perus (de Soto 1992, S. 49). In Peru führte dieser jahrelange Siedlungs-Prozess dazu, dass die Regierung im Februar 1961 das Gesetz Nr. 13517 erließ, die bestehenden illegalen Siedlungen zu legalisieren (de Soto 1992, S. 73). Darin wurden alle bis zu diesem Zeitpunkt bestehenden Siedlungen anerkannt und die Bewohner erhielten das Recht, ihre Eigentumsansprüche zu formalisieren. Zwischen 1961 und 1980 wurden aufgrund des Gesetzes Nummer 13517 in Lima 16.000 Besitzurkunden ausgestellt und später nochmals 33.000 (de Soto 1992, S. 78).

Allerdings müssen auch einige heilige Kühe geopfert werden. So meint etwa Rogall (2015, S. 630), dass man sich in den nächsten 20 bis 30 Jahren von der Illusion der Vollbeschäftigung im traditionellen Sinn verabschieden müsse.

Ob dabei der Weg gangbar ist, den die Grüne Partei der Schweiz 2016 einschlagen wollte, ist fraglich. Die Grüne Partei der Schweiz (GPS) hatte eine Volksinitiative „Grüne Wirtschaft" lanciert, die am 25. September 2016 zur Abstimmung kam und die deutlich verworfen wurde. Nach dem Willen der GPS hätten sich Bund, Kantone und Gemeinden gemäß Volksinitiative für eine nachhaltige und ressourceneffiziente Wirtschaft einsetzen, geschlossene Kreisläufe fördern und dafür sorgen müssen, dass die wirtschaftliche Tätigkeit die natürlichen Ressourcen nicht beeinträchtigten. Außerdem hätte der Bund verpflichtet werden sollen, mittel- und langfristige Ziele festzulegen und bei Nichterreichung dieser Ziele Maßnahmen zu ergreifen. Gleichzeitig hätte bis ins Jahr 2050 der „ökologische Fußabdruck" der Schweiz so weit reduziert werden sollen, dass er – hochgerechnet auf die gesamte Weltbevölkerung – die Ressourcen der Erde nicht überschreitet (vgl. Amrein 2016, S. 15). Die deutliche Ablehnung dieser Postulate zeigte – trotz anfänglich großem Wohlwollen der Bevölkerung –, dass diese Ziele von der Mehrheit als zu utopisch und als zu große Eingriffe in die Wirtschaft empfunden wurden.

Es ist paradox: Man will also auf der einen Seite eine grüne Wirtschaft, aber nur, solange sie nichts kostet, und auf der anderen Seite haben viele Menschen immer noch die Illusion, Vollbeschäftigung durch Wirtschaftswachstum garantieren zu können.

Deshalb hat Papst Franziskus (in Laudato si 2015, S. 194) zweifellos recht, wenn er verlangt, „den Fortschritt neu zu definieren". Er unterstreicht, dass „eine technologische und wirtschaftliche Entwicklung, die nicht eine bessere Welt und eine im Ganzen höhere Lebensqualität hinterlässt, … nicht als Fortschritt betrachtet werden [kann]" (Laudato si

2015, S. 194). Für Franziskus ist „der zwanghafte Konsumismus … das subjektive Spiegelbild des techno-ökonomischen Paradigmas" (Laudato si 2015, S. 203).

Die Vorstellung des Marktes ist eng mit ethischen Fragestellungen verbunden – auch wenn das von nicht wenigen Volkswirtschaftlern geleugnet wird. Dabei wird der Markt von den einzelnen ökonomischen Ansätzen sehr unterschiedlich eingeschätzt. Sehr verbreitet ist die **neokolassische Sichtweise.** Dieser Ansatz ist eng verbunden mit Wissenschaftlern wie Léon Walras (1834–1910), Vilfredo Pareto (1848–1923) und Alfred Marshall (1842–1942). Der neoklassische Ansatz untersucht – vereinfacht gesagt –, wie knappe Ressourcen auf unterschiedliche Verwendungszwecke verteilt werden (vgl. Müller 2013). Dabei pendeln sich – nach neoklassischer Auffassung – auf (Konkurrenz-)Märkten Angebot und Nachfrage ein. Doch „daraus leiten die Kritiker der neoklassischen Lehre den Vorwurf ab, die Volkswirtschaftslehre sei der Idee der ‚selbstregulierenden Kräfte des Marktes' verfallen" (Müller 2013). Dieser „Marktfetischismus" der Neoklassik dominiert laut Müller (2013) die Mainstreamökonomie. Dagegen besitzen die Gegner der Neoklassik bisher „kein theoretisches Gebäude, das in sich geschlossen und auf alle wirtschaftlichen Bereiche anwendbar wäre; etwas was die Neoklassik eben leistet" (Müller 2013). Doch egal wie man zur Neoklassik steht – dieser Ansatz steht vor dem Problem, dass er die ethische Dimension des Marktmechanismus entweder gar nicht sieht – weil die Funktionalität des Marktes ja alles dominiert und regelt – oder die ethische Dimension nur als marginales Problem betrachtet (als Bestandteil des Marktfunktionierens) und nur insofern als relevant, als ethische Fragen Anbieter und/oder Nachfrager in ihrem Handeln auf dem Markt beeinflussen. Unabhängig davon, wie der neoklassische Ansatz aus wissenschaftlich-empirischer Sicht beurteilt wird, für Ethikerinnen und Ethiker stellt er gravierende Fragen. So etwa, was mit Nachfrager/innen nach Gütern geschieht, welche nicht die (finanziellen) Ressourcen haben, als Nachfrager im Markt aufzutreten. Der Markt mag perfekt funktionieren, soweit Anbieter und Nachfrager sich in den Markt einbringen können. Doch was ist mit allen anderen?

Nach Ansicht von Koslowski (2009, S. 103) zeigt sich ethisches Verhalten im Markt zentral an der intentio recta, d. h. an der richtigen Absicht: „Die Intention, mit der die Teilnehmer dieses Marktes handeln, definiert sogar erst das, was sie tun. Die Intention definiert, ob sie nur Firmen ausschlachten – **asset stripping** vollziehen – oder ob sie versuchen, das Management einer Firma, die bisher Verluste gemacht hat, durch die Übernahme zu verbessern" (Koslowski 2009, S. 103). Auch bei Fusionen und freundlichen oder feindlichen Übernahmen ist die Absicht dieses Vorgehens das Entscheidende:

Fusionen durch einen **leveraged buyout** sind nicht unethisch in sich selbst. Sie werden unethisch, wenn sie nur nach dem Ziel streben, das Unternehmen auszuschlachten. Ausschlachtung heißt, ein Unternehmen zu kaufen, seine Vermögenswerte zu trennen und zu zerstückeln, dann diese Teile wieder zu verkaufen, und dies alles allein mit der Absicht, Gewinn für den Käufer zu machen, ohne einen Gedanken auf die Widmung des Unternehmens und seinen Beitrag zur Gesamtwirtschaft zu verschwenden (Koslowski 2009, S. 103).

Doch auch aus rein ökonomischer Sicht machen Fusionen und freundliche oder feindliche Übernahmen oft wenig Sinn: „Studien der Consulting-Firmen Price Waterhouse und A. E. Kearny zeigen für den Zeitraum von 1996–2001, dass weltweit 40'000 Fusionen im Gesamtwert von 5 Billionen Dollar stattgefunden haben. 80 v. H. dieser fusionierten Unternehmen erwirtschafteten nicht die Kapitalkosten der Transaktion, 30 v. H. wurden wieder entflochten oder verkauft. A. E. Kearny schätzt die Rate des Misserfolgs auf 60–75 v. H." (Koslowski 2009, S. 107). Wenn also 80 % der Fusionen und Übernahmen nicht einmal die Kapitalkosten einbrachten und 60–75 % der Fusionen nicht erfolgreich waren, dann stellt sich schon die Frage, weshalb dann trotzdem periodische Fusionierungswellen über die Welt rollen. Die Antwort ist einfach: Wenn auch die betroffenen Firmen oft nicht profitierten – und nicht selten wurden die Kapitalkosten zusätzlich den Firmen auferlegt – verdienten doch einige wenige daran, nämlich Hedge Fonds und Investoren.

Ein besonderes ethisches Problem ist das **Moral-Hazard-Problem:** Viele Marktteilnehmende haben Informationsdefizite in Bezug auf qualitative oder quantitative Eigenschaften der Produkte oder Dienstleistungen. Wenn zum Beispiel der Anbieter einer Dienstleistung oder eines Produkts gefragt wird, ob der Kunde oder der Patient weitere Dienstleistungen oder Produkte benötigt, hat der Gefragte ein wirtschaftliches Interesse, seine Antwort nicht objektiv zu geben, sondern im Sinne seines wirtschaftlichen Interesses:

Moral-Hazard-Situationen

„Herr Apotheker, brauche ich ein Medikament gegen meine Halsentzündung?"

„Frau Rechtsanwältin, glauben Sie, dass ich mit einer Schadensersatzklage Erfolg haben werde?"

„Frau Doktor, muss ich Sie wegen meiner Knieverletzung wirklich nochmals konsultieren?"

„Herr Mechaniker, braucht mein Auto tatsächlich einen neuen Auspuff?"

„Herr Fahrschullehrer, sind Sie überzeugt, dass ich noch mehr Lektionen brauche, um die Fahrprüfung zu bestehen?" (nach Eisenhut 2006, S. 57).

Ein weiteres Beispiel für das Moral-Hazard-Problem ist die Frage, ob der Arbeitnehmer das Optimum an Leistung einbringt oder nicht. In diesem Fall liegt das Problem der fehlenden Kontrollierbarkeit aufgrund von Informationsmangel oder infolge Mangels an Möglichkeiten der Beurteilung (Stichwort Akkordarbeit). Beim Moral Hazard besteht ein Widerspruch zwischen kollektiver und individueller Rationalität – und ethisch gesprochen geht es um die Frage der „Gutheit" des Menschen (wie verhält sich ein „guter Menschen" in einer solchen Situation?).

Moral-Hazard-Situationen können entweder fachlich oder sachlich richtig oder interessengeleitet gelöst werden. Die Frage ist, wie eine sachgerechte Beantwortung erreicht werden kann. Auf der einen Seite kann der Nachfrager zusätzliche Auskünfte – z. B. bei anderen Fachpersonen – einholen, etwa eine Zweitmeinung oder Zweitofferte vor einem größeren zahnärztlichen Eingriff. Oder aber der Anbieter der Dienstleistung oder des Produkts kann dazu verpflichtet werden, einen entsprechenden Ethikkodex zu befolgen.

Eine wichtige Möglichkeit für die Stärkung einer grünen Wirtschaft sind ethische Investments, also nachhaltige Anlagen.

Die wachsende Bedeutung und die zunehmende mediale Präsenz von Umweltanliegen hat auch im Anlagebereich Folgen gezeigt. Seit in den 1990er-Jahren auch in Europa nachhaltige Anlagevehikel – z. B. „Ethical funds" – auf den Markt kamen, entwickelte sich eine zunehmende Nachfrage. 2010 waren in Deutschland, Österreich und in der Schweiz laut dem Forum für Nachhaltige Geldanlagen FNG rund 51,9 Mrd. EUR in nachhaltigen Publikumsfonds, Mandaten und sonstigen Finanzprodukten investiert (vgl. Ferber 2011). Allerdings ist die Nachfrage nach nachhaltigen Anlagen in den einzelnen Ländern sehr unterschiedlich. Während in Österreich gerade mal 2,4 Mrd. EUR und in Deutschland 15,9 Mrd. EUR in nachhaltigen Anlagen investiert waren, lagt der entsprechende Betrag in der zehnmal kleineren Schweiz bei vollen 33,6 Mrd. EUR (vgl. Ferber 2011). Dabei lag der Anteil an privaten Investoren in der Schweiz bei 57 %, während private Anleger in Österreich und Deutschland im nachhaltigen Anlagegeschäft nur eine untergeordnete Rolle spielten (gemäß Ferber in 2011).

Doch was sind die Kriterien für „ethischen Investierens" (vgl. Stüttgen 2014, S. 6)? Manfred Stüttgen (2014, S. 7) unterscheidet drei Ansätze für die ethische Beurteilung von Investments:

1. Negativkriterien: Dabei werden Anlageobjekte abgelehnt, welche entweder von den Produktionsbedingungen oder vom produzierten Endprodukt her als ethisch negativ beurteilt werden, wie z. B. Kinderarbeit, prekäre oder schlechte Arbeitsbedingungen, umweltschädigendes Verhalten, aber auch die Produktion von schädlichen Gütern wie Waffen oder umweltschädigender Energie (z. B. Atomenergie).
2. Positivkriterien: Hier werden die Investitionsobjekte nach positiven Eigenschaften gezielt ausgewählt, wie etwa aufgrund ihres armutsbekämpfenden Effekts, des positiven Einflusses auf die sozio-kulturelle Umgebung, ihrer Nachhaltigkeit oder wegen ihrer demokratischen Betriebsstruktur.
3. Best-Class-Ansatz: Dabei werden Unternehmen ausgewählt, die im Vergleich zu anderen Unternehmen nach ausgewählten Kriterien als besonders positiv beurteilt werden.

Stüttgen (2014, S. 7 und 43) schlägt vor, neben den drei klassischen **Investitionskriterien Rendite, Risiko und Liquidität** (Verfügbarkeit) als viertes Kriterium das **ethisch-wirtschaftliche Handeln** des Unternehmens anzuwenden.

Überraschenderweise kommt Stüttgen (2014, S. 119) zum Schluss, dass es schwierig sei, „eine positive Pflicht zum ethischen Investieren zu begründen". Ethisches Investment könne als moralisch gut, aber nicht als verpflichtend angesehen werden, weshalb es nicht verbindlich einforderbar sei. Dem wäre allerdings entgegenzuhalten, dass ethisches Investment durchaus aus einer Solidaritätspflicht zu den nachfolgenden Generationen eine größere Verbindlichkeit haben könnte – allerdings würde das bedeuten, dass die intergenerationale Verantwortlichkeit deutlich höhere Priorität bekommt als im heutigen Wirtschaftssystem.

Die nachhaltigen Anlagefonds, die zum Beispiel in nachhaltige Energie, biologische Landwirtschaft oder andere umweltverträgliche Produkte investieren, erwiesen sich in den ersten 10 Jahren als überaus erfolgreich, auch was ihre Performance anbetraf. Nach der Wirtschaftskrise fielen die nachhaltigen Anlagen zum Teil beträchtlich. So wurden etwa die Titel der Sustainable Performance Group (SOG) – einer der Pioniere nachhaltiger Anlagen – 1997 noch zu 283 Franken gehandelt. Im Boomjahr 2000 lag der Preis bereits bei 564 Franken. 2011 notierten die Titel gerade noch bei 158 Franken (Stefano 2011). Nach anfänglicher Euphorie und überdurchschnittlicher Rendite haben neueste Forschungen ergeben, dass die Rendite von nachhaltigen Anlagen sich kaum von der Rendite klassischer Anlagen unterscheidet. So meinte etwa Eckhard Plinke, Leiter Nachhaltigkeitsresearch bei der Bank Sarasin, 2011: „Die Performance nachhaltiger Anlagen war in den letzten Jahren je nach Zeitraum und Fonds unterschiedlich. Im Durchschnitt war sie mit anderen Fonds vergleichbar" (zitiert nach Stefano 2011). Ja, ein Vergleich mit traditionellen Anlagen ergab 2011 sogar, dass Investitionen, welche das ethische, ökologische, soziale und Corporate-Governance-Gewissen berücksichtigen, in den vergangenen 3 oder 5 Jahren „zuweilen mit einer **Minderperformance** erkauft werden" mussten (Stefano 2011). Während der Markt an nachhaltigen Anlagen in der Schweiz 2009 um volle 63 % wuchs, betrug das Wachstum 2010 immerhin noch 23,2 % (Stefano 2011). Sofern die Rendite nachhaltiger Investments längerfristig mit derjenigen klassischer Anlagen gleichziehen kann, dürfte deren Wachstum anhalten – besonders auch unter dem Eindruck von Umweltkatastrophen wie des Reaktorunfalls in Fukushima.

Obwohl die Idee, nachhaltig zu investieren, nicht neu ist, gibt es seit ungefähr 2014 eine neue Variante nachhaltiger Anlagen: das sogenannte Impact Investment. Dabei investieren die Anleger in Unternehmen, Organisationen und Projekte, die sich positiv auf Menschen und Umwelt auswirken (vgl. Janssen 2015, S. 30). Das können Organisationen sein, die Schulen in Entwicklungsländern bauen, Unternehmen mit nachhaltigem Geschäftsmodell oder Risikokapital für ökologisch ausgerichtete Start up-Firmen. Dabei ergeben sich immer wieder neue Themenfelder. Zwischen 2011 und 2013 wuchs der europäische Impact-Investment-Markt um 132 % auf 20 Mrd. EUR (vgl. Janssen 2015, S. 30). Die Renditen sind sehr unterschiedlich, je nach Bereich und Branche.

Doch lange nicht alle Anlagen, die unter dem Etikett „Nachhaltigkeit" oder „Ökologie" verkauft werden, verdienen diese Bezeichnungen tatsächlich. Immer mehr Konzerne haben sich mithilfe eines so genannten „Greenwashings" ein grünes Mäntelchen umgehängt, und eine ganze Anzahl von Fonds schmücken sich mit Begriffen wie „new energy" oder „sustainable". Wie eine Untersuchung der deutschen Stiftung Warentest gezeigt hat, stecken in vielen solcher Fonds Aktien von Unternehmen, die dort nichts zu suchen haben. So stecken zum Beispiel in vielen Sustainability-Fonds Aktien von Atomkraftwerkbetreibern wie EDF, Vattenfall oder E.On oder des Uranförderers Uranium Energy (vgl. Reisner 2011, S. 14). Warum ist das so? Ein Grund liegt daran, dass die Produzenten von Atomenergie hinsichtlich CO_2-Ausstoß besser abschneiden als zum Beispiel fossile Brennstoffe. Andere Fonds haben Bankaktien in ihren Portfolios, auch solche, die in der Rüstungsindustrie engagiert sind, wie zum Beispiel die deutsche

Rheinmetall. Unternehmen wie BP schafften es sogar unter die Top-Investments einiger Öko-Fonds (Reisner 2011, S. 14).

Allerdings erleiden oft ethische Anlagevehikel in Krisenphasen größere Verluste, und nicht wenige ethische Anlagen werden aus reinen Marketing-Absichten angeboten. Außerdem kritisiert Ferber (2011) die mangelhafte Transparenz ethischer Anlagen gegenüber ihren Kunden.

Doch was bedeutet das alles für eine langfristige und nachhaltige Geldanlage der einzelnen Sparerin und des einzelnen Sparers?

Es gibt einige einfache Regeln, die leicht befolgt werden können:

1. Investitionen sollten nur getätigt werden, wenn das **produktive Potenzial über längere Zeit** gegeben ist. Das bedeutet: Die Investition sollte zu einem tatsächlichen Mehrwert an Produkten oder Dienstleistungen führen (Realwert) und nicht nur auf einer letztlich immer spekulativen Erwartung einer Preissteigerung. Das bedeutet: Anlagen in Liegenschaften sollten eine vernünftige Rendite – (zwischen 2 und 5 %) erbringen. Das bedeutet, dass der Kaufpreis einer Liegenschaft nicht zu hoch sein darf, aber auch, dass die Erträge nicht aus dem heute sehr unsicheren obersten Mietsegment stammen sollten. So sind etwa in der Schweiz Wohnungen mit Monatsmieten über Fr. 3000.- oder 3500.- für Familien immer weniger erschwinglich und können kaum nachhaltig vermietet werden. Bei Aktien sollte auf den durch das Unternehmen erzeugte Mehrwert geachtet werden, aber auch auf seine längerfristigen Marktchancen, also auf die Wahrscheinlichkeit, langfristig erfolgreich zu sein. Im Allgemeinen sind mittlere KMU bessere Investitionsgefäße als Großkonzerne oder Groß-KMU, die immer zu Übernahmekandidaten werden können.

2. **Nachhaltige Anlagen,** die im gesamtgesellschaftlichen Interesse erfolgen – z. B. Alternativenergie hinsichtlich Energiewende, Infrastrukturanlagen im Interesse der Allgemeinheit, wissenschaftliche Forschung usw. – haben längerfristig meist größere Überlebenschancen als auf kurzfristige „Hypes" ausgerichtete Firmen. Allerdings sind auch nachhaltige Investments nie gegen Verluste gefeit, wie etwa die Implosion der Solarenergieindustrie Anfang des 21. Jahrhunderts in Europa infolge der chinesischen Dumpingpreise zeigte.

3. **Spekulative Finanzanlagen** sollten **gemieden** werden. Sie werden oft zuerst von Kredit- und Finanzkrisen getroffen und gerade für Kleinsparer sind die Verluste oft schmerzhaft.

4. **Alle Schulden** sollten **abgebaut** werden – auch Hypothekarschulden. In Krisensituationen wirken Schulden wie Klötze am Bein und müssen jederzeit bedient werden. Während Aktien und (abbezahlte) Liegenschaften zwar auch Wertverluste erleiden können, bildet der jeweilige Sachwert immer die Möglichkeit einer künftigen Wertsteigerung – zum Beispiel nach einer Finanz- oder Währungskrise.

5. Jeder Anleger sollte einen **Anteil seines Vermögens in Barmitteln und in Gold** halten, um liquide zu bleiben und bei einer günstigen Investitions-Gelegenheit zugreifen zu können.

In seinem Verriss der gängigen Umweltpolitik fordert Neubacher (2012, S. 255 ff.) das Pflanzen von Apfelbäumen und anderen Bäumen. Wenn es stimmt, dass jedes Jahr rund 5,2 Mio. Hektar (=52.000 km², also rund ein Viertel mehr als die Fläche der Schweiz) Wald abgeholzt werden und wenn jeder Baum zwischen 0,7 Tonnen (Fichte) und 0,95 Tonnen (Buche) Kohlenstoff speichert, dann ist diese Antwort logisch und sinnvoll. Wenn rund 20 % des globalen Treibhauseffekts auf die Abholzung von Wäldern zurück geht, sollte alles daran gesetzt werden, verlorene Waldgebiete wieder aufzuforsten – besonders auch in den Tropen, deren Wälder weitaus effizientere Klimageneratoren sind als die Wälder in den gemäßigten Zonen.

3.2   Selbstbestimmte Lebensweise statt Mobilität um jeden Preis

Die große Frage ist, was unter Mobilität zu verstehen ist: „Mobilität heißt nicht, dass möglichst viele Wege und möglichst lange Strecken in möglichst kurzer Zeit zurückgelegt werden, sondern meint vielmehr die Möglichkeit, den Standort wechseln und sich dabei unterschiedlicher Verkehrsmittel bedienen zu können. Die beobachtete Mobilität ist also nur der sichtbare Teil eines weit umfassenderen Konzepts" (Flade 2003, S. 18).

Dabei ist zu bedenken, dass – wie selbst die Financial Times am 10.11.2016 schrieb (vgl. Latouche 2015, S. 65) – „der Tourismus … in der weltweiten Öffentlichkeit mehr und mehr als Umweltfeind Nummer eins betrachtet" wird. Dabei ist auch der sogenannte Ökotourismus nicht ausgenommen.

Mit Blick auf den Tourismus – also einer der zentralen Formen moderner Mobilität – haben Zimmermann und Pizzera (2016, S. 197) das Dilemma oder die zwei Seiten der Mobilität pointiert formuliert:

> Der Tourismus ist von einer klaren Dualität geprägt: Moderner Massentourismus ist hauptsächlich auf Quantität, Gewinnmaximierung und Kostenvorteile ausgerichtet. Demgegenüber unterstützen nachhaltige Formen des Tourismus Entwicklungen, die hauptsächlich auf soziokulturellen, sozioökonomischen und ökologischen Ausgleich ausgerichtet sind und damit (ökonomische) Disparitäten reduzieren und die natürlichen Ressourcen sowie die menschliche Lebensumwelt für die Zukunft erhalten.

Sehr viel mit Mobilität hat die Frage zu tun, inwieweit die einzelnen Menschen ihre Lebensweise, ihren Lebens- und Arbeitsort und letztlich auch ihre Lebensziele selber bestimmen können. Dabei hat die Mobilitätsforschung längst ergeben, dass die Erhöhung der Mobilität nicht automatisch zu einer Erhöhung der Lebensqualität führt (vgl. Kramer 2005, S. 132).

Indirekt mit der Mobilität verbundene neue Lebens- und Arbeitsformen, wie etwa die Telearbeit – also die Arbeit zu Hause an einem eigenen PC-Arbeitsplatz statt in einem Büro des Arbeitgebers – haben bis heute weniger zugenommen, als noch in den 1990er-Jahren prognostiziert (vgl. Kramer 2005, S. 143). Im Jahr 2000 waren laut Schätzungen rund

10–11 % aller Arbeitsplätze für mobile oder alternierende Telearbeit geeignet, wodurch sich der motorisierte Pendlerverkehr etwa um 1–2 % verringern konnte (vgl. Kramer 2005, S. 143).

Wenn objektive Zwänge wie die Jagd nach einem Job mit einem halbwegs gesicherten Einkommen, die Angst vor Arbeitslosigkeit, materielle Engpässe, ständiges Lavieren am Rand eines Burn-outs oder der Druck einer 100 %igen Erreichbarkeit Tag und Nacht verhindern, eine Work-Life-Balance oder einen Lebenssinn zu finden, erscheint nicht selten das Postulat einer umfassenden Mobilität als (Ersatz-)Antwort. Dagegen hilft ein befriedigender und gleichzeitig einigermaßen gut bezahlter Job mit, eine akzeptable Lebenssituation und ein selbst gesteuertes Arbeits- und Lebensmodell zu finden und sein Leben autonom und eigenverantwortlich zu gestalten. Es geht dabei nicht um eine immer größere und schnellere Mobilität um jeden Preis, sondern um die Möglichkeit – und Fähigkeit – Art, Ausmaß und Tempo der Eigenmobilität selbst zu bestimmen und sein reales und virtuelles Umfeld selbst zu gestalten. Wenn die zunehmenden Möglichkeiten realer und virtueller Mobilität eigenverantwortlich und selbstbestimmt genutzt werden können, und wenn Phasen der Beschleunigung mit Phasen der Verlangsamung abgewechselt werden können, ist die steigende soziale und geografische Mobilität zweifellos eine gute Sache. Wenn aber die wachsende Mobilität lediglich zu neuen Zwängen und Abhängigkeiten führt, dann ist sie letztlich destruktiv und zerstört nicht nur den sozialen, ökologischen und wirtschaftlichen Zusammenhalt, sondern auch die intergenerationale Solidarität – und damit letztlich die Menschheit als Ganzes.

In den letzten 20 Jahren hat sich neben ausschließlich quantitativen Mobilitätsanalysen die Erforschung der Qualität von Mobilität als eigene Grundlage für Mobilitätsentscheide etabliert (vgl. Kramer 2005, S. 146). So können etwa als Entscheidungsfaktoren für die persönliche Mobilitätswahl folgende Faktoren umschrieben werden: Persönliche Wünsche und Affinitäten, soziales Dürfen oder Sollen, situative Möglichkeiten und individuelle Fähigkeiten (vgl. Kramer 2005, S. 146). Damit haben in den letzten Jahren hedonistische, nach außen gerichtete Präferenzen einen deutlich stärkeren Einfluss gewonnen als technisch-organisatorische Sachzwänge wie etwa bestehende Verkehrsverbindungen oder Verkehrszeiten. Dieser Entwicklung steht aber die Tatsache entgegen, dass immer mehr Anbieter des Öffentlichen Verkehrs ihre Angebote optimieren und bei mangelhafter Nutzung wieder ausdünnen oder gar reduzieren. So planen etwa die Schweizerischen Bundesbahnen, im Agglomerationsverkehr bis zu Reisezeiten von 20 min weniger Sitzplätze und mehr Stehplätze anzubieten, was ganz klar einen Abbau des Reisekomforts bedeutet und nicht wenige ÖV-Nutzer zum erneuten Umstieg auf den Individual- und Privatverkehr veranlassen wird – und das, nachdem man jahrzehntelang mit Taktfahrplanangeboten, Verdichtung von Verbindungen und Modernisierung des Wagenparks alles versucht hatte, Kunden zum Umsteigen in den Öffentlichen Verkehr zu gewinnen! Wie man sieht, kann man das Effizienzdenken so weit treiben, dass der Effekt sich umkehrt!

Eigenverantwortung und Selbstkompetenz in Bezug auf Mobilität und Medien bedeutet auch, dass jeder Einzelne sein Mobilitäts- und Kommunikationsverhalten reflektieren und bei Bedarf ändern kann. Und dies müsste ein zentrales Ziel von Bildung und Ausbildung sein: Der Erwerb einer „mobility literacy".

Auf eine weitere grundlegende Veränderung in Bezug auf Mobilität und Verkehr haben Matthias Finger und Christian Jaag (2016, S. 10) hingewiesen: Weil aufgrund der sinkenden Transaktionskosten die verschiedenen Verkehrsangebote immer besser koordiniert und kombiniert angeboten werden können, und weil in Kundensicht die Unterschiede zwischen den einzelnen Verkehrsträgern und Transportmodi an Relevanz verlieren, wird es künftig nicht mehr so sehr um den Transport von Personen oder Waren von A nach B gehen, sondern um kombinierte Dienstleistungspakete, die über digitale Plattformen – ähnlich wie die Hotelbuchungsplattformen – verkauft und bezogen werden. Solche Mobilitätsplattformen werden die Transparenz und die flexible Kombination der einzelnen Dienstleistungen erleichtern. Allerdings sollte man auch nicht vergessen, dass ein wachsender Teil der Bevölkerung – insbesondere betagte und hochbetagte Personen – von solchen neuen Angebotsformen ausgeschlossen werden könnten – und heute zum Teil bereits werden. Wenn auch Finger und Jaag (2016, S. 10) zu Recht verlangen, dass dabei die ganzheitlichen und verkehrsträgerübergreifenden Rahmenbedingungen geregelt – und finanziert! – werden müssen, so stellt sich doch die Frage, zu welchen Änderungen der Lebens- und Arbeitsbedingungen eine solche Entwicklung führen wird. Man darf nämlich nicht vergessen, dass – wie bei fast allen elektronischen Bestell-Plattformen, Buchungskonzepten, Bezahlungsweisen und Datentransfers – Verantwortung, Zeitaufwand, Kosten und Risiken weitgehend dem Kunden aufgebürdet werden, was faktisch einen Abbau der Dienstleistungsqualität bedeutet. Aus der Sicht des Verkehrsanbieters macht das durchaus Sinn, doch aus der Sicht des Konsumenten stellen sich dabei nicht wenige Fragen, die von Datensicherheit, über rechtliche Aspekte bis hin zur „electronic literacy" reichen.

3.3 Lärmprävention

Eines der Grundprobleme liegt darin, dass Lärm (z. B. Verkehrslärm oder Fluglärm) auf der einen Seite die Lärmbetroffenen beeinträchtigt, auf der anderen Seite aber oft (z. B. bei Flugplätzen, stark befahrenen Bahnlinien oder Straßen) dort auftritt, wo der Staat Infrastrukturleistungen garantieren muss, wie z. B. die Grundversorgung im Bereich Verkehr (vgl. Stoermer 2005, S. 61).

Schon 2002 hielt das schweizerische Bundesamt für Umwelt, Wald und Landschaft (Buwal 2002, S. 78) fest, dass „die technische Lärmbekämpfung an der Quelle … eines der effizientesten Mittel zur flächendeckenden Reduktion der Lärmbelastung" ist. In Deutschland geschieht die Lärmbekämpfung in erster Linie in der Planungsphase, in zweiter Linie durch flugbetriebliche Maßnahmen und in dritter Priorität durch Schallschutzmaßnahmen (Stoermer 2005, S. 52 f.).

Damit verfolgt Deutschland – im Unterschied zu anderen Ländern – im Konzept und in der Durchsetzung der Umgebungslärmrichtlinie einen deutlich breiteren Ansatz.

In Deutschland gibt es drei Teile des gewachsenen Lärmschutzrechts: Die Bereiche des Anlagenrechts, des Planungsrechts und der Lärmminderungsplanung (vgl. Kröner 2014, S. 26). Der Ansatz der Lärmminderungsplanung ist ziemlich neu. Vorreiter dafür war Nordrhein-Westfalen, das 1985 in § 12a des Landesimmissionsschutzgesetzes NRW Regelungen zur Lärmminderungsplanung erließ (vgl. Kröner 2014, S. 26). 1990 wurden im Bundes-Immissionsschutzgesetz (BImSchG 2012) §§ 47 ff. bundesweite Regelungen zur Lärmminderungsplanung erlassen (vgl. Kröner 2014, S. 26). Diese unterschied sich in Details von der heute geltenden Umgebungslärmrichtlinie.

In Bezug auf den Fluglärm gibt es laut Rechtsprechung des deutschen BVerwG folgende Instrumente zur Bewältigung der Fluglärmproblematik – und zwar in der entsprechenden Prioritätenreihenfolge (vgl. Alber 2004, S. 242 f.):

1. Bei Flughafenneu- oder ausbauten soll die Lärmproblematik durch geeignete planerische Maßnahmen angegangen werden.
2. Bei bestehenden Flughäfen sollen geeignete Betriebsregelungen eingeführt werden.
3. Entsprechende Schutzmaßnahmen passiver Art – wie z. B. Schallschutzfenster – sollen die Auswirkungen des Lärms auf Wohngebäude in der Umgebung verringern.

Abb. 3.1 zeigt die in der Umgebungslärmrichtlinie vorgesehene Durchsetzung im zeitlichen Ablauf (Zeitachse von links nach rechts).

Dabei geht die deutsche Umgebungslärmrichtlinie korrekterweise von „ruhigen Gebieten" und Hauptlärmquellen, etwa Ballungsräumen von über 100.000 Personen und einer Bevölkerungsdichte von mehr als 1000 Einwohnern pro Quadratkilometer (vgl. BImSchG § 47b 2.), von Hauptverkehrsstraßen (vgl. BImSchG § 47b 3.), von Haupteisenbahnstrecken mit über 30.000 Zügen pro Jahr (vgl. BImSchG § 47b 4.) sowie von Großflughäfen mit über 50.000 Flugbewegungen pro Jahr aus (vgl. BImSchG § 47b 5.): „Der Schutz vor Lärmbelästigungen wird dadurch durch den Schutz solcher Gebiete ergänzt, die bisher nicht belastet sind und als solche erhalten bleiben sollen" (Kröner 2014, S. 20). Allerdings ist der Ermessensspielraum der Behörden dabei enorm.

Allerdings fehlt in vielen Staaten, so auch in Deutschland (vgl. Kröner 2014, S. 334), ein kohärentes System zur Bekämpfung des Verkehrslärms, und zwar sowohl im Straßenverkehr als auch in anderen Verkehrsbereichen. Häufig beschränkt sich die Lärmbekämpfung auf die Aussonderung von Lärmempfindlichkeitszonen, deren zulässigen Grenzwerte bei Bedarf – sprich größeren Lärmimmissionen – einfach heraufgesetzt werden, wie z. B. in der Schweiz. Außerdem fehlen vielerorts, wie z. B. in Deutschland (vgl. Kröner 2014, S. 335), Ermächtigungsgrundlagen für den direkten Lärmschutz.

Zwar erfasst etwa in Deutschland das Immissionsstrafrecht Delikte, „die den Menschen und/oder seine Umwelt vor bestimmten Einwirkungen durch Luftverunreinigungen, Lärm, Erschütterungen, Licht, Wärme oder Strahlen schützen" (Saliger 2012, S. 185). Das deutsche Umweltstrafrecht im engen Sinn umfasst den 29. Abschnitt des Besonderen Teils des StGB, der mit „Straftaten gegen die Umwelt" übertitelt ist (vgl. Saliger 2012, S. 4).

Zeitachse

Abb. 3.1 Umsetzung der Umgebungslärmrichtlinie. (Quelle: Kröner 2014, S. 21; eigene Darstellung)

So gehört gemäß § 325a die Verursachung von Lärm, Erschütterungen und nicht ionisierenden Strahlen zum Immissionsstrafrecht (vgl. Saliger 2012, S. 185). Rechtsgut ist dabei unbestritten die menschliche Gesundheit, welche vor lärmbedingten Beeinträchtigungen zu schützen ist. Dagegen ist umstritten, ob auch die rekreative Ruhe einen lebenswichtigen Umweltfaktor darstellt (vgl. Saliger 2012, S. 201).

Gemäß § 325a I besteht dabei folgendes Prüfungsschema (vgl. Saliger 2012, S. 201):

Prüfungsschema

I. Tatbestand
1. Objektiver Tatbestand
a) Verursachen von Lärm
b) Beim Betrieb einer Anlage (z. B. Betriebsstätte oder Maschine)
c) Eignung zur Schädigung der Gesundheit eines anderen
d) Außerhalb des zur Anlage gehörenden Bereichs
e) Unter Verletzung verwaltungsrechtlicher Pflichten
2. Subjektiver Tatbestand: Vorsatz (§ 15)
II. Rechtswidrigkeit
III. Schuld

Allerdings kriminalisiert § 325 nur Lärmverursachungen, welche die Gesundheit eines anderen schädigen können. Bloße Lärmbelästigungen sind nicht tatbestandsmäßig und unterliegen nur dem Umweltwidrigkeitsrecht. Sie werden mit Geldbußen (gemäß § 1 OWiG) sanktioniert (vgl. Saliger 2012, S. 4 sowie 203). Laut Saliger (2012, S. 203) kommen als gesundheitsschädigenden Lärm Dauerschallpegel von 80 dB (A) und mehr infrage, und als Risikofaktor für die psycho-physiologische Gesundheit Schalleinwirkungen von 65 bis 90 dB (A). Dabei muss die Lärmeinwirkung länger dauern – Schalleinwirkungen eines Rockkonzerts bis zu 65 dB (A) während 2½ h sind nicht tatbestandsmäßig – und rein psychische Einwirkungen genügen dazu nicht (vgl. Saliger 2012, S. 203). Dass diese Tatbestanddefinition gerade im Falle von hohen und in Abständen erfolgenden Lärmeinwirkungen – wie zum Beispiel beim Starten und Landen von Flugzeugen – nicht befriedigend ist, leuchtet ohne Weiteres ein. Denn der geglättete, also auf einen Durchschnittswert heruntergerechnete Lärmpegel kann sehr wohl unter dem gesundheitsschädigenden Bereich liegen – und trotzdem verursacht die Lärmimmission gesundheitliche Schäden.

Die Europäische Union hat in ihrem Weißbuch „Die europäische Verkehrspolitik bis 2010" versucht, die wirtschaftliche Entwicklung des Verkehrs mit den gesellschaftlichen Entwicklungen abzustimmen. Fast sechzig Maßnahmen sollten dazu beitragen, den unterschiedlichen Gebrauch der Verkehrsmittel auszugleichen. Ziel des Weißbuchs war eine europäische Verkehrspolitik, die u. a. die Sicherheit des Straßenverkehrs garantieren und die Umweltbelastung durch die einzelnen Verkehrsträger – auch in Bezug auf den Lärm – ausgleichen sollte. Instrumente dazu waren eine gemeinsame Tarifierung der Infrastrukturnutzung – auch um den fairen Wettbewerb zwischen den einzelnen Verkehrsträgern zu sichern. So sollten etwa Gebühren nach Umwelteigenschaften wie Abgas- oder Lärmimmissionen gestaffelt werden (vgl. Kröner 2014, S. 33). Doch kann das überhaupt funktionieren? Solange das quasi naturgesetzliche Wachstum des Verkehrs und die Dominanz des Marktes nicht hinterfragt wird, sind das bestenfalls kosmetische Maßnahmen.

Von entscheidender Bedeutung ist, dass sich die Lärmbetroffenen gegen den Lärm – und dessen permanenten Anstieg – wehren. Wenn Lärmbeschwerden auch im Einzelfall als wenig wirksam erscheinen – in ihrer Gesamtheit sind sie Ausdruck eines mehr oder weniger dauerhaften Aufbegehrens der Anwohner gegen den Lärm, der sich im Falle Basel-Mulhouse allein zwischen 1990 und 2000 verzweieinhalbfacht hat (vgl. Flitner 2007, S. 131).

Dazu kommt: Vielerorts fehlen „echte" und verbindliche Lärmgrenzwerte, insbesondere beim Luftverkehr. So schrieb etwa Alber (2004, S. 30) für Deutschland: „Auch das Gesetz gegen Fluglärm (FlugLG) bietet keine ‚echten' Lärmgrenzwerte, sondern ermöglicht es in seiner aktuellen Fassung lediglich im engsten Flughafenbereich Maßnahmen das passiven Lärmschutzes. So wird als Grenzwert für die Tagesschutzzone 1 ein äquivalenter Dauerschallpegel von 75 dB (A) festgelegt (§ 2 II). In dieser Zone dürfen Wohnungen (§ 5 II) und schutzwürdige Einrichtungen (§ 5 I) grundsätzlich nicht errichtet werden, der Flugplatzhalter hat Entschädigungen für Bauverbote zu leisten und Aufwendungen für bauliche Schutzmaßnahmen an früher errichteten Wohngebäuden zu erstatten" (Alber 2004, S. 30 f.). In der Tagesschutzzone 2 in weiterer Umgebung des Flugplatzes mit einem Dauerschallpegel von 67 dB (A) dürfen nur Wohngebäude nach besonderen Schallschutzanforderungen errichtet werden (vgl. Alber 2004, S. 31). Am 7. Juni 2007 trat in Deutschland das novellierte Gesetz zum Schutz gegen Fluglärm (FlugLG) in Kraft, das zwar einige Neuerungen beinhaltete, aber von Fluglärmkritikern als ungenügend kritisiert wurde (vgl. Ekard und Schmidtke 2009). Gegenüber dem alten FlugLG senkte es die Grenzwerte um größere zivile und militärische Flugplätze deutlich ab: In der Tagesschutzzone 1 auf 68 dB (A) bei Militärflugplätzen und auf 65 dB (A) bei zivilen Flugplätzen; und in der Tagesschutzzone 2 auf 63 dB (A) bei Militärflugplätzen und auf 60 dB (A) bei zivilen Flugplätzen (vgl. Ekardt und Schmidtke 2009, S. 2). Dabei dürfen in der Tagesschutzzone 1 und in der Nachtschutzzone grundsätzlich keine neuen Wohnungen und in Schutzzonen keine schutzbedürftige Einrichtungen wie Krankenhäuser oder Altersheime errichtet werden – allerdings sind nach § 5 Abs. 2 FlugLG großzügige Ausnahmen möglich (vgl. Ekardt und Schmidtke 2009, S. 3).

Interessant ist, dass der Europäische Gerichtshof für Menschenrechte (EGMR) 2001 bzw. 2003 eine Klage von Anwohnern des britischen Flughafens Heathrow gutgeheißen hatte, die gestützt auf Art. 8 EMRK (Recht auf Achtung des Privat- und Familienlebens) sowie Art. 13 EMRK (Recht auf wirksame Beschwerde) gegen die Zulassung des Nachtflugverkehrs geklagt hatten. Während die kleine Kammer des EGMR jedem Kläger infolge Verletzung von Art. 8 EMRK einen Schadenersatz von 4000 britischen Pfunds zubilligte, sah die große Kammer des EGMR Art. 13 EMRK als verletzt an, weil eine Klagemöglichkeit in Großbritannien fehlte (vgl. Ekardt und Schmidtke 2009, S. 4). Bereits 1990 hatte der EGMR ebenfalls bei einer britischen Klage moniert, dass bei Fluglärm Art. 8 EMRK Anwendung findet, weil „die Qualität des Privatlebens und die Möglichkeit, die Wohnung zu nutzen, durch den Lärm von Flugzeugen, beeinträchtigt wurde, die den Flughafen Heathrow benutzen" (zitiert nach Ekardt und Schmidtke 2009, S. 4).

Was bei allen entsprechenden Regelungen auffällt, ist die Tatsache, dass eine mengenmäßige Beschränkung des Luftverkehrs nirgends vorgesehen ist. Offenbar wird ein stetiges Wachstum des Luftverkehrs als Naturgesetz angesehen. Ökonomisch sinnvoll wäre jedoch, durch ein entsprechendes Mobility Pricing a) den Luftverkehr so weit zu verteuern, dass alle externen Kosten – und damit auch alle Lärmkosten – in den Flugpreis eingeschlossen werden; b) die Zuteilung von Flugreisen bzw. von Flugkilometern zu rationieren und c) alternative und weniger umweltkostenintensive Verkehrsmittel zu bevorzugen.

Ein besonderes Problem für die Lärmprävention stellt die Tatsache dar, dass die Lärmbelastungskarten immer gemittelte Werte enthalten, die oft sehr ungenau sind. Mit anderen Worten: Es fehlt eine räumlich und zeitlich lückenlose Erfassung der Lärmbelastung. Dies will ein Vorhaben von Wissenschaftlern der ETH Lausanne ändern. Sie haben im Februar 2017 die Handy-Nutzer gebeten, eine App namens NoiseCapture auf ihr Mobiltelefon herunterzuladen, um damit Lärm und Geräusche ihrer Umgebung aufzunehmen. Dabei reichen die Geräusche von Vogelgezwitscher bis Fluglärm. Zu den einzelnen Geräuschen können die Handy-Nutzer angeben, ob sie sie als unangenehm oder störend empfinden. Die so erhaltenen Daten wollen die Forscher zu Lärmkarten verarbeiten und so die Auswirkungen der Lärmbelastung auf Gesundheit und Lebensqualität der Bevölkerung erforschen. Bis Mitte Februar 2017 war die App erst im Kanton Genf und für Android-Geräte verfügbar, Versionen für iPhone und andere Regionen sollen folgen (vgl. 20 Minuten vom 10.2.2017, S. 21). Auf die Ergebnisse dieser Studie darf man gespannt sein.

Aus ethischer Sicht sind im Zusammenhang mit der Lärmprävention zwei Begriffe zentral: Die Dimension der **Verteilung** und die Dimension der **Anerkennung** (vgl. dazu Flitner 2007, S. 46 sowie Fraser 1997, S. 14). Auf der einen Seite sind die Ressourcen, aber auch die Betroffenheit von Schadimmissionen möglichst gleich unter alle Menschen und Gruppen zu verteilen. Auf der anderen Seite besteht in Gesellschaften, die von starkem Machtgefälle geprägt sind, immer die Tendenz, faktische Ungleichheiten entweder zu leugnen oder mit irgendwelcher höherer Gewalt – von sozio-ökonomischen Gegebenheiten bis hin zur unterschiedlichen Leistungsbereitschaft der Individuen ist da alles drin – zuzuschreiben. Wenn Kommunikationsstrukturen bestehen, welche zum Vornerein bestimmte Gruppen oder Individuen benachteiligen, wenn strukturelle Ungleichheit geleugnet oder als „naturgemäß" oder „marktimmanent" angesehen wird, stimmt etwas mit unserem Natur- und Marktverständnis nicht – ganz abgesehen davon, dass – wie mein Kollege David J. Krieger und ich bereits 1997 gezeigt haben (vgl. Jäggi und Krieger 1997) – „Natur" oder besser das Naturverständnis immer ein Produkt menschlicher Kultur sind. Das Gleiche gilt auch für den Markt – der immer ein anthropomorphes Konstrukt ist – und für das Marktverständnis.

Michael Flitner (2007, S. 50) hat ein Schema zum Zusammenhang von Verteilgerechtigkeit und Anerkennungsgerechtigkeit aufgestellt (siehe Tab. 3.1).

Es scheint, dass vielerorts wirtschaftliche Partikularinteressen vor den Gemeininteressen der Bevölkerung gewertet werden. Das gilt auch für die Schweiz, die sich mit gut 8 Mio. Einwohnern gleich drei Interkontinentalflughäfen – nämlich Zürich-Kloten, Genf-Cointrin und Basel-Mulhouse leistet – mit gleichzeitiger Auslagerung eines erheblichen Teils des Fluglärms an das Ausland – während etwa die Niederlande mit rund

Tab. 3.1 Zusammenhang von Verteilungsgerechtigkeit und Anerkennungsgerechtigkeit. (Quelle: Flitner 2007, S. 50)

	Maßstäbe der Regulierung	Maßstäbe der Bedeutung
Verteilungsgerechtigkeit	Analyse der Institutionen und Prozesse im jeweiligen Konfliktfeld im Blick auf ihre Verteilungswirkungen • Materiale Gerechtigkeit	Analyse der im Kontext der Verteilung eröffneten Sinnhorizonte und kollektiven Deutungsmuster • Symbolische Gerechtigkeit
Anerkennungsgerechtigkeit	Analyse der Anerkennungsimplikationen der Institutionen und Prozesse im jeweiligen Konfliktfeld • Prozedurale Gerechtigkeit	Analyse der kulturellen und strukturellen Diskriminierungen Beteiligter jenseits des spezifischen Konflikts • Kulturelle Gerechtigkeit

17 Mio. Einwohnern mit einem einzigen Interkontinentalflughafen auskommen (vgl. Flitner 2007, S. 163). Natürlich muss man der Fairness halber sagen, dass die schweizerischen Flughäfen auch von vielen Deutsche und Franzosen im nahen Ausland mitgenutzt werden, doch das ändert an der grundsätzlichen Problematik nichts.

Ein Erfolg versprechender Ansatz zur einer massiven Reduktion der Fluglärmimmissionen wäre in der Schweiz in den 1950er-Jahren die **Errichtung eines zentralen Flughafens im schweizerischen Mittelland** mit optimalen Bahnverbindungen in alle Regionen bei gleichzeitiger Schließung der Flughäfen Zürich-Kloten, Genf-Cointrin und Basel-Mulhouse gewesen. Heute ist das naturgemäß viel schwieriger, weil große Teile des schweizerischen Mittellandes überbaut und besiedelt sind.

Auf jeden Fall wäre es wünschenswert, wenn alle Regionen Europas unabhängig von den Landesgrenzen gleichmäßig mit Flugplätzen erschlossen würden. Als Kriterien für den Standort zentraler Flugplätze könnten dabei die Besiedlungsdichte, die damit verbundene Nachfrage nach Flügen und die zentrale Erreichbarkeit gelten. Dabei sollten nicht die wirtschaftlichen Interessen der Flugplatzbetreiber, sondern die Versorgung der Bevölkerung und die Fluglärmminimierung im Mittelpunkt stehen. Der heute teilweise stattfindende ruinöse Wettbewerb zwischen den einzelnen Flugplätzen – und besonders der Hubs – sollte dem Gemeininteresse untergeordnet werden.

3.4 Systematische Reduktion elektromagnetischer Strahlung

Das oberste Gebot der Risikominimierung ist beim Elektrosmog das gleiche wie bei Lärm und Schadstoffen. Die nächtliche Erholungszeit des Menschen sollte so ungestört wie möglich sein, um die Regenerationsprozesse des Körpers nicht zu beeinträchtigen. ... Schlafzimmer – selbstverständlich erst recht die der Kinder – sollten zur „elektrosmogfreien Zone" erklärt und gemacht werden (Cross und Neumann 2008, S. 196).

Weil alle elektrischen Leiter von einem elektromagnetischen Feld umgeben sind, sollten möglichst viele Geräte ausgeschaltet und am besten die Anschlüsse aus der Steckdose gezogen werden. Stand-by-Funktionen sollten vermieden werden – laut Berechnungen der im häuslichen Bereich verbrauchten Energie durch die US-Energiebehörde stammen 75 % davon aus Stand-by-Schaltungen (vgl. Cross und Neumann 2008, S. 197).

In Schlafzimmern sollten Netzfreischalter installiert werden, denn auch normale Steckdosen, aus denen kein Strom bezogen wird, sind von einem elektromagnetischen Feld umgeben. Allerdings funktionieren Netzfreischalter nur, wenn kein Gerät auf Stand-by geschaltet ist. Auch elektrische Wecker und Radiowecker sollten mindestens 2 m von der schlafenden Person entfernt sein.

Ein wichtiger Anreiz für den Bau von Elektrogeräten mit möglichst geringer elektromagnetischer Strahlung könnte eine Art „Elektrosmog-Ausweis" sein, in welchem – ähnlich wie heute bereits in Energiezertifikaten in Bezug auf den Verbrauch der Energie – genaue Angaben zu den produzierten elektromagnetischen Immissionen gemacht werden.

Gemäß deutschem Umweltstrafrecht § 325 a II sind Rechtsgut nicht ionisierender Strahlung Gesundheit, Tiere und Eigentum. Der Tatbestand bei nicht ionisierenden Strahlung ist wie folgt zu prüfen (wir bringen hier nochmals das – abgesehen von den Punkten c) und d) – gleiche Prüfungsschema, das auch für Lärm gilt, vgl. Abschn. 3.3; nach Saliger 2012, S. 204 f.):

Prüfungsschema

  I. Tatbestand
  1. Objektiver Tatbestand
  a) Verursachen von Lärm, Erschütterungen und nicht ionisierenden Strahlen
  b) Beim Betrieb einer Anlage (z. B. Betriebsstätte oder Maschine)
  c) Unter Verletzung verwaltungsrechtlicher Pflichten, die dem Schutz vor Lärm, Erschütterungen und nicht ionisierenden Strahlen dienen,
  d) Konkrete Gefährdung der Gesundheit eines anderen, von dem Täter nicht gehörenden Tieren oder von fremden Sachen von bedeutendem Wert
  e) Unter Verletzung verwaltungsrechtlicher Pflichten
  2. Subjektiver Tatbestand: Vorsatz (§ 15)
  II. Rechtswidrigkeit
  III. Schuld

Noch stärker als bei der Lärmproblematik besteht dabei das Problem darin, dass der Nachweis einer Gesundheitsgefährdung bei Mensch oder Tier im Falle von nicht ionisierender Strahlung äußerst schwierig ist. Insbesondere bei hohen Grenzwerten ist somit eine Strafverfolgung von Elektrosmogverursachern (fast) unmöglich. Es reicht nicht, wenn wie z. B. in Deutschland gemäß § 327 II 1 Nr. 1 nur bestraft wird, wer vorsätzlich oder fahrlässig eine genehmigungspflichtige Anlage ohne die erforderliche Genehmigung betreibt – das eigentliche Problem liegt doch darin, dass sich die Wirkungen der

verschiedenen nicht ionisierenden Strahlungsquellen aufsummieren – und kein Grenzwert für einzelne Anlagen trägt diesem Tatbestand Rechnung. Man müsste also – ähnlich
wie bei Lärmkatastern – flächendeckende Strahlungskarten für nicht ionisierende Strahlung erstellen, und zwar unter Einbezug aller in den einzelnen Haushalten und Unternehmen gebräuchlichen Immissionsquellen und aller außerhalb davon stehender Anlagen
(wie z. B. Mobilfunk-Antennen).

An vielen Orten hat der Widerstand gegen die zusätzlichen Strahlungsquellen zugenommen – insbesondere im öffentlichen Bereich. So reichte zum Beispiel die „Interes-
sengemeinschaft WLAN mit Maß in Schulen, Kindergärten und Krippen" eine Petition
an den Zürcher Stadtrat (Exekutive) ein, in welcher die Abschaltung von WLAN-Rou-
tern in Bildungs- und Sozialeinrichtungen für Kinder verlangt wurde, wenn sie nicht
gebraucht werden. Die Antwort des Stadtrats ist entlarvend: Obwohl die Stadt Zürich in
einer Informationsbroschüre von den Schulen verlangt, WLAN-Netze nur einzuschalten,
wenn sie gebraucht werden, beantwortete die gleiche Stadt die Petition der „IG WLAN"
mit der Auskunft, dass die Router und Access Points aus technischen Gründen gar nicht
ausgeschaltet werden könnten, nur die PC-Endgeräte (vgl. Neue Zürcher Zeitung vom
27.10.2016, S. 20)! Weiß da die eine Hand nicht, was die andere tut, oder betreibt der
Stadtrat da ganz einfach Augenwischerei?

Wenn das fehlende Interesse der bürgerlichen Parteien an der Elektrosmogthematik
kaum erstaunt – denn zu groß sind die wirtschaftlichen Partikularinteressen und Ver-
bandelungen – so überrascht doch die Inaktivität der linken und grünen Parteien zu dieser Thematik. So zog etwa der damalige sozialdemokratische Bundeskanzler Schröder
in Deutschland 2001 die Notbremse, als es um die Senkung der Grenzwerte ging (vgl.
Grasberger und Kotteder 2003, S. 144). Erstaunlich ist besonders die Inaktivität der Grünen Parteien, die ja eigentlich die Umweltthematik als ihr Kerngeschäft bewirtschaften.
So werfen etwa Grasberger und Kotteder (2003, S. 147) den Grünen eine „erstaunliche"
„politische Zahnlosigkeit" vor, obwohl sich einzelne grüne Orts- und Landesverbände in
Deutschland immer wieder für einen sorgsamen Umgang mit dem Mobilfunk eingesetzt
haben.

Auch in der Schweiz ist es bei den Grünen um die Thematik Elektrosmog überra-
schend ruhig – obwohl der Widerstand gegen Mobilfunkantennen auch in der Schweiz in
vielen Gemeinden wächst.

Wäre die Prävention im Bereich der elektromagnetischen Immissionen ebenso konsequent wie etwa beim Rauchen, dann wäre zum Beispiel der Handygebrauch in öffentlichen Verkehrsmitteln längst verboten.

Zu dieser Situation ziehen Grasberger und Kotteder (2003, S. 147) folgendes Fazit:
„Nach wie vor gilt die Devise: Geheiligt sei, was der Industrie nicht schadet".

Einziger Ausweg aus dieser Situation kann eine Umkehr der Beweislast sein: Statt
dass man den Mobilfunkbetreibern und Herstellern von Elektrogeräten ihre Schädlichkeit beweisen muss, müssten diese verpflichtet werden, die Ungefährlichkeit ihrer
Geräte zu beweisen – oder falls das nicht möglich ist, diese so zu verändern, dass sie ihre
Schädlichkeit verlieren.

Außerdem müsste ein generelles und striktes Verursacherprinzip durchgesetzt werden: Wenn technische Neuerungen gesundheitliche und volkswirtschaftliche Schäden verursachen, sind diese durch die Verursacher – also die Anbieter entsprechender Geräte und Dienstleistungen – zu tragen, und nicht durch die Allgemeinheit. Das bedeutet zweierlei: Einerseits sind die technischen Vorgaben und Grenzwerte zu verschärfen, und anderseits müssen die Verkaufspreise und Betriebskosten der verkauften Geräte die externen Kosten einschließen, was eine generelle Verteuerung der Mobiltelefonie bedeuten würde – und vielleicht auch einen gewissen Rückgang bei der – nicht in jedem Fall notwendigen – Nutzung.

Das Weltsozialforum in Porto Alegre, Brasilien, hat am 29. Januar 2005 folgende Forderungen in Bezug auf die elektromagnetischen Felder formuliert und an das Internationale EMF-Projekt der Weltgesundheitsorganisation (WHO) geschickt:

1. „Grenzwert-Senkung (tiefer als ICNIRP-Werte)
2. Minimierungsgebot allgemein
3. Gesundheits- und Umweltbestimmungen festlegen, an allen Plätzen, an denen sich Menschen mehr als 4 Stunden pro Tag aufhalten
4. Durchführung der SAR-Maßnahmen
5. Den SAR-Wert im Display angeben
6. Geräte, die über dem empfohlenen SAR-Wert liegen, zurücknehmen (SAR-spezifische Absorbierungsrate)
7. Entwicklung gesundheitsverträglicher Technologien
8. Weltweite Kampagne zur Entmutigung der Benützung von Mobiltelefonen durch Kinder, Teenager, Schwangere, Senioren u. a. Sensible
9. Verbot der Werbung von elektronischen Geräten, die Kinder und Jugendliche ansprechen. Warnung über kurz- und langzeitliche Gesundheitsrisiken.
10. Studien müssen weitere Umweltbelastungen mit einbeziehen (wie physikalische, chemische und biologische), die zu synergistischen Gesundheitseffekten beitragen können" (zitiert nach Stöcker 2007, S. 287).

3.5 Substitution der Rohstoffe durch nachwachsende Rohstoffe

Im 18. Jahrhundert ersetzte der aufkommende Kohlenbergbau mehr und mehr die vorherrschenden und erneuerbaren Energieträger wie Holz, Schilf und Stroh. Pflanzliche Brennstoffe wurden dabei zunehmend durch fossile Brennstoffe ersetzt, wie zum Beispiel Kohle und später Öl (vgl. Karafyllis 2000, S. 53). Dabei bestand schon seit dem 18. Jahrhundert in Europa ein Mangel an Holz, weshalb andere Energiequellen hochwillkommen waren. Paradoxerweise wurden damals fossile Energieträger mit den gleichen Argumenten wie heute nachwachsende Rohstoffe befürwortet: Mit dem Schutz der natürlichen Ressourcen, damals der Wälder. Noch im 19. Jahrhundert kam rund 80 %

des Brenn- und Kohlholzes aus dem Wald (vgl. Karafyllis 2000, S. 75). Dabei gab es bereits im 19. Jahrhundert ähnliche Konflikte wie heute, nämlich zwischen der Forst- und der Landwirtschaft um konkurrierende Landnutzungsansprüche, zwischen politischen und individuellen wirtschaftlichen Entscheidungsinteressen, zwischen dem Anbau von Holz oder von Nahrungsmitteln, in Bezug auf die Transportfrage und hinsichtlich der Landdegradierung und Landschaftszerstörung (vgl. Karafyllis 2000, S. 77).

Seit den 1930er-Jahren wurde in Europa die Energieversorgung weitgehend durch Erdöl, Kohle und Wasserkraft sichergestellt. Später, in den 1960er- und 1970er-Jahren kam neu auch die Atomenergie dazu. Nach der Katastrophe von Tschernobyl 1986 und wiederum nach der Katastrophe von Fukushima 2011 kam es in einigen westeuropäischen Ländern – so in Deutschland und in der Schweiz – zu einem grundsätzlichen oder halbherzigen Ausstieg aus der Atomenergie. Jedoch setzten andere Länder, wie z. B. China, in den letzten Jahren sogar wieder verstärkt auf Kernkraft.

Insbesondere nachwachsende Biomasse wurde als „regenerative" oder „erneuerbare" Energie als Alternative zu den sich erschöpfenden und teilweise umweltgefährdenden Rohstoffen gesehen. Dabei stehen vor allem zwei Formen der Energienutzung im Zentrum: Einerseits die Nutzung von Wärme – sei es als Verbrennungswärme oder als Wärme-Kraft-Koppelung – und anderseits die Nutzung von elektrischer Energie. Dabei gilt es auch zu berücksichtigen, welche Anteile von grauer Primärenergie verloren gehen – und wie groß die CO_2-Belastung der einzelnen Energieträger ist. So wird etwa bei den angeblich „sauberen" Atomkraftwerken die hohe CO_2-Belastung bei der Gewinnung von Uran „vergessen", ganz abgesehen vom nach wie vor ungelösten Problem der Lagerung radioaktiver Abfälle. Berücksichtigt man außerdem den Risikoaspekt bei der Beurteilung der Atomenergie, dann müsste die Kernkraft sowieso von vorneherein ausgeschlossen werden.

Auf einen wichtigen Zusammenhang in Bezug auf die nicht erneuerbaren Rohstoffe hat Ugo Bardi (2013, S. 189) hingewiesen: Oft schaut man nur auf die verfügbaren Mengen der Mineralien, nicht aber auf die Energiekosten für ihre Gewinnung:

> Hätten wir geringe Kosten und mehr oder weniger unendliche Energievorräte, stellte Ressourcenknappheit kein Problem dar. … Die Situation ist aber eine andere. Mit den Energiemengen, die wir heute produzieren, können nur konventionelle Erze mit Profit abgebaut werden. Dass es eine Fülle anderer möglicher Quellen geben könnte, von in Ozeanen gelösten Ionen bis hin zu den Planeten und Asteroiden des Sonnensystems, ist eine Illusion. Aus energetischen Gründen ist die Gewinnung dieser Ressourcen viel zu teuer (Bardi 2013, S. 189).

Die deutsche Bundesregierung formulierte 2010 in ihrer Rohstoffstrategie: „Substitution trägt langfristig zur Flexibilisierung des Materialeinsatzes in den Verarbeitungsstufen der Wertschöpfungskette bei, und sie ermöglicht es, Knappheiten und physischen Versorgungsstörungen entgegenzuwirken sowie die Nachhaltigkeit durch Einsatz ökonomisch und ökologisch vorteilhafter Materialien zu fördern" (Bundesministerium für Wirtschaft 2010; zitiert nach Schebek und Becker 2014, S. 4). Dabei sind folgende Substitutionsstrategien möglich: Materielle Substitution, technologische Substitution – z. B. durch geringeren Materialverbrauch infolge eines neuen technischen Verfahrens –, funktionale Substitution – also durch ein anderes Produkt mit gleicher Funktion –, Qualitätssubstitution – z. B. durch Produkte geringerer, aber auch spezifischerer Qualität und Leistungsfähigkeit – sowie nichtmaterielle Substitution – z. B. Einsatz von Arbeit, Know-how oder Energie anstelle von Materialverbrauch (vgl. Schebek und Becker 2014, S. 5). Allerdings sind nicht alle diese Arten von Substitution umweltverträglicher, wenn man dabei auch die externen und indirekten Kosten berücksichtigt.

Ugo Bardi (2013, S. 274) hat eine dreifache Strategie der Substitution von nicht erneuerbaren Rohstoffen vorgeschlagen: Erstens die Substitution – also das Ersetzen – seltener Mineralien durch häufig vorkommende Rohstoffe, zweitens Wiederverwertung und Wiederverwendung von Mineralien und drittens die Reduktion des Verbrauchs sämtlicher Mineralienrohstoffe.

Bei den nachwachsenden Rohstoffen folgt in der Regel auf eine Wachstumsphase immer ein Minus-Wachstum oder eine „Degrowth"-Phase.

Dabei ist zu bedenken, dass die Wachstumsphasen – die immer wieder von Phasen abnehmenden Wachstums oder Absterbephasen unterbrochen werden – im Idealfall in einem Gleichgewichtszustand stehen. Wenn nicht, kollabiert das System irgendwann. In der Praxis handelt es sich dabei um sogenannte offene Systeme. Das bedeutet, dass es jeweils einen System-Input, einen System-Output und ein System-Outcome gibt, – und alle drei sind wiederum Bestandteile anderer Ökosysteme.

Demgegenüber gehen immer noch viele ökonomische Wachstumsvorstellungen von einem (unbegrenzten) potenzierten Wachstum aus, das dann wie in Abb. 3.2 aussieht.

Dass dies auf die Dauer nicht aufgehen kann, sollte auch dem letzten Ökonomen ein leuchten. Wenn man allerdings die realen Wachstumskurven – etwa in konjktureller Hinsicht – anschaut, sind diese den ökologischen Wachstums- und Degrowth-Kurven wesentlich ähnlicher als viele ökonomische – und gewerkschaftliche! – Modellrechnungen es wahrhaben wollen.

Ugo Bardi (2013, S. 308) hat die Meinung vertreten, dass eine Degrowth-Politik durchaus möglich sei, ohne wesentliche Errungenschaften aufzugeben, sondern nur den Überfluss abzubauen. Allerdings dürfe der Abbau nicht zu schnell gehen, sondern es sei ein Rückbau Schritt für Schritt erforderlich. Allerdings sehe die Degrowth-Bewegung vor einem großen Problem: „In den meisten Ländern wird sie nämlich anscheinend

Abb. 3.2 Exponentielle
Wachstumskurve

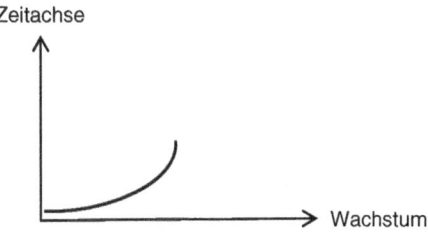

nur von einer verschwindenden Minderheit der Bevölkerung akzeptiert. Ihr Gedanken-
gut wird vom medialen Mainstream und der allgemeinen gesellschaftlichen Debatte in
weiten Teilen der Welt vollkommen ignoriert" (Bardi 2013, S. 309). Dabei gehe es beim
Degrowth-Ansatz nicht nur um technische Anpassungen, sondern – vielleicht sogar in
viel größerem Ausmaß – um psychologische Fragen. Dabei erlebten nicht wenige Menschen angesichts eines befürchteten oder wirklichen Verlusts Phasen des Nichtwahrha-
benwollens, des Zorns, der Wut, des Feilschens und Verhandelns und der Depression,
die dann schließlich in eine Haltung der Akzeptanz übergehe (vgl. Bardi 2013, S. 310).
Allerdings zeigen die jüngsten Entwicklungen besonders in der Politik, dass viele
Menschen aufgrund ihrer Verlustängste oder Verlusterfahrungen (vgl. Franck 2017,
S. 8) lieber populistische Parteien wählen, welche Regulierungen im Wirtschafts- und
Umweltbereich pauschal ablehnen und Sündenböcke für ihre Frustration verantwortlich
machen.

Einen interessanten Aspekt stellt die Frage dar, ob (materielle) Produkte und damit
auch Rohstoffe durch einen erhöhten Anteil von Dienstleistungen ersetzt werden könnten. Diese Frage stellt sich etwa in der Gesundheitswirtschaft: Es ist durchaus denkbar, dass anstelle eines erhöhten Medikamentenkonsums – der oft zu unerwünschten
Nebenwirkungen führt – ein besseres Betreuungs- und Dienstleistungsangebot die
Gesundheitssituation deutlicher und nachhaltiger verbessern könnte als eine höhere
Medikamentierung.

Dabei ist zu bedenken, dass gerade im Gesundheitsbereich unbezahlte Arbeit und
ehrenamtliche Arbeit weiter ausgebaut werden könnten. Schneider et al. (2016, S. 207)
schätzten für 2010 in Deutschland die Haushaltsproduktion mit Gesundheitsbezug je
nach Bewertungsansatz auf 2,01 bis 3,67 Mrd. EUR, also etwa 0,8 bis 1,5 % der Bruttowertschöpfung der gesamten Gesundheitswirtschaft. Für die ehrenamtliche bzw. freiwillige Arbeit lagen die Schätzungen für 2010 zwischen 6,44 und 14,331 Mrd. EUR,
also zwischen 2,6 und 5,8 % der Bruttowertschöpfung im Gesundheitswesen (vgl.
Schneider et al. 2016, S. 207). Für die Schweiz und andere europäische Länder dürften sich die Zahlen in ähnlichen Dimensionen bewegen. Zum Vergleich: „Die Leistungen im Ehrenamt und in der Haushaltsproduktion haben einen beträchtlichen
volkswirtschaftlichen Wert, der fast so hoch ist, wie die gesamte Bruttowertschöpfung
im Bereich ‚Forst- und Landwirtschaft; Fischerei'" (Schneider et al. 2016, S. 2008).
Allerdings weisen Schneider et al. (2016, S. 209) darauf hin, dass es einen großen For-
schungsbedarf in Bezug auf die korrekte monetäre Bewertung unbezahlter Arbeit gibt,
und dass bisher „noch kein konzeptionell vollständig befriedigender monetärer Bewertungsansatz unbezahlter Arbeit" vorliegt.

Gerade angesichts des stark wachsenden Gesundheitsmarktes und der damit verbundenen Gesundheitskosten wäre es wünschenswert, die ehrenamtliche Betreuung von
pflegebedürftigen kranken, behinderten und alten Menschen zu fördern. Das könnte
durch steuerliche Entlastungsmaßnahmen bei der Pflege von Angehörigen in der Familie,
durch kostenlose Entlastungsangebote für ehrenamtlich Pflegende oder durch Gutschrif-
ten in der Alterssparvorsorge der ehrenamtlich Pflegenden geschehen.

Ökonomische Anreize können die Verhaltensweisen und Gewohnheiten von Konsumentinnen und Konsumenten schnell und nachhaltig beeinflussen. So führte 2016 in der Schweiz die Migros, einer der beiden größten Lebensmittelverkaufsketten, eine Gebühr von 5 Rappen für die Abgabe von erdölbasierten Plastiktüten ein. Innerhalb eines Monats führte dies zu einem Rückgang von 80 % der Nachfrage nach solchen Tüten. 2014 hatte die Migros noch 130 Mio. Plastiktüten gebraucht. Gemäß Schätzungen sank nach Einführung der Gebühr die Anzahl der benötigten Plastiktüten auf 30 Mio. Säcke pro Jahr (vgl. Schöchli 2016). Allerdings können Geldanreize bei der Förderung von sozial erwünschtem Verhalten auch kontraproduktiv sein. So ergab eine Studie in den USA, dass sich die Unpünktlichkeit der Eltern beim Abholen ihrer Kinder in Kindertagesstätten nach der Einführung finanzieller Anreize verschlechterte. Offenbar die besten Ergebnisse lassen sich bei einer Kombination ideeller und finanzieller Anreize erzielen (vgl. Schöchli 2016).

3.6 Slow-down

> Manche haben so viel zu tun, unten das Wasser aufzuwischen, dass sie gar nicht dazu kommen, oben den Hahn zuzudrehen (Reheis 2003, S. 25).

Laut Fritz Reheis (2003, S. 133) gibt es vier Arten von Märkten: 1) Märkte für Ressourcen und Rohstoffe, die vom Menschen erschlossen werden müssen, 2) Märkte für Arbeitskräfte, 3) Märkte für Produkte, welche durch den Einsatz von Arbeit geschaffen werden, und 4) Märkte für Geld und Kapital. Dabei – so die These von Reheis (2003, S. 133), nimmt die Zeit, die benötigt wird, um auf eine Veränderung der Nachfrage zu reagieren, ständig und drastisch ab. Oder anders gesagt: „Die Geschwindigkeit des Marktgeschehens nimmt drastisch zu" (Reheis 2003, S. 133). Diese Geschwindigkeit ist bei Geld- und Kapitalmärkten am größten, und bei Ressourcenmärkten am geringsten. Entscheidend ist dabei die räumliche Mobilität der Waren. Anders gesagt: Je geringer die zeitliche Verzögerung, mit der eine Ware verfügbar ist, desto größer der Preis der Ware – und desto höher ist der Markterfolg des Anbieters. Märkte haben also sehr viel mit Geschwindigkeit und Beschleunigung zu tun.

Dietrich Henckel (2001, S. 11 f.) hat folgende soziale Folgen der gesellschaftlichen und ökonomischen Beschleunigung aufgezählt: weltweite Zunahme der Migration, eine Reduktion der Schlafenszeit, Veränderung der Wahrnehmung, größere soziale und berufliche Flexibilität und Verringerung des Heimatbezugs, Verteilkonflikte um Zeitressourcen sowie der Ruhe als Luxusgut.

Der Soziologe Hartmut Rosa (2012, S. 57) hat drei Formen von Beschleunigung unterschieden: Erstens die **technische Beschleunigung,** zweitens der **soziale Wandel** und drittens das **Lebenstempo.** Im Alltag drückt sich diese dreifache Beschleunigung vor allem als **Beschleunigung des Transports,** als **Beschleunigung der Kommunikation** und als **Beschleunigung der Produktion** aus (vgl. Rosa 2005, S. 171). Entsprechend kann man sich fragen, was Entschleunigung im Transportbereich, in der

Kommunikation und in der Produktion bedeuten würde. Entschleunigung im Transport könnte – immer nach Rosa (2012, S. 57) – bedeuten: gehen statt fahren, und fahren statt fliegen. Im Kommunikationsbereich könnte Entschleunigung bedeuten: Briefe statt E-Mail schreiben (vgl. Rosa 2012, S. 58). Doch ist das realistisch – und eine Lösung? Rosa selbst (2012, S. 58) zweifelt auch daran – und wie ich meine zu Recht. Das Problem ist weniger das schnelle Reise- oder Kommunikationsmittel, sondern unser persönlicher Umgang damit, der Verlust unserer Zeitlosigkeit und unsere Unfähigkeit, beschleunigungsautonom zu sein, also die Geschwindigkeit selbst bestimmen zu können. Autonomie – besonders auch beim Lebenstempo – wird heute zur wahren Freiheit, und diese Freiheit drohen wir zu verlieren.

Nach Rosa (2005, S. 60) sind die Wahrnehmung und die Beherrschung von Raum und Zeit eng miteinander verknüpft. Dabei vertritt Rosa (2005, S. 60) die These, dass in Modernisierungsprozessen Raum und Zeit nicht gleichberechtigt sind, sondern dass die Raumerfahrung entwicklungsmäßig wie ontologisch – also im Seinsalltag – deutlich Vorrang vor der Zeit hat. Wenn das stimmt, würde das erklären, warum die moderne und postmoderne Gesellschaft einem derartigen Beschleunigungswahn unterliegt, wie wir ihn alle kennen.

Allerdings gibt es immer einen (Zeit-)Punkt, an welchem eine zusätzliche Beschleunigung etwa einer Transportbewegung oder eines Kommunikationsprozesses keinen zusätzlichen Nutzen mehr bringt, die Ökonomen sagen dann: Der sogenannte Grenznutzen sinkt gegen Null. Ja, der Grenznutzen kann sich auch in Zusatzkosten verwandeln, vor allem dann, wenn nicht nur der Output sondern auch das Outcome – also nicht der beabsichtigte Effekt, sondern die unbeabsichtigten Auswirkungen – einbezogen werden. Es müssten also Entschleunigungsmechanismen für die Märkte, besonders für die Geld- und Kapitalmärkte entwickelt werden – etwa Transaktionssteuern (z. B. im Sinne der „Tobin"-Steuer). Allerdings wird das kaum reichen, weil sehr rasch neue und schnellere Märkte entstehen dürften. Effizienz auf dem Markt müsste mit Langsamkeit und Reflexivität gekoppelt werden, nicht mit automatisierter Vernunftlosigkeit.

Hermann Knoflacher (2014, S. 29) hat drei Mythen zur Mobilität aufgezählt, die es zu überwinden gelte: Erstens das Mobilitätswachstum, zweitens die Zeiteinsparung durch Geschwindigkeit und drittens die Freiheit der Verkehrsmittelwahl. Denn es gebe kein Wachstum der Mobilität, sondern nur Veränderungen der Mobilitätsformen. Die Zeiteinsparung durch mehr Geschwindigkeit gelte nur für einzelne, lineare Strecken, nicht aber längerfristig im System, also im Verkehr vieler: „Steigt die Geschwindigkeit im System, verändert das die Lage – und auch die Inhalte – der Ausgangs- und Endpunkte so, dass sich nach relativ kurzer Zeit wieder der gleiche Reisezeitaufwand einstellt wie vorher. Die Weglängen vergrößern sich im System proportional zu den Geschwindigkeiten" (Knoflacher 2014, S. 30).

Auch der aktuelle Papst Franziskus hat in seiner Enzyklika „Laudato si" festgestellt, „dass die Verlangsamung eines gewissen Rhythmus von Produktion und Konsum Anlass zu einer anderen Art von Fortschritt und Entwicklung geben kann" (Laudato si 2015, S. 191).

Auch im wissenschaftlichen Diskurs hat die lange Zeit übliche Gleichsetzung von (wachsender) Mobilität und Freiheit bzw. Entwicklung zu Kritik geführt: So kritisierte Clifford (1997, S. 38) diese Haltung als „nomadology" und als Form von postmodernem Primitivismus, andere Forscher meinten, dass das Mobilitätsparadigma und die Reisemetaphern blind für globale Machtstrukturen, negative Auswirkungen der Globalisierung und für die (Un-)Gleichheitsthematik sei (vgl. Hess und Tsianos 2010, S. 243 f.). Entsprechend plädierten Hackl et al. (2016, S. 22) für ein Aufbrechen der „Mobilitäts-Immobilitäts-Dichotomie". Zu Recht weisen diese Autoren darauf hin, dass Mobilität nicht unbedingt Ungleichheiten verringert – sie kann sie auch verstärken. Aber auch das Umgekehrte trifft zu: Auch Immobilität kann Ungleichheit erhöhen. So gesehen kann sowohl Immobilität als auch Mobilität sozial ausgrenzend wirken, erst die – formal und materiell – freie Wahl zwischen Mobilität oder Sesshaftigkeit sind Ausdruck von und Zeichen für Freiheit. Eigentlich müsste man von einem individuellen Recht auf Entschleunigung und Beschleunigung sprechen, und auf frei wählbare Sesshaftigkeit und Mobilität. So sollte Immobilität und Mobilität als eine Art „blended mode" (Hackl et al. 2016, S. 23) verstanden werden, bei dem das eine immer im anderen mitenthalten ist, und die tief verwurzelten normativen Unterscheidungen – etwa zwischen Mobilität und Migration, aber auch zwischen „Einheimischen" und „Fremden" – überwunden sind. So wurde – und wird! – etwa „Mobilität" vor allem den privilegierten Menschen auf der Nordhalbkugel zugesprochen, während „Migration" vor allem mit den Menschen des Südens oder aus der (nördlichen) Peripherie in Verbindung gebracht wird. Es gilt, solche begrifflich-semantischen Ideologisierungstendenzen wahrzunehmen und zu hinterfragen.

Eine interessante Ergänzung zu den Konzepten der Entschleunigung ist die Vision der „Smart Mobility".

▶ **Smart Mobility** „So wollen wir … den Begriff Smart Mobility verstanden wissen: als visionäre und machbare Mobilität der Zukunft. Anwendbar und nutzbar für jedermann unabhängig von Nutzungszeitraum und -dauer, unabhängig von individuellen Fähigkeiten und Budget" (Flügge 2016c, S. 2).

Im Zentrum von Smart Mobility stehen Ballungsräume mit großer Bevölkerungsdichte, hohem Pendleraufkommen und starken Immissionen unterschiedlicher Art. Dabei sollen Mobilität und Verkehr nicht mehr in einzelne Verkehrsträger, Verkehrsflüsse oder Infrastruktureinrichtungen wie Bahn, Straße oder Luft unterteilt werden, sondern durch ganzheitliche Konzepte ersetzt werden.

Mobilitätsnutzer stehen vor dem Problem, dass sie aus einem – mehr oder weniger variablen – Budget aus Orts(un)gebundenheit, Zeit, Finanzen und Bequemlichkeit ihre eigene Mobilität organisieren müssen. Dazu kommen Variablen wie (physische) Lokalität, Virtualität und Erreichbarkeit. Dabei stehen sich die Bedürfnisse der unterschiedlichsten Akteure gegenüber: Schüler, die mit dem Bus die Schule in der nächsten Stadt besuchen, Arbeitnehmer, die mit dem Pkw zu unterschiedlich weit entfernten Arbeitsorten fahren, Unternehmen, welche Bestellungen ausliefern, Lieferanten von Gütern an

Haushalte oder Unternehmen, Manager von global agierenden Unternehmen, die persönlich zu Meetings in andere Kontinente reisen, lediglich virtuell kommunizierende Teams von Mitarbeitenden, Senioren oder Eltern mit Kindern, welche regelmäßig oder sporadisch Tagesausflüge machen usw.

Aus Untersuchungen ist bekannt, dass sich die Wahl des Verkehrsmittels längst nicht immer aus dem Grund für das Unterwegssein ergibt (vgl. Flügge 2016a, S. 11). Ein Kaufentscheid aufgrund einer ÖV-App oder eines Plakats unterwegs kann zum Beispiel dazu führen, aus dem Bus auszusteigen und anschließend ein anderes Verkehrsmittel zu wählen.

Wie kaum eine andere Branche wurde die Mobilitätsbranche in den letzten Jahren durch die App-Economy erobert und geprägt. Im Unterschied zu früher will der Kunde heute Zugriff auf das gesamte Portfolio von Verkehrsangeboten und darüber hinausreichende Dienstleistungen haben – die Zeiten, in denen ausschließlich am Bahnschalter ein Bahnticket, im Autobus einen Busfahrschein und im Reisebüro ein Flugticket gekauft werden kann, sind in der Zeit der Handy-Buchung von Tickets oder des Kaufs von Tickets am PC über Internet endgültig vorbei. Das bedeutet für die Anbieter und Kunden dreierlei: Erstens müssen integrierte, Smartphone- wie PC-gängige Buchungsplattformen und – dienste angeboten werden, zweitens müssen die Kunden damit umgehen können, was gerade bei älteren Reisenden ein zunehmendes Problem ist, insbesondere bei der starken zahlenmäßigen Zunahme der Gruppe der Betagten und Hochbetagten, und drittens werden Anbieter von Dienstleistungen immer stärker von externen Buchungsportalen abhängig, was – wie etwa die aktuelle Kritik der Schweizer Hotels an den marktdominierenden Buchungsportalen zeigt – zu erheblichen finanziellen Einbußen der Direktanbieter der Dienstleistungen führen kann, wie in diesem Fall der Hoteliers.

Während es also in Ballungszentren und dicht besiedelten Orten darum geht, hohe Mobilitätskapazitäten anzubieten und zu managen, Nachfragespitzen zu bewältigen und die sozialen und Umweltkosten zu minimieren, stehen ländliche, wenig frequentierte Regionen vor dem umgekehrten Problem, unnötige Transportkapazitäten abzubauen, Leerfahrten oder ungenügend genutzte Verkehrsangebote zu reduzieren und damit Kosten zu sparen. Smart Mobility muss also zeitnah und intelligent auf unterschiedliche Verkehrs- und Mobilitätsbedürfnisse reagieren können, genügend abrufbare Kapazitäten bereitstellen und interne und externe Kosten möglichst vermeiden oder tief halten.

Entsprechend folgerte Flügge (2016b, S. 37): Intelligente Mobilität, also Smart Mobility, wird so zu einem „Gestaltungselement für unseren Lebensraum" und ist weit mehr als ein statisches Nebeneinander verschiedener investitionsintensiver Verkehrsnetze. Doch stimmt es, wenn Flügge (2016b, S. 37) schreibt: „Mobilität ist ein Kernelement unserer Freiheit. Sind wir mobil, entscheiden wir über die Zusage zu einer Besprechung, der Teilnahme an einem Freundschaftsspiel, gehen spontan in die Stadt zum Kaffeekränzchen oder lassen uns vorsichtshalber in der Apotheke beraten, statt sich zu Hause mit einer Grippe zu quälen. Sind wir nicht mobil, fallen uns Entscheidungen schwer und engen uns ein"? Wird hier nicht unterstellt, dass Mobilität nur Mobilität sei, wenn der Entscheid dazu spontan fällt, also nicht im Voraus geplant werden muss? Warum kann

Mobilität nicht auch kurz-, mittel- oder langfristig geplant werden? In der Praxis ist das vielleicht weit häufiger der Fall, als spontane Entscheide: Gewohnheitsmäßiges Pendeln zur Arbeit, Einkaufsmobilität, die Planung von Reisen oder Urlauben – all das erfolgt großteils entweder automatisiert oder geplant, also nicht spontan. Besondere, außerordentliche Kosten entstehen – gerade auch im Verkehr – dann, wenn das Verhalten ungesteuert, also spontan oder gar irrational erfolgt. Deshalb macht es Sinn, die geplante Mobilität billiger anzubieten als spontan bezogene Verkehrsleistungen – weil die Kosten so tiefer gehalten werden können und gleichzeitig ein Verhaltenssteuerungseffekt auftritt.

Ja, man müsste sich fragen, ob Flügge mit ihrem Mobilitätsverständnis nicht letztlich einem ideologisierten Verständnis von (Mobilitäts-)Freiheit aufsitzt – so im Sinne: Freiheit ist die Freiheit, jederzeit an jeden Ort fahren zu können, möglichst zum Nulltarif. Das erinnert stark an die Propaganda von Automobilverbänden oder – in der Schweiz – der Autopartei in den 1980er- und 1990er-Jahren, die sich später sinnigerweise in „Freiheitspartei" umbenannte. Wie wenig reflektiert zum Teil der Mobility-Triumphalismus verwendet wird, zeigt etwa folgende Aussage: „Mobilität ist ein Grundbedürfnis der Menschen. Sie fördert Begegnungen zwischen Menschen..." (Baumann und Püschner 2016, S. 91): Zwar mag rein mathematisch die Zahl der physikalischen Begegnungen zunehmen, wenn man unterwegs ist, nur: eine Begegnung im eigentlichen Sinn ist es noch lange nicht, wenn Hunderte oder Tausende von Menschen gestresst aneinander vorbeirennen, wie z. B. in der Hauptstoßzeit in einem Bahnhof oder auf einem Flughafen. Zahlenmäßig weniger Begegnungen – etwa in einem wenig besiedelten Gebiet – und von einer kleineren Zahl einander vertrauter Menschen führt bestimmt zu „mehr Begegnung" als der Massentourismus oder Spitzen im Pendlerverkehr. Wie hat der jüdische Philosoph Martin Buber so schön gesagt: Der gehetzte, „willkürliche" Mensch „kennt nur die fiebrige Welt da draußen und seine fiebrige Lust, die zu gebrauchen" (Buber 1966, S. 73). Und Buber folgert: Wenn „eine Kultur nicht mehr im lebendigen, sich immer wieder erneuernden Beziehungsvorgang zentriert ist, erstarrt sie zu einer beziehungslosen Es-Welt" (Buber 1966, S. 66 f.), wird also zum reinen Objekt und zum seelenlosen Gebrauchsgegenstand.

Smart Mobility macht dann Sinn, wenn gesellschaftliche, soziale und ökologische Vorgaben mit den individuellen Bedürfnissen optimal kombiniert werden, oder ökonomisch gesagt: Wenn die Opportunitätskosten und die externen Kosten des Verkehrsverhaltens in einem optimalen Gleichgewicht stehen. Smart Mobility heißt aber nicht unbedingt, je mehr Mobilität desto besser, aber auch nicht zwingend Reduktion von Mobilität: Smart Mobility bündelt die Mobilitätsbedürfnisse, flexibilisiert die Angebote und senkt die Kosten. Auf wie viel Mobilität der Einzelne Anspruch hat, muss gesellschaftlich entschieden werden.

Ein äußerst interessanter Vorschlag ist das Konzept eines individualisierten Mobilitätskontos (vgl. Flügge 2016d, S. 107). Ein solches Mobilitätskonto

wird ... mit meinen Präferenzen versehen und enthält die wesentlichen Anforderungen an Intermodalität, Abrechnung, Toleranzen im Umgang mit zu wählenden Strecken, Geografien und Vorlieben. Die Verwaltung erfolgt digital und über ein Medium, sei es ein USB-Stick oder eine Micro SD Card, mitgeführt, lässt es sich in Zukunft in unterschiedliche geteilte Verkehrsmittel direkt einsetzen und anwenden, sei es in dem autonomen Fahrzeug, dem Fahrzeug aus der Unternehmensflotte oder dem eben gebuchten Fahrzeug aus dem Shared-Mobility-Verbund meines Viertels. … Die Abrechnung erfolgt gemäß meiner Präferenzen: über ein monatliches Konto, ein Subskriptionsmodell oder die gefahrenen bzw. genutzten Kilometer und Zeiten (Flügge 2016d, S. 107).

Allerdings gibt es dabei zwei Fragen oder Probleme: Erstens müsste geklärt werden, ob es einen unbegrenzten Anspruch auf Mobilität gibt, bzw. ob der Anspruch auf Mobilität lediglich durch die Zahlungsfähigkeit des Verkehrs- und Mobilitätsteilnehmers begrenzt ist, und zweitens eröffnet die umfassende Digitalisierung der Verkehrsnutzungsdaten die unbegrenzte Möglichkeit einer lückenlosen individuellen Überwachung des einzelnen Verkehrsteilnehmers – Big Brother lässt einmal mehr grüßen. Vor der Einrichtung individueller Mobilitätskonten – die übrigens nicht nur den physikalischen Verkehr, sondern auch das gesamte Kommunikationsverhalten des Einzelnen mit erfassen können – müssten die damit verbundenen ethischen Fragen geklärt werden. Allerdings zeigt leider die Erfahrung, dass die ethischen Implikationen von technischen Innovationen meist erst nachträglich reflektiert werden, wenn überhaupt. Und dann ist es nicht selten bereits zu spät.

Auch im Denken hat das Thema Entschleunigung in den letzten Jahren an Bedeutung gewonnen. In seinem Band „Schnelles Denken, langsames Denken" vertrat Daniel Kahneman (2014) die These, dass wir in der Einschätzung von Sachverhalten häufig eher der Intuition als dem Verstand folgen. Dabei folgt das kognitive System 1 meist einer schnellen, intuitiven Entscheidung, während das System 2 eher einem bewussten, logischen Denk- und Entscheidungsprozess folgt (vgl. Schutkin 2015, S. 58). Dabei zeigt Kahneman – mit einigem Augenzwinkern – dass die so rationale Verhaltensweise von System 2 oft nur intuitiv getroffene Entscheide von System begründen. System 2 muss oft einfach Spontanentscheide von System 1 erklären und begründen. Allerdings ist auch das nicht sehr „rational" oder „vernünftig" – aber die logisch-rationale Entscheidung nimmt sich mehr Zeit, was oft schon ein Vorteil an sich ist!

3.7   Ökologischer Fußabdruck

Laut Schmidt-Radefeldt (2000, S. 304) gibt es zwar kein verbindliches Menschenrecht auf Umwelt(schutz), obwohl der Genuss der Menschenrechte wesentlich von der Qualität der natürlichen Umweltbedingungen abhängt. Allerdings besteht auf regionaler wie auf internationaler Ebene eine Tendenz der Menschenrechtsorgane zu ökologischer Menschenrechtsinterpretation, wobei allerdings die ökologische Menschenrechtsprechung auf internationaler Ebene noch in ihren Anfängen steckt (vgl. Schmidt-Radefeldt 2000, S. 304).

Einen grundlegenden Versuch, die Umweltbelastung durch einen jeden einzelnen Menschen zu berechnen, stellt der so genannte ökologische Fußabdruck dar. Dabei wird aufgrund von ungefähr 5400 Datenpunkten berechnet, über welche ökologische Kapazität ein Land verfügt (vgl. Wackernagel 2015, S. 66) und wie viel davon von den Menschen beansprucht wird.

Grundlage der Footprint-Methode ist die Biokapazität, die in einem Jahr produziert wird. Dabei ist zu bedenken, dass die Berechnung immer erst ex post – also nachträglich – möglich ist (vgl. Wackernagel und Beyers 2010, S. 49). Die Footprint-Methode erstellt also keine Prognose. Die Footprint-Methode basiert nicht auf der Nettoprimärproduktion *(net primary producitvity)*, mit deren Hilfe man versucht, die Biomasseproduktion von Ökosystemen zu beschreiben. Vielmehr stellt die Footprint-Methode die Land- und Wasserflächen ins Zentrum der Berechnungen, welche für die Produktion von Gütern und Dienstleistungen, aber auch für die Deponierung des Abfalls notwendig sind (vgl. Wackernagel und Beyers 2010, S. 49).

Dabei ist die Fläche unseres Planeten begrenzt. Sie umfasst ungefähr 51 Mrd. Hektar oder 510 Mio. km^2 (vgl. Latouche 2015, S. 44). Die davon für unsere Reproduktion nutzbare Fläche umfasst dabei lediglich rund 12 Mrd. Hektaren oder 120 Mio. km^2. Teilt man diese Fläche durch die Zahl der Bevölkerung, ergibt das – bei rund 7 Mrd. Menschen (2013) – rund 1,7 Hektar oder 0,17 km^2 pro Kopf (vgl. Latouche 2015, S. 44). Im Jahr 2000 beanspruchte ein US-Bürger rund 9,6 Hektar, ein Kanadier rund 7,2 Hektar, ein Franzose 5,3 Hektar und ein Italiener 3,8 Hektar. Wenn die ganze Weltbevölkerung so leben würde wie die Europäer, würden wir drei Planeten Erde benötigen (vgl. Latouche 2015, S. 45).

Man kann die Länder in so genannte ökologische Schuldner und in ökologische Gläubiger unterteilen. Dabei kann man den ecological footprint sowohl aus der Sicht der Nachfrage als auch des Angebots beschreiben. Es gelten folgende Formeln (vgl. Wackernagel und Beyers 2010, S. 69):

$$\frac{\text{Fläche} \times \text{Bioproduktivität}}{\text{Bevölkerung}} = \text{Biokapazität pro Kopf (Angebot)}$$

$$\begin{matrix} \text{Verbrauch pro} \\ \text{Person} \end{matrix} \times \begin{matrix} \text{Ressourcen} - \text{und} \\ \text{Abfallintensität} \end{matrix} = \begin{matrix} \text{Ecological Footprint pro Kopf} \\ \text{(Nachfrage)} \end{matrix}$$

Der Ecological Footprint des Menschen bewegt sich seit ungefähr 1987 über der Biokapazität der Erde (vgl. Wackernagel und Beyers 2010, S. 75).

Es gibt aber auch Einwände gegen die gängige Berechnungsmethode des ökologischen Fußabdrucks. Berechnet wird dabei insbesondere der CO_2-Ausstoß, nicht berücksichtigt werden u. a. die Giftigkeit von Stoffen, die Methanproduktion – die für das Klima 25mal schädlicher ist als CO_2 (vgl. Kannegiesser 2015, S. 18) – und kritisiert wird dabei auch die mangelnde Unterscheidung zwischen nicht erneuerbaren und erneuerbaren Rohstoffen (vgl. Wackernagel 2015, S. 66 f.). Die große Stärke des Footprint-Modells liegt darin, dass die Auswirkungen geplanter Aktivitäten auf die Umwelt besser abgeschätzt werden können. Dabei zeigt sich insbesondere auch, ob sich ein Land noch innerhalb seiner ökologischen Möglichkeiten bewegt oder nicht. Allerdings wird die

Frage eines möglichen Ausgleichs zwischen „ökologisch privilegierten" und „ökologisch benachteiligten" Ländern zu wenig gestellt.

Um die Relationen zu sehen, sollte man bedenken, dass zwar der Anteil von CO_2 in der Atmosphäre bei rund 77 % liegt, von Methan bei 14 %, von Distickstoffoxid bei 8 %, und der Fluorkohlenwasserstoffe bei 1 %. Dagegen ist das Treibhauspotenzial bei Methan 25mal so groß wie bei CO_2, beim Distickstoffoxid 298mal so hoch, und bei Fluorkohlenwasserstoffen sowie bei Schwefelhexafluorid zwischen 120mal bis 22.800mal so hoch wie bei CO_2 (vgl. Kannegiesser 2015, S. 18). Während CO_2 rund 100 Jahre in der Atmosphäre verbleibt, sind es bei Distickstoffoxid 120 Jahre und bei Fluorkohlenwasserstoffen bis 50.000 Jahre (vgl. Kannegiesser 2015, S. 18).

Die Tab. 3.2 zeigt am Beispiel des CO_2-Ausstoßes, welche ökologischen Auswirkungen unterschiedlichen Arten haben, den Urlaub zu verbringen.

Bei dieser Aufstellung ist allerdings zu bedenken, dass der CO_2-Ausstoß nur einen – und nicht mal den gravierendsten – Teil der anthropogenen, also von Menschen verur-

Tab. 3.2 CO_2-Ausstoß nach Urlaubsart. (Quellen: Dorsch 2016, S. 50; WWF 2009, S. 9)

Urlaubsform (Tage)	Touristischer Klima-Fussabdruck in CO_2-Ausstoss pro Person in kg					
	An- und Abreise	Unterkunft	Verpflegung	Aktivitäten vor Ort	Gesamt	Pro Tag
Strandurlaub Mallorca (14)	925	148	91	58	1221	87
	Flugzeug	Hotel	Vollpension	PKW, Motorboot, Squad		
Kultururlaub Südtirol (5)	63	80	55	18	261	43
	Reisebus	Hotel	7 warme Mahlzeiten	Bus, Schiff, Taxi		
A-Inclusive-Urlaub Mexiko (14)	6361	487	205	165	7218	515
	Flugzeug	Hotel	25 warme Mahlzeiten	Flug, Motorboot, Schiff		
Gesundheitsurlaub Allgäu (10)	105	110	73	5	297	29
	Bahn	Gasthof	17 warme Mahlzeiten	Mietwagen, Seilbahn		
Skiurlaub Vorarlberg (7)	296	85	32	10	422	60
	PKW	Pension	11 warme Mahlzeiten	PKW		
Mittelmeerkreuzfahrt (7)	685	439	79	21	1224	174
	Flugzeug	Kreuzfahrtschiff	11 warme Mahlzeiten	Landgänge		
Ferien zu Hause auf dem Balkon (14)	0	17	9	33	59	4
	–	Zu Hause	Selbstverpfl., Gaststätten	PKW		

sachten Umwelteinflüsse darstellt. Luftverschmutzung, Verschmutzung von Wasser und Land, Lärm, Elektrosmog und die Zerstörung von Ressourcen und Ökosystemen sind dabei nicht oder nur indirekt erfasst.

Aus Ansätzen in den 1970er-Jahren entstanden, hat sich seit den 1990er-Jahren die Methode der Ökobilanzierung rasant weiter entwickelt. Dabei werden einzelne Wirkungsketten identifiziert und eine Vielzahl von Inputs und Outputs auf verschiedene Wirkungen hin numerisch quantifiziert. In der vom Zentrum für Umweltwissenschaften in Leiden (CML) entwickelten Methode des SETAC Code of Practice werden folgende 15 Wirkungskategorien erfasst (vgl. Siegenthaler 2006, S. 124):

1. Erschöpfung abiotischer Ressourcen
2. Erschöpfung biotischer Ressourcen
3. Landbeanspruchung
4. Treibhauseffekt
5. Ozonabbau (in der Stratosphäre)
6. Humantoxizität
7. Aquatische Ökotoxizität
8. Terrestrische Ökotoxizität
9. Bildung von Fotooxidantien
10. Versauerung
11. Überdüngung (Eutrophierung)
12. Abwärme in Oberflächengewässern
13. Geruchsbelästigung
14. Lärm
15. Opfer (Tote und Kranke)

In der Folge haben andere Institutionen Kataloge mit ähnlichen Wirkungskategorien entwickelt. Entscheidend in der Praxis sind die Datenverfügbarkeit, aber auch politische Einschränkungen (z. B. in punkto Sicherheit) sowie Plausibilität des Kontextbezugs (vgl. Siegenthaler 2006, S. 127). Dabei wird versucht, sogenannte Wirkungsketten zu modellieren – wobei diese Wirkungsketten – „von der Emission bis zu den Schäden an Schutzobjekten" (Siegenthaler 2006, S. 135) – empirisch noch nicht ausreichend unterlegt sind. Aber in Bezug auf die Operationalisierung wurden bereits große Fortschritte erzielt.

Dabei stellt sich die Frage, welche strategischen Schlussfolgerungen sich aus Methoden der Ökobilanzierung ergeben. Wackernagel und Beyers (2010, S. 79 ff.) haben fünf grundsätzliche Lösungsansätze für den Umgang mit dem überdimensionierten ecological Footprint der Menschheit entwickelt:

1. Eine Verkleinerung der Weltbevölkerung: Damit würde die Gesamtmenge der beanspruchten Fläche reduziert.
2. Reduktion des Konsums von Gütern und Dienstleistungen: Dabei müssten die Menschen im Norden ihren Konsum verkleinern, die Menschen in den armen Ländern

könnten ihn sogar vergrößern. Wenn es stimmt, dass rund 80 % der auf den Markt gelangenden Güter nur gerade ein einziges Mal genutzt werden (vgl. Latouche 2015, S. 64), kann man sich vorstellen, was da für ein Sparpotenzial schlummert.

3. Verbesserung der Ressourceneffizienz, also eine Verringerung der für die Produktion von Gütern und Dienstleistungen benötigten Ressourcen.
4. Vergrößerung der produktiven Fläche: Durch die Fruchtbarmachung von Halbwüsten oder versalzten Böden könnte die Gesamtmenge der zur Verfügung stehenden Fläche vergrößert werden.
5. Steigerung der Produktivität pro Hektar: Damit sinkt ebenfalls die erforderliche Fläche.

Nach Meinung von Wackernagel und Beyers (2010, S. 110) müsste in Zukunft jedes Land genau überlegen, wie es mit seinen ökologischen Ressourcen umgehen will. Im Unterschied zu bisherigen Entwicklungskonzepten, in denen das Kapital als entscheidender Wachstumsfaktor galt, würden damit neu die ökologischen Ressourcen eines Landes dessen Wettbewerbsfähigkeit bestimmen. Allerdings ist zu bedenken, dass die Bilanzierung – auch die Ökobilanzierung – nicht einfach Bewertung ist (vgl. Karafyllis 2000, S. 207), sie ermöglicht vielmehr Vergleiche mit anderen.

Allerdings sind dabei längst nicht alle Vorschläge gleichermaßen brauchbar. So trifft es zwar zu, dass alles daran gesetzt werden sollte, den ökologischen Fußabdruck insbesondere in den reichen Ländern zu verringern. Aber ob dazu eine Umweltsteuer auf Transport und Verkehr (vgl. Latouche 2015, S. 109), eine Relokalisierung der produktiven Aktivitäten und ein Abbau der globalen Transporte (vgl. Latouche 2015, S. 110), eine Wiedereinführung bäuerlicher Landwirtschaft (vgl. Latouche 2015, S. 110), schwere Strafen für Werbeausgaben (vgl. Latouche 2015, S. 112) sowie ein Moratorium für technologische Innovationen (vgl. Latouche 2015, S. 113) optimale Wege sind, muss zumindest offen bleiben. Größere Chancen haben hier bestimmt Ideen wie die Verringerung der Arbeitszeit und Finanzierung der Arbeitszeitreduktion aus den Gewinnen, mehr Zeit nachzudenken, Abbau der Energieverschwendung und allgemeine Entschleunigung der Gesellschaften.

Ökologische Steuerreform
Im Grunde gehen Bemühungen, den Produktionsfaktor Arbeit steuerlich zu entlasten und den Produktionsfaktor „natürliche Ressourcen" stärker zu besteuern in die richtige Richtung. Dabei erfolgt ein dreifacher Effekt: Erstens entsteht eine starke finanzielle Motivation, mit den natürlichen Ressourcen sparsam umzugehen, zweitens sind Ökosteuern verursachergerecht und drittens werden die Löhne entlastet und damit werden die Unternehmen konkurrenzfähiger. Ideal wäre es, die Ökosteuern so zu staffeln, dass bei hohem Ressourcenverbrauch die Progression steigt, während bei einem sparsamen Ressourcenverbrauch ein tieferer Steuersatz zur Anwendung kommt. Damit kann ein zusätzlicher Spareffekt beim Ressourcenverbrauch erzielt werden. Gleichzeitig würden Unternehmen mit ökologisch „schlechter" Technologie bestraft und ökologisch innovative Unternehmen belohnt. Ob das durch einen Rückzahlungsmechanismus erfolgt (vgl. Meyer 2008,

S. 146), der branchenbezogen neutral bleibt – also bei technologisch veralteten Betrieben zu höheren Steuern führt – oder durch entsprechend sinkende (oder steigende) Steuersätze, ist eher eine Frage der Umsetzung.

Wie problematisch die steuerliche „Belohnung" einer „guten" Technik sein kann, zeigt etwa das Beispiel des Biosprits: Ursprünglich von Ökoaktivisten als innovative Lösung emporgejubelt und von grünen Politikern in Deutschland gefördert, lehnen heute viele Umweltorganisationen diesen Energieträger ab – so etwa Greenpeace (vgl. Neubacher 2012, S. 43) –, unter anderem, weil damit wertvolles Landwirtschaftsland für die Nahrungsmittelproduktion verloren geht. Gleichzeitig heizt die EU den Anbau von Mais (für Benzin) und Raps (für Diesel) mit üppigen Subventionen massiv an. So liegt etwa die durchschnittliche Hektarprämie für Bauern bei rund 340 EUR. Baut der Bauer aber Biospritpflanzen an, kommt er – laut Neubacher (2012, S. 45) – auf einen Umsatz von bis zu 3000 EUR pro Hektar.

Allerdings stellt sich die Frage, inwieweit die Unternehmen ihre Ökosteuern nicht einfach an den Endverbraucher weitergeben werden.

Dazu kommt das Problem, dass die ökologische Einstufung eines Betriebs nicht zu kompliziert und intransparent sein darf, weil sonst neue bürokratische Hürden entstehen, besonders auch für neue und kleine Firmen. Die Schwierigkeit liegt darin, dass die Ökoflüsse nicht so einfach quantifizierbar und damit berechenbar sind wie etwa die Gewinne eines Unternehmens. Sehr viel wird davon abhängen, ob es gelingen wird, ein einfaches Steuermodell zu entwickeln.

Vor welchen Schwierigkeiten ein Unternehmen steht, das versucht, sich nach ökologischen Kriterien umzustrukturieren, hat Bernd Meyer (2008, S. 148) treffend beschrieben: Zum einen ist zu bedenken,

dass in der Vergangenheit die Arbeitskosten permanent gestiegen sind, während die Rohstoffpreise zwar durchaus heftige Schwankungen in ihrem zeitlichen Ablauf aufweisen, aber zumindest bisher keine deutlich steigende Tendenz. Außerdem sind die Investitionsentscheidungen bei der Auswahl von Maschinen häufig dominiert von den Anschaffungskosten, währen die Betriebskosten über die gesamte Lebensspanne der Anlage nicht hinreichend beachtet werden. Häufig kennt das Management auch nicht alle technischen Alternativen und ihre Kostenimplikationen. Gelegentlich fehlt es an institutionellen Voraussetzungen für den Austausch von Informationen, was insbesondere auf kleinere Unternehmen zutrifft. Aus dieser Perspektive betrachtet sind die Märkte offenbar nicht in der Lage, den optimalen Ressourceneinsatz zu erreichen.

Dem ist allerdings entgegen zu halten, dass durch entsprechende Regelmechanismen – etwa durch den Staat – die Ressourceneffizienz verbessert werden kann, insbesondere, wenn dadurch klare wirtschaftliche Auswirkungen entstehen.

Schon eher problematisch ist der Einsatz von Subventionen für innovative Techniken, wie etwa Meyer (2008, S. 155) das vorschlägt. Subventionen tendieren dazu, gewachsene Strukturen künstlich aufrechtzuerhalten – wie etwa im landwirtschaftlichen Sektor nicht selten der Fall –, oder sie werden pauschal nach einfachen Kriterien festgelegt und nach dem Gießkannenprinzip verteilt. So gibt es zum Beispiel in der Schweiz eine Regelung, dass jeder Bauer pro Jahr eine Subvention von 45 Franken (also rund 42 EUR) für jeden Hochstammbaum bekommt (vgl. Fischer 2017, S. 21), mit der Begründung des Artenschutzes und der Biodiversität. Das führt dazu, dass viele Bauern kranke oder gar tote Hochstammbäume stehen lassen, um die Subvention weiterhin zu erhalten – ein eher absurdes Ergebnis! Das hat übrigens auch die schweizerische Regierung bemerkt, weshalb ab 2018 die Kriterien für den Erhalt der Subvention verschärft wurden.

Und gerade in Bezug auf Innovationen erfolgen die technologischen Änderungen dermaßen schnell, dass kein Gesetzgeber und keine Verwaltung diese Änderungen zeitgleich in die Subventionspraxis integrieren kann.

3.8   Health Literacy

> In der einen Hälfte des Lebens opfern wir unsere Gesundheit, um Geld zu erwerben. In der anderen Hälfte opfern wir Geld, um die Gesundheit wieder zu erlangen (Voltaire, zitiert nach Klein und Weller 2012, S. 105).

Gesundheit hat sehr viel mit dem Lebensstil zu tun. Eine nachhaltige Verbesserung der Gesundheit erfordert oft eine Änderung der Lebensweise. Verhaltensänderungen erfordern intrapersonelle und häufig auch soziale Ressourcen. Es bedarf

> spezifischer individueller Kompetenzen der Menschen, damit diese ihre Verhaltensmuster und andere Aspekte ihres Lebensstils in einem gesundheitsförderlichen Sinne gestalten können. Hierzu gehören vor allem das Wissen und die Fähigkeit im Umgang mit dem eigenen Körper, mit Gesundheit und Krankheit ebenso wie mit den gesundheitsprägenden sozialen Lebensbedingungen ... Der hierzu heute zunehmend verwendete Begriff der **Gesundheitskompetenz** *(health literacy)* umfasst in einem weiteren Sinn die individuellen Fähigkeiten, förderlich mit der Gesundheit umzugehen (Abel 2014, S. 150).

Ursprünglich wurde der Begriff der Health Literacy in den 1970er-Jahren vorwiegend in der schulischen Gesundheitserziehung verwendet, und zwar im Sinne von Bildung zu Gesundheitsfragen. Später kam das Konzept der Health Literacy vor allem in zwei Bereichen zur Anwendung: In der Entwicklungszusammenarbeit im Sinne von Erwachsenenbildung und Empowerment zu Gesundheitsfragen im Bereich des „community developments" und in der medizinischen Versorgung als individuenbezogener Ansatz zur Verbesserung des Patientenwissens (vgl. Abel et al. 2011, S. 337).

Hier müssten auch die Schulen und die Bildungssysteme vermehrt ansetzen: Nur wenn ein immer besseres Verständnis von Zusammenhängen der Lebens- und Arbeitssituation, des persönlichen Wohlbefindens und der Gesundheit entsteht, können die Menschen ihr Gesundheitsverhalten und damit ihr Leben besser steuern. Dabei geht es nicht darum, möglichst viel über einzelne Krankheiten oder Krankheitsbilder zu erfahren – dafür gibt es die medizinischen Spezialisten –, sondern um die allgemeinen und teilweise komplexen Wirkungszusammenhänge selbst gesteuerten Verhaltens und Gesundheit bzw. Krankheit.

Abel et al. (2011, S. 338) unterscheiden drei Formen von Health Literacy:

1. Funktionale Form: Gemeint ist das Verständnis gesundheitsrelevanter Informationen.
2. Interaktive Form: Dazu gehören kognitive und soziale Fähigkeiten zur Teilnahme am aktiven Leben, der Umgang mit Informationen und Kommunikation betreffend Gesundheitsverhalten im Alltag.
3. Kritische Form: Die Fähigkeit, gesundheitsrelevante Informationen kritisch zu analysieren und im Lebensalltag optimal zu nutzen, auch in Bezug auf eine gesunde Lebensführung.

Health Literacy erschöpft sich also nicht im Wissen um diese Zusammenhänge, sondern dieses Wissen muss auch in ein entsprechendes Verhalten umgesetzt werden (vgl. dazu auch Maio 2014, S. 142). Gesundheitskompetenz kann erlernt werden. Dabei müssten im Rahmen der verbesserten Gesundheitskompetenz nicht nur Steuerungsmöglichkeiten des eigenen Verhaltens erlernt und verbessert, sondern es müssten auch notwendige Änderungen im gesellschaftlichen, sozialen und ökologischen Umfeld thematisiert und gefördert werden.

Dazu gehört auch, dass – wie Maio (2014, S. 149) meint – anstelle eines rein rational-distanzierten Handelns des Arztes, das durch das heutige System gefördert wird und zweifellos auch seine Berechtigung hat, ein weiteres Element hinzukommen müsste: eine Art „Beziehungsmedizin" (Maio 2014, S. 149): „Der Kontakt des Arztes zum Patienten, das Gespräch mit ihm, ist nicht, wie häufig suggeriert, ein betriebswirtschaftlicher Luxus oder eine Störvariable, sondern es ist der Kern ärztlicher Tätigkeit. Denn nur das Gespräch ermöglicht am Ende eine Entscheidung darüber, was gut für den Patienten ist, und nur das Gespräch kann den Weg für das weitere Vorgehen bahnen". Und man müsste hinzufügen: Möglicherweise könnte eine stärkere Gesprächszentriertheit in der Allgemeinpraxis sogar auch dazu beitragen, hohe Folgekosten teurer Behandlungen zu vermeiden – was sowohl ökonomisch als auch ethisch erwünscht ist. Viele homöopathisch ausgerichtete Ärzte und ganzheitlich arbeitende Mediziner haben dies längst erkannt und in ihre Arbeitsweise integriert.

Rein statistische Kennzahlen als Steuerungsinstrumente ärztlichen Verhaltens sind problematisch:

> So sind zum Beispiel standardisierte Vorgaben wie eine untere oder obere Grenzverweildauer, also wie lange ein Patient in der Klinik bleibt, unangemessen; jeder Patient ist anders, und die Kompetenz des Arztes liegt in seiner Fähigkeit, das allgemeine Wissen auf das Individuum Patient zu übertragen. Je rigider die Vorgaben sind, desto mehr werden Ärzte gezwungen, ihre am Wohl des Patienten ausgerichtete Logik zu verlassen und nach medizinfremden Kriterien zu entscheiden (Maio 2014, S. 157).

Wie wir in Abschn. 2.5 gesehen haben, muss die Gesundheitskompetenz in Bezug auf schädigende Immissionen folgende Fähigkeiten beinhalten: Erstens Wissen über Ursachen und Auswirkungen von schädlichen Immissionen wie Lärm, elektromagnetische

Felder usw. Zweitens Kenntnis über Strategien und Verhaltensweisen, um die Immissionen entweder gar nicht entstehen zu lassen oder sie zu minimieren. Drittens Kompetenz zu entscheiden, ob die Auswirkungen überschätzt oder unterschätzt werden: Überschätzt werden sie durch Anbieter spezifischer – wirklicher oder angeblicher – Abwehrprodukte, wie z. B. Schallschutzgeräte, „Entstörungsgeräte" oder „Entstrahlungsgeräte". Unterschätzt werden sie durch Anbieter von an konkreten Leiden ansetzenden Präparaten, wie z. B. Kopfschmerzmittel, Blutdrucksenkern usw.

Dabei ist auch zu berücksichtigen, dass es ein „Menschenrecht auf Gesundheit" (Bielefeldt 2016, S. 48) gibt, wobei es sich dabei „um ein komplexes Recht" handelt:

> Genau besehen kombiniert es unterschiedliche Dichtegrade positiv-rechtlicher Verpflichtung des Staates und unterschiedliche Modi rechtlicher Durchsetzung. Während Staaten hinsichtlich der gebotenen diskriminierungsfreien Gewährleistung des Rechts auf Gesundheit wenig oder gar keinen legitimen Ermessensspielraum haben, können sie der Verpflichtung zur Weiterentwicklung des Gesundheitssystems auf unterschiedliche Weise nachgehen; hier ist ihr Ermessensspielraum vergleichsweise groß. Und während bestimmte Kerngehalte des Rechts auf Gesundheit justiziabel sind, also von den betroffenen Menschen eingeklagt werden könnten, unterliegen andere Aspekte lediglich einem allgemeinen Monitoring nach Gesichtspunkten von Transparenz, angemessener Prioritätensetzung und ‚accountybility'. Die unterschiedlichen Ebenen des Rechts auf Gesundheit gehören sachlich zusammen und müssen gleichwohl modal differenziert bleiben. Sonst drohen die komplementären Gefahren einer utopischen Überspannung, durch die der Rechtsanspruch seine Anwendbarkeit einbüßen würde, oder einer bloßen Festschreibung des gesundheitspolitischen Status quo, wodurch die Entwicklungsdynamik des Rechts auf Gesundheit verloren ginge (Bielefeldt 2016, S. 49).

Care-Ökonomie

Möglicherweise ein interessanter Analyse- und Handlungsansatz ergibt sich aus der Diskussion über die Care-Ökonomie.

„Care" kann im Deutschen mit den Begriffen Sorgen, Fürsorgen, Betreuen, Pflegen übersetzt werden (vgl. Chorus 2013, S. 13). „Care" kann als anthropologische Grund-Konstante angesehen werden. Zum Care-Bereich gehören Kinderbetreuung, Altenpflege, Begleitung und Betreuung von behinderten Personen. In der feministischen Diskussion hat der Care-Begriff in den letzten Jahren eine zunehmende Aufmerksamkeit erhalten, insbesondere von seiner Rolle in der sozialen Reproduktion und aus ökonomischer Sicht in Bezug auf unbezahlte und bezahlte Arbeit (Dienstleistungen). Dabei will die feministische Ökonomik „Care-Tätigkeiten als wesentliche Bestandteile der menschlichen Wohlfahrt sichtbar machen und … die ökonomische Theorie derart … modifizieren, dass sie Care-Arbeiten und Dynamiken der Care-Ökonomie erfassen und erklären kann" (Chorus 2013, S. 29).

Chorus (2013, S. 15) sieht eine zunehmende Privatisierung bisher öffentlicher Care-Bereiche, was einen doppelten Effekt bewirkt: Auf der einen Seite entstehen zunehmend private „Care-Märkte" – z. B. in Form privater Anbieter von Spitex-Leistungen (=Betreuungs- und Pflegeleistungen außerhalb der Spitäler), welche die bestehenden öffentlichen oder staatlichen Einrichtungen konkurrenzieren – und im schlechtesten Fall zu einem Lohndumping unter den Pflegenden führen. So kennen viele westeuropäische Länder – darunter Deutschland und die Schweiz – das Phänomen, dass ausländische Pflegende aus osteuropäischen oder außereuropäischen Ländern zu Tiefstlöhnen oder gar in Schwarzarbeit angestellt werden. Auf der anderen Seite werden viele Frauen – die immer noch den Löwenanteil der (unbezahlten) Pflege und der Care-Arbeit im privaten Bereich leisten – von Doppel- zu Dreifachbelasteten (Lohnarbeit, Kindererziehung und Betreuung von pflegebedürftigen Angehörigen). Dazu kommt, dass die private Pflege und Care-Arbeit gegenüber professioneller und bezahlter Care-Arbeit strukturell – also im Sozialversicherungsbereich – in vielen Ländern benachteiligt ist, so z. B. in der Schweiz, und teilweise unter dem Spardruck noch schlechter gestellt wird.

Die feministische Care-Forschung ist zum vernichtenden Ergebnis gekommen, „dass die gängigen ökonomischen Modelle nicht geeignet sind, die aktuellen Transformationsprozesse in der bezahlten und unbezahlten Care-Ökonomie angemessen zu verstehen und empirisch und theoretisch zu untersuchen" (Chorus 2013, S. 16). Dabei stehen insbesondere folgende Probleme im Zentrum: Die wesentlich auf zeit- und gefühlsintensiver Beziehungsarbeit beruhende Care-Ökonomie, die erst teilweise bestehende, aber zunehmende Monetarisierung der (meist von Frauen erbrachte) Care-Arbeit, der dadurch erfolgende Druck auf die professionellen Löhne, sowie die steigenden Opportunitätskosten der Care-Arbeit angesichts tendenziell steigender Löhne oder Einkommensaussichten weiblicher Arbeitskräfte auf den Arbeitsmärkten (vgl. Chorus 2013, S. 17).

Care-Arbeit ist immer Beziehungsarbeit (vgl. Chorus 2013, S. 35) – also eine Art oder ein Bestandteil von Arbeit, die in der klassischen Betriebswirtschafts- und Managementlehre häufig unterschätzt oder gar als „unproduktiv" abqualifiziert wird.

Ein besonderes Problem besteht laut Chorus (2013, S. 17) darin, dass sich die Produktivität zwischen zeitintensiver Care-Arbeit auf der einen und den hochproduktiven Sektoren auf der anderen Seite stark auseinander entwickelt, Chorus nennt diese Phänomen „divergierende Arbeitsproduktivität". Dabei stellt sich die Frage, ob die gängigen Formen der Messung von Produktivität (z. B. Vergleich Input/Output bzw. aufgewendete Arbeitszeit/bezahlter Preis der Dienstleistung) für die Care-Ökonomie überhaupt brauchbar sind. Denn geringerer Input – z. B. an Zeit oder Energie – führt in diesem Bereich automatisch zu einem geringeren Output, außerdem lässt sich die Qualität der Care-Arbeit letztlich erst langfristig messen (Outcome- statt Output-Orientierung).

Chorus (2013, S. 17) weist zu Recht darauf hin, dass in der Care-Ökonomie gesellschaftliches Kapital produziert wird, ohne das die Gesellschaft letztlich kollabieren würde. Dieses „nurturing capital" ist jedoch ungleich verteilt, und wer dazu Zugang besitzt ist eine Frage der individuellen Lebenslage bzw. „(Über-)Lebensmöglichkeiten" (Chorus 2013, S. 17) und damit auch eine Frage sozio-ökonomischer Ungleichheit.

All das zeigt ebenso wie die jüngsten Entwicklungen auf den Arbeitsmärkten, dass neue Modelle des Entgelts unbezahlter Arbeit und der Verteilung bezahlter Arbeit gefunden werden müssen. Das wachsende Angebot von Arbeitskraft auf globaler Ebene (vgl. dazu Jäggi 2016b, S. 53 ff. sowie S. 111 f.) lässt dies noch dringlicher erscheinen.

Chorus (2013, S. 52 ff.) spricht in Anlehnung an Marx von einer „Kommodifizie-rung" der Care-Arbeit: Das bedeutet, Care-Arbeit wird mehr und mehr zur Ware und damit monetarisiert. Ob es allerdings zutrifft, dass der Markt oder die kapitalistische Wirtschaft immer mehr – und letztlich alle – Bereiche menschlicher Arbeit seiner Logik unterwirft und damit zur (bezahlten) Ware macht, ist zu bezweifeln. So lagern immer mehr Firmen Tätigkeiten, die früher zu ihren Produktions- und Distributionsprozessen gehörten, an die Kunden aus: Kunden von Kreditkarten, aber auch Bezüger von Waren über den Versandhandel usw. müssen sich für jeden Anbieter und Bereich in ein eige-nes Kundenkonto einloggen, um die Rechnung zu öffnen, auszudrucken und zu beglei-chen. Ferien und Hotelaufenthalte werden heute von den Kunden direkt über Portale gebucht – früher eine Dienstleistung der Reisebüros. Abrechnungen mit Sozialversiche-rungen oder Privatversicherungen erfolgen heute online. Für Stellenbewerbungen, Gesu-che an Stiftungen, Steuererklärungen, Eingaben oder Auskünfte an Ämter, ja neuestens sogar für Fahrplanauskünfte (z. B. bei den Schweizerischen Bundesbahnen für interna-tionale Bahn-Verbindungen!) und vieles mehr müssen eigene Online-Formulare ausge-füllt oder gar Online-Konten eröffnet werden – alles mit großem Zeitaufwand für den Kunden bzw. Nachfrager – ganz zu schweigen vom entsprechenden Passwortsalat. Damit lagern die Anbieter immer mehr Abläufe an den Kunden aus, der dafür keine Mehrleis-tung bekommt, umgekehrt aber den Gewinn der Unternehmen erhöht, weil die Kosten für solche Abläufe an den Kunden abgeschoben werden. Das bedeutet, dass nur diejenige Arbeit oder diejenigen Prozesse „kommodifiziert" oder monetarisiert werden, an denen sich verdienen lässt und die flankierenden, Unkosten generierenden Arbeitsabläufe wer-den auf den Kunden überwälzt. Das gilt umso mehr, als viele Online-Aktivitäten – wie z. B. Online-Einkauf, eBanking, ePublishing von Zeitungen usw. – nicht oder nur teil-weise kostendeckend sind.

Von daher ist das alte Marx'sche Paradigma zu bezweifeln, wonach der Widerspruch aus der immer umfassenderen Unterwerfung menschlicher Arbeit unter den Markt, bzw. die Zuschreibung von Warencharakter („Kommodifizierung") an die Arbeit einer-seits und die Abschiebung unproduktiver – oder Kosten generierender – Arbeitsabläufe an den Kunden – letztlich das kapitalistische Produktionssystem kollabieren lässt (vgl. Chorus 2013, S. 51). Vielmehr dürfte es so sein, dass die profitablen und auf dem Markt verwertbaren Arbeitsabläufe und -prozesse kommerzialisiert werden und die nicht oder noch nicht gewinnbringenden Arbeiten an Dritte abgeschoben werden. Der Markt ist ein „lernendes System", und es ist dem Kapitalismus – trotz aller anderslautenden Prophezei-ungen – immer wieder gelungen, bestehende Widersprüche zu überwinden und zu integ-rieren. Totgesagte leben länger – und die Märkte sind so dynamisch wie kaum je zuvor.

Das eigentliche Problem liegt anderswo: Wie Ulrich Beck (1986, S. 27 ff., 132 ff. sowie vor allem S. 206 ff.) schon vor dreißig Jahren treffend feststellte, werden heute Risiken – und man müsste ergänzen: gesellschaftliche Kosten – mehr und mehr an das Individuum ausgelagert, das die Folgen und die Kosten tragen muss, wobei mittragende soziale Subsysteme oder Verwandtschaftsnetze mehr und mehr verloren gehen. Irgend-wann werden die Individuen und die Kernfamilien nicht mehr in der Lage sein, all die an sie ausgelagerten Kosten und Risiken zu tragen. Hier besteht die eigentliche Gefahr für die heutige Marktwirtschaft: Sinkende Löhne, wachsende Armut und fehlende soziale Absicherung auch in hoch entwickelten Ländern entziehen einer wachsenden Zahl Dienstleistungen und Produkte nachfragenden Konsumenten die notwendigen Ressourcen, um überhaupt als Nachfrager auf dem Markt auftreten zu können.

Nur eine Ausweitung demonetarisierter Bereiche und Arbeitsfelder kann dem langfristig entgegenwirken.

Mögliche Modelle könnten dabei sein:

- Ein für alle Menschen obligatorischer Sozialdienst im Sinne einer bestimmten, im Verlauf des Lebens zu leistenden Zahl an unbezahlten Arbeitsstunden für die Allgemeinheit (ähnlich wie der obligatorische Militärdienst im Milizsystem, freiwillige Feuerwehren usw.).
- Als Entgelt ein zeitlich definierter Anspruch auf unbezahlte Care-Leistungen im Verlauf des Lebens.
- Denkbar wäre auch, dass ein Teil des Anspruchs auf unbezahlte Care-Leistungen auf andere Personen transferiert werden könnte (z. B. bei frühzeitigem Todesfall), ähnlich wie die Vererbung von materiellem Eigentum.
- Arbeits- oder erwerbslose Personen könnten – als Ausgleich oder Kompensation zur nicht vorhandenen bezahlten Arbeit – ein Guthaben an von ihnen geleisteter Care-Arbeit ansammeln und dieses allenfalls gegen Entgelt an Dritte übertragen.

Solche Arbeits- und Arbeitszeitmodelle tragen auch der Tatsache Rechnung, dass Care-Arbeit kurzfristig immer asymmetrisch ist: „Alle Menschen brauchen irgendwann einmal Care und können sich die Bedingungen, unter denen ihnen Care zuteil wird, nicht aussuchen" (Chorus 2013, S. 36). Allerdings kann man Care-Arbeit auch längerfristig betrachten, und so gesehen wird die Care-Arbeit und der Care-Bedarf wieder symmetrisch: Die Menschen brauchen zu bestimmten Zeiten – z. B. als Kleinkinder, als Pflegebedürftige, im hohen Alter usw. – Care-Leistungen, während sie zu anderen Zeiten solche Leistungen erbringen und erbringen können – z. B. Betreuungsaufgaben, Kindererziehung, Pflege von Kranken in der Familie, Begleitung von Schwerkranken und Sterbenden. Diese langfristige Ausgleichsbeziehung sollte auch institutionell abgestützt und ökonomisch abgegolten werden.

3.9   Innovationen

Innovationen – besonders auch im gesellschaftlichen Sinn – können vieles sein: eine Tat, ein Ereignis, eine Qualität, ein Zustand oder ein Prozess. Mario Weiss (2016, S. 12) hat Innovationen definiert als „neue Lösungen für menschliche Probleme und Bedürfnisse", wobei „erst die Akzeptanz durch die Menschen … aus einer Idee oder Erfindung eine Innovation [macht]". Joseph Schumpeter (2010) hat den Innovationsbegriff in die

Wirtschaftswissenschaften eingeführt und Innovationen als willentlichen, gezielten Veränderungsprozess zu etwas Erstmaligem, etwa Neuem bezeichnet (vgl. Weiss 2016, S. 12). Dabei können Innovationen auf sehr vielen Ebenen und in den verschiedensten Bereichen stattfinden. So etwa bei Produkten und Dienstleistungen, bei Prozessen, in Strukturen oder Systemen, in Form von Geschäftsmodellen oder Organisationsformen – also etwas überspritzt gesagt: Innovationen sind überall und immer möglich.

Dabei zeichnen sich tiefe Innovationen meist dadurch aus, dass sie nicht einfach eine lineare Fortführung bisheriger Erfahrungen sind. Viele Menschen – und Kunden – können sich neue Produkte nur als Fortsetzung bisheriger Produkte vorstellen: „Wenn ich meine Kunden gefragt hätte, was sie sich wünschen, hätten sie geantwortet: ein schnelleres Pferd" (Henry Ford, zitiert nach Schutkin 2015, S. 81). Zu Recht forderte Schutkin (2015, S. 82), dass die Unternehmer die Verantwortung für das Neue nicht einfach auf die Kunden abschieben sollten. Das gilt besonders auch für die praktische Anwendung neuer Produkte. Zur Einführung neuer, innovativer Produkte gehört auch die entsprechende Information – und Schulung! – der Kunden. Wenn man allerdings die Anwendungsbeschriebe vieler elektronischer Geräte, oder deren Programmierung bzw. Anwender-Oberfläche ansieht, drängt sich manchmal der Eindruck auf, dass viele Hersteller noch nie etwas von Anwenderfreundlichkeit oder Eingehen auf Kundenbedürfnisse gehört haben.

Allerdings sollte man sich davor hüten – wie das in der Politik immer wieder anzutreffen ist –, Innovationen einseitig mit der Schaffung von Arbeitsplätzen gleichzusetzen. Wie Huo (2015, S. 84) zu Recht betont hat, können Innovationen sowohl Arbeitsplätze schaffen als auch Arbeitsplätze zerstören. So vertritt Huo (2015, S. 84 sowie S. 95) die These, dass Produktinnovationen eher Jobs generieren, während Prozessinnovationen eher Arbeitsplätze zerstören. Letzteres, weil Prozessinnovationen die Produktivität der Arbeitskraft erhöhen und damit Kosten sparen. Laut Huo (2015, S. 104) ist außerdem die Art der vorherrschenden Innovationen abhängig vom Typ des jeweiligen Kapitalismus. Während „strategisch ausgerichtete kapitalistische Volkswirtschaften" („strategically coordinated capitalism") das Gewicht auf Prozessinnovationen legen, konzentrierten sich liberale Marktwirtschaften („liberal market capitalism") auf Produkteinnovationen. Es ist allerdings die Frage, ob diese Unterscheidung empirisch dermaßen klar ist. Denn auch Produkteinnovationen können zu Arbeitsplatzverlusten führen, etwa wenn bisherige Arbeitsfelder wegfallen.

Damit stellt sich – wie immer! – die Frage, welche Art von Innovation abläuft und welche Innovationstypen gefördert werden sollten.

Die Ökonominnen und Ökonomen des linken Think Tanks „Denknetz" in der Schweiz haben darauf hingewiesen, dass sich in den letzten Jahrzehnten die Investitionsquote umgekehrt proportional zur Profitquote entwickelt hat. Wenn mit Investitionsquote die realen Investitionen im Verhältnis zum Bruttoinlandprodukt und mit Profitquote die Profite im Verhältnis zum Bruttoinlandprodukt gemeint sind (vgl. Gallusser et al. 2013, S. 20), zeigt sich das in Abb. 3.3 dargestellte Bild.

Während die Profitquote von 1975–2005 im EU-Raum anstieg, ging die Investitionsquote im gleichen Zeitraum deutlich zurück. Das bedeutet zweierlei: Auf der einen Seite

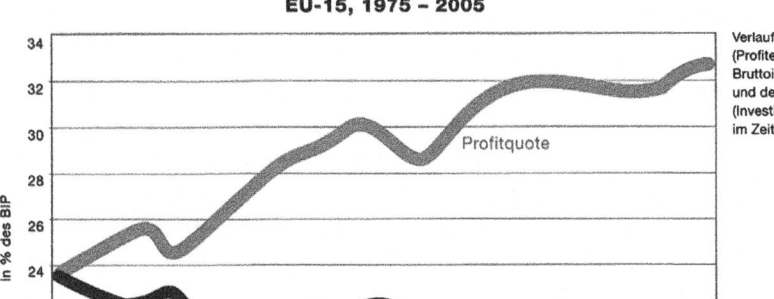

Abb. 3.3 Profit- und Investitionsquote. (Quelle: Gallusser et al. 2013, S. 20; urspr. Huffschmid et al. 2007, S. 19)

fließt Geld dorthin – insbesondere in den Finanzbereich –, wo hohe und oft spekulative Profite gemacht werden können, die aber zumeist nicht an einen entsprechenden Aufbau von – materiellen oder ideellen – Gegenwerten gekoppelt sind. Im Zentrum stehen kurzfristige Gewinne, die jedoch nicht zu einer nachhaltigen Entwicklung von Gesellschaft und Wirtschaft führen, sondern im Gegenteil zu einer immer riskanteren und rücksichtsloseren Ausbeutung naturlicher und menschlicher Ressourcen. Auf der anderen Seite entsteht so ein ungeheurer Überhang an (mehr oder weniger) flüssigen Geldmitteln, die neue und immer spekulativere Anlagemöglichkeiten suchen. Gallusser et al. (2013, S. 20) schreiben dazu: „Die Folgen der Schere zwischen Profiten und realen Investitionen sind auf Dauer verheerend. Spekulationsblasen entstehen in immer rascherer Reihenfolge". Paradoxerweise sinken trotz wachsendem Überhang von Geld – was im Sinne der klassischen ökonomischen Theorien eigentlich zu Inflation, also zu steigenden Preisen, führen müsste – die Preise in vielen Bereichen, so etwa im Elektronik- und PC-Bereich. Gallusser et al. (2013, S. 21) erklären das mit den immer kostengünstigeren Fertigungsmöglichkeiten in der Industrie. Dazu kommt, dass sich viele sozial sinnvolle Investitionen – wie Schulen, Kindertagesstätten, Pflegeeinrichtungen usw. – nur unter Einschränkungen profitabel führen lassen – weshalb es nur zu einer beschränkten Investitionstätigkeit privaten Kapitals kommt – es sei denn, die entsprechenden Angebote werden qualitativ so schlecht oder die Löhne so tief gedrückt, dass die entsprechende Institution für Investoren wieder interessant wird. Hier kommen Konzepte der Private Public Partnership an ihre Grenzen.

Das hat durchaus auch politische Auswirkungen. So lehnten am 12. Februar 2017 die Schweizer Stimmbürgerinnen und Stimmbürger die sogenannte Unternehmenssteuerreform III ab. Die Vorlage war von der schweizerischen Regierung auf Druck des Auslandes und insbesondere der OECD und der EU gegen die Steuerprivilegien in der Schweiz für internationale Holdinggesellschaften, die tiefer sind als die Steuern für vergleichbare schweizerische Unternehmen, aufgegleist worden. Die Vorlage hatte die Unternehmenssteuern für schweizerische Unternehmen massiv senken wollen. Doch die Stimmbürger hatten sehr wohl erkannt, dass – und das vor dem Hintergrund der laufenden, massiven Sparpraxis im Bildungsbereich und im Sozialbereich! – damit die Unternehmen gegenüber den individuellen Steuerzahlern erneut und zusätzlich privilegiert werden sollten. Deshalb wurde die Vorlage sehr deutlich, mit rund 59,1 % abgelehnt (vgl. Amrein 2017, S. 9) – was in einem traditionell unternehmensfreundlichen und rechtsbürgerlichen Land wie der Schweiz doch erstaunlich ist. Zweifellos wird der schweizerische Bundesrat nun eine andere Lösung für eine Unternehmensbesteuerung suchen müssen, welche – so wie von OECD und EU verlangt und von der Schweiz bereits 2014 zugesichert (vgl. Höltschi 2017, S. 10) – nicht mehr wie bisher ausländische Firmen gegenüber einheimischen Unternehmen privilegiert.

Die Auseinander-Entwicklung von Profitquote und Investitionsquote drückt außerdem einen Zusammenhang aus, den Urs Marti (2009, S. 181) als „Diskreditierung des Wissens" durch die Märkte bezeichnet hat. Was ist damit gemeint? Nach Meinung vieler Ökonomen generieren Märkte „ein implizites Wissen, das der rationalen Reflexion der Politik überlegen ist. Weil Märkte so viel wissen, können sie auch fast alles selbst tun: sich organisieren, sich transformieren, sich regulieren" (Marti 2009, S. 181). Dabei werde jede Einmischung des Staates zu Regulierungszwecken, aber auch jede wissenschaftliche Erkenntnis als Störfaktor erlebt, welche die Märkte nur schwächten. Wie aber Marti (2009, S. 181) zu Recht moniert, wird das „Marktwissen" vor allem von den großen Marktakteuren genutzt – im Sinne ihrer Partikularinteressen, aber nicht für das Gemeinwohl. Gleichzeitig – so die These von Marti (2009, S. 182) – zerstöre diese Diskreditierung von Wissen, das nicht von den Märkten selber erzeugt wird, die Demokratie. So würden weitreichende Entscheidungen von Unternehmen mit weitreichenden Folgen für die Lebens- und Arbeitsbedingungen vieler durch Markt-Glaubenssätze getroffen, denen heute ein ähnlicher Unfehlbarkeitsanspruch zugesprochen werde wie früher der Fähigkeit der Priester, den Willen Gottes zu kennen und durchzusetzen. Dass diese These durchaus etwas für sich hat, beweist etwa die Tatsache, dass in den meisten Fällen, in denen ein Betrieb Entlassungen ankündigt – vor allem solche im großen Rahmen –, die Börsenkurse seiner Aktien steigen, schließlich werden ja die gewinnfressenden Kosten damit sinken.

Doch welche möglichen Antworten auf diese Entwicklung gibt es? Die Lösungsvorschläge der Denknetz-Leute sind nicht alle gleichermaßen überzeugend: Sie nennen folgende Möglichkeiten: Erhöhung der Lohnquote, die Umverteilung der verfügbaren Finanzvermögen, Einflussnahme auf Investitionsentscheide privater Kapitalbesitzer, die Sozialisierung von Unternehmen sowie eine Entkommerzialisierung des Ökonomischen. Während eine Erhöhung der Lohnquote auch heißen kann, mehr zu arbeiten – und das kann doch wohl nicht die Lösung sein! –, ist der Weg der Umverteilung von Vermögen – aber nicht nur Geldvermögen! – sinnvoll (vgl. dazu auch Jäggi 2016b, S. 102 ff. und S. 119 ff.). Eine Beeinflussung von Investitionsentscheiden ist gut durch staatliche

Anreize und Fördermaßnahmen möglich. Dagegen liegt die Lösung kaum in einer „Sozialisierung" von Unternehmen, das hat die Geschichte des Realsozialismus doch wohl klar gezeigt. Und was eine „Entkommerzialisierung des Ökonomischen" bedeutet oder sein könnte, müsste zuerst einmal diskutiert und geklärt werden.

Dabei muss auch – wie Rogall (2015, S. 634) meint – in Zukunft „auf Steuersenkungen verzichtet und die Staatsquote auf höherem Niveau stabilisiert werden".

Wenn es stimmt – wie Rogall (2015, S. 630) meint –, dass sich eine nachhaltige Marktwirtschaft in den nächsten 20 bis 30 Jahren von der „Illusion" der Vollbeschäftigung lösen, die vorhandene Arbeit in Form von Teilzeitarbeit auf alle verteilen und damit auf 20 bis 33 h pro Woche reduzieren sowie in Form von „Arbeitskonten, in denen Überstunden angesammelt und wieder abgebaut statt bezahlt werden" (Rogall 2015, S. 636) die Arbeit zeitlich flexibilisieren muss, dann steht der Arbeitsmarkt in allen Ländern vor einem gewaltigen Umbau, dessen Auswirkungen noch kaum abzusehen sind.

Ökonomisch wie gesellschaftlich macht es zweifellos Sinn, in ein besseres Innovationsmanagement zu investieren. Das gilt zuerst einmal auf der Ebene der Unternehmen.

Olaf Böhme (2011, S. 43) hat drei Forderungen für Unternehmen formuliert, die innovatorisch führend werden oder bleiben wollen:

- Gebührende Anerkennung für Geist- bzw. Ideen-Kapital,
- Förderung der inneren Bereitschaft aller Mitarbeitenden, kreativ zu denken und zu handeln, sowie
- Betreibung einer aktiven Ideen-Politik und Ideen-Pflege auf allen Ebenen.

Dazu müssen unter anderem kreative Freiräume geschaffen und auch die notwendigen (finanziellen) Mittel zur Verfügung gestellt werden.

Allerdings ist zu bedenken, dass zwischen der Entwicklung einer innovativen Idee und deren Marktreife unter Umständen Jahrzehnte liegen können. So wurde etwa der Airbag im Auto bereits 1951 als Patent angemeldet, doch die wirtschaftliche Nutzung begann erst 20 Jahre später (vgl. Dietzsch 2011, S. 64 f.). Katja Gentinetta (2011, S. 71) hat zu Recht darauf hingewiesen, dass sich Innovation und Unternehmertum nicht trennen lassen. Dabei ist die auf Schumpeter zurückgehende Unterscheidung von Invention (=Erfindung) und Innovation von Bedeutung: Für Schumpeter wurde eine Invention erst dann zur Innovation, wenn sie sich auf dem Markt durchsetzen ließ (vgl. Gentinetta 2011, S. 71).

Im Rahmen von Laborexperimenten hat Nils Stieglitz (2014, S. 28) untersucht, wie Menschen neue Produkte entwickeln. Dabei hat sich herausgestellt, dass es zwei grundsätzlich unterschiedliche Vorgehensweisen in der Entwicklung neuer Produkte gibt: Entweder eine schrittweise, graduelle Produktverbesserung oder ein radikales Redesign eines Produktes. Dabei stellte sich heraus, dass am Anfang eines Such- und Innovationsprozesses radikale Änderungen an einem Produkt am erfolgversprechendsten sind. Später sind dann die Innovationschancen im Markt am größten, wenn dann sukzessive an der Verbesserung der Produktequalität eines bestehenden Produkts gearbeitet wird.

Allerdings meint Stieglitz (2014, S. 28): „Statt entweder auf radikale oder graduelle Innovationen zu setzen, resultiert Erfolg oft durch eine Kombination der beiden Entwicklungsprozesse: Die Teilnehmer im Experiment waren dann erfolgreich, wenn sie zu Beginn mit radikalen Veränderungen experimentierten und dann ein gutes Design stetig durch gezielte Veränderungen weniger Produkteeigenschaften verbesserten. Denselben Zusammenhang kann man bei Apple beobachten: Seit der Markteinführung des iPhone im Jahr 2007 hat das Unternehmen das Produkt kontinuierlich verbessert, etwa durch Bildschirme mit höherer Auflösung, mehr Speicherkapazität und schnelleren Prozessoren. Was sich allerdings nicht geändert hat, ist die grundsätzliche Designarchitektur des Smartphones". Interessant ist auch, dass revolutionär neue Geschäftsmodelle und Produkte sich oft als schlecht erweisen. Umgekehrt erhöhen Misserfolge die Bereitschaft zu radikalen Änderungen (vgl. Stieglitz 2014, S. 28).

Studien haben gezeigt, dass durch ein exzellentes Innovationsmanagement eine durchschnittliche Umsatzsteigerung von 13,5 % erreicht werden kann, und bei besonders innovativen Unternehmen kann die potenzielle Umsatzsteigerung bis mehr als 50 % betragen (vgl. Moos 2015, S. 31). So gesehen lohnt sich die systematische Förderung von Innovationen zweifellos für den betreffenden Betrieb.

Doch welche Faktoren fördern außer Kreativität die Innovationsfähigkeit eines Betriebs? Die internationale Forschung hat gezeigt, dass organisationsinterne, psychosoziale und kulturelle Aspekte wichtig sind, also die Unternehmenskultur, die Qualität der Kommunikations- und Führungsprozesse, Vertrauen und Respekt, Identifikation mit dem Unternehmen sowie lernfördernde und selbstbestimmte Tätigkeiten (vgl. Schumacher 2015, S. 37). Diese „weichen" Faktoren werden von der Unternehmensleitung nicht selten unterschätzt.

Unter anderem folgende Betriebsmerkmale fördern die Innovationskraft eines Unternehmens (vgl. Schumacher 2015, S. 40 f.):

• Flache Hierarchien und dezentrale Entscheidungskompetenzen,
• Geringe Standardisierung und Formalisierung,
• Unkomplizierter Zugang zu Innovationsträgern wie Universitäten oder Hochschulen,
• Einbindung in regionale Innovationscluster,
• Positive Fehlerkultur,
• Vertrauens- statt Misstrauenskultur,
• Fachkompetenz und nicht Status für Problemlösungen entscheidend,
• Mitarbeiterorientierter Führungsstil,
• Risikobereitschaft.

Doch wann erhalten einzelne Innovationen den Charakter einer Basisinnovation mit gesamtgesellschaftlicher Bedeutung? Innovationen können in der Regel erst ex post – also nachträglich – danach beurteilt werden, ob sie als Basisinnovation einen wirtschaftlichen oder gesellschaftlichen Strukturwandel bewirkt haben. Damit eine Innovation zu einer Basisinnovation wird, müssen drei Bedingungen erfüllt sein:

1. Die betreffende Innovation stellt „ein Bündel miteinander vernetzter Technologien [dar], die dazu in der Lage sind, Geschwindigkeit und Richtung des Innovationsgeschehens zu bestimmen" (Moos 2015, S. 25);
2. die betreffende Innovation spielt über Jahre oder Jahrzehnte die Rolle einer Lokomotive für die gesamte Wirtschaft und beeinflusst damit das gesamte Wirtschaftswachstum;
3. die Innovation bewirkt oder führt zu einer Reorganisation wesentlicher Teile der Gesellschaft (vgl. Moos 2015, S. 25).

Dabei zeichnen sich Basisinnovationen dadurch aus, dass sie Tausende oder Millionen neuer Arbeitsplätze generieren und zu Prozess- und Produktionsverbesserungen führen (vgl. Moos 2015, S. 25). Allerdings – und das ist die andere Seite – führen Basisinnovationen oft auch zum Verlust und zur Zerstörung bestehender Arbeitsplätze.

Bildungskonto
Eine wichtige Voraussetzung für die Entwicklung technischer, sozialer und wirtschaftlicher Innovationen ist die Bildung – und zwar breite Bildung für alle und vertiefte Bildung für spezifische Ansprechgruppen.

Dazu kommt, dass – wie wir in Kapitel Abschn. 2.5 gesehen haben – bessere Bildung und/oder höhere Einkommen mit steigender Gesundheit korrelieren, ja wahrscheinlich ursächlich zu einer Zunahme der Gesundheit führen. Leider fehlen bisher weitgehend Untersuchungen über die Frage, welche Art der Bildung zu größerer Gesundheit führen kann.

Allerdings ist es mit der zunehmenden Ökonomisierung der Bildung in jüngster Zeit verstärkt zu finanziellen und ökonomischen Engpässen im Bildungsbereich gekommen: Staatliche Sparmaßnahmen, sich verteuernde Aus- und Weiterbildungsangebote privater und staatlicher Bildungsanbieter und die globale Kommerzialisierung der Bildung treffen auf abnehmende finanzielle Ressourcen privater Bildungsnachfrager und geringere Zahlungsbereitschaft von Unternehmen.

Durch diese Entwicklungen wird das Recht auf Aus- und Weiterbildung zunehmend infrage gestellt.

Diese Entwicklung zeigt etwa das Beispiel Großbritanniens: Am 9. Dezember 2010 beschloss das britische Unterhaus, die Studiengebühren massiv zu erhöhen. Danach konnten die Universitäten bis zu 9000 Pfund pro Studienjahr (bis 10.500 EUR oder 14.000 Schweizer Franken) verlangen. Wenn man bedenkt, dass bis 1998 die Studierenden an den Universitäten keine Studiengebühren zahlen mussten, lässt sich der seither erfolgte Paradigmenwechsel abschätzen. In den 1980er- und 1990er-Jahren strömten immer mehr Jugendliche an die Universitäten, und das bisherige Finanzierungsmodell gelangte an seine Grenzen. Nachdem 1997 Tony Blair Premierminister wurde, übernahm er das konservative Modell einer „einheitlichen Studiengebühr von etwa 25 % der durchschnittlichen Kosten der Hochschulbildung" (Nowell-Smith 2011, S. 16), was damals rund 1000 Pfund entsprach. Während aber der Entwurf der konservativen Regierung noch vorgesehen hatte, die Gebühr am Ende des Studiums in Rechnung zu stellen, beschloss nun die Regierung, das Geld gleich bei Studienbeginn einzutreiben. 2004 führte dann die Labour-Regierung eine Beihilfe für Bedürftige ein und verschob das Eintreiben der Gebühr wieder an das Ende des Studiums. Ab sofort durften die Universitäten jedoch eine „flexible Gebühr" bis zu 3000 Pfund (damals 4285 EUR) verlangen. Das umstrittene Gesetz passierte die Abstimmung mit einer Mehrheit von nur gerade 5 Stimmen.

Nach dem 9. Dezember 2010 trat dann eine Regelung in Kraft, wonach die Lehre nicht mehr über Steuern, sondern ausschließlich über die Studiengebühren finanziert wurde. Die Universitäten wurden ermächtigt, Studiengebühren von 6000 bis 9000 Pfund zu verlangen, wobei die Gebühr erst nach Studienabschluss bezahlt wird. Das Mindesteinkommen, ab welchem die Rückzahlung fällig wird, wurde von ursprünglich 15.000 Pfund auf 21.000 Pfund angehoben. Bis zu einem Einkommen von 21.000 Pfund werden Zinsen nur in Höhe der Inflationsrate erhoben. Bei Einkommen über 21.000 Pfund steigen die Zinsen an. Schulden, die während 30 Jahren nicht zurück bezahlt werden können, werden erlassen (Nowell-Smith 2011, S. 16). Damit wurde das bisher öffentliche Hochschulsystem faktisch zu einem System umgebaut, das über private Gebühren und ein staatliches Darlehenssystem finanziert wird. Das bedeutet, dass die Hochschulbildung von einem freien Gut zu einem privaten Gut umfunktioniert wurde, das individuell finanziert und bezahlt werden muss.

Auf den ersten Blick mag es erstaunen, dass in einer volkswirtschaftlichen Reflexion zu ökologischen Fragestellungen Bildung thematisiert wird. Der Ökonom Stefan C. Wolter (2013, S. 229–232) begründete die volkswirtschaftliche Bedeutung der Bildung wie folgt: Erstens bedeutet Chancen*un*gleichheit im Bildungsbereich, dass Menschen ihr Bildungspotenzial nicht ausschöpfen und entsprechend ökonomisches Potenzial – z. B. in Form von Produktivität – verloren geht. Laut Wolter (2013, S. 229) führt „Diskriminierung beim Zugang zur Bildung oder auch bei der Bildungsqualität … fast automatisch zu ökonomischen Verlusten". Zweitens – so Wolter (2013, S. 230) – sind Ungerechtigkeiten im Bildungswesen nicht zufällig verteilt, sondern treffen weniger begabte Menschen stärker. Deshalb sind Gesellschaften mit ungleichen Bildungschancen in der Regel auch Gesellschaften mit ungleicher Verteilung von Erwerbschancen, Einkommen und Vermögen. Drittens meint Wolter (2013, S. 231), dass wirtschaftliche Ungleichheit nicht nur die Folge, sondern auch die Ursache von Chancenungleichheit in der Bildung sein kann. Umgekehrt gehen wirtschaftliche Prosperität und gute Bildungsangebote meist Hand in Hand. Dieser Zusammenhang zeigt sich etwa auch darin, dass Wohnorte mit hohen Immobilienpreisen meist auch über gute Schulen verfügen – und umgekehrt. Aus all diesen Gründen und Zusammenhängen ist Bildung und das Postulat nach Chancengleichheit auch ein zentrales Anliegen der Volkswirtschaft.

Amartya Sen (2003, S. 55–57) verweist in seinen Untersuchungen auf die Tatsache, dass alle jene Länder Asiens, die über ein gutes Bildungssystem verfügten, viel leichter einen wirtschaftlichen „Takeoff" erlebten als andere: So hatte Japan sogar zur Zeit der Meiji-Restauration Mitte des 19. Jahrhunderts eine höhere Alphabetisierungsquote vorzuweisen als viele europäische Länder, die seit Jahrzehnten in einem Industrialisierungsprozess standen. Auch China verfügte vor seinem rasanten wirtschaftlichen Aufschwung nach 1979 über ein hervorragendes Bildungssystem:

Obwohl China vor dem Reformkurs ein tiefes Misstrauen gegen den freien Markt hegte, richtete sich seine Skepsis nicht auf das Bildungswesen und ein engmaschiges Gesundheitsnetz. Als China sich 1979 der Marktwirtschaft zuwandte, war die Bevölkerung weitgehend alphabetisiert, insbesondere die Jungen, denen in den meisten Regionen gute Schulen zur Verfügung standen. In dieser Hinsicht stand China nicht weit hinter dem Bildungsstand in Südkorea und Taiwan zurück, wo eine gebildete Bevölkerung ebenfalls eine große Rolle dabei spielte, die durch die Marktwirtschaft gebotenen wirtschaftlichen Chancen zu ergreifen (Sen 2003, S. 57).

Ein Gegenbeispiel war Indien, in dem die Hälfte der Bevölkerung zum Zeitpunkt, als sich das Land für die Marktwirtschaft entschied – nämlich 1991 – weder lesen noch schreiben konnte, und laut Sen hat sich daran auch nach der Jahrtausendwende nicht viel geändert (vgl. Sen 2003, S. 57).

Doch der Zusammenhang von Bildung und wirtschaftlichem Wachstum gilt auch in den hoch entwickelten Ländern. Ein gutes Bildungssystem führt zu erhöhtem wirtschaftlichem Wachstum. So hält der Bildungsökonom Ludger Wössmann (2015, S. 29) klipp und klar fest:

Je besser die Bildungsleistungen, desto höher das Wachstum". Würde ein Land eine Bildungsleistungen um 25 Pisa-Punkte verbessern – so wie Deutschland oder Polen in den vergangenen Jahrzehnten – würde das zu einem zusätzlichen Wirtschaftswachstum von ungefähr 0,5 % führen. Selbst wenn man andere Faktoren einbezieht, wie etwa Offenheit für den internationalen Handel, Eigentumssicherheit oder Kapital, bleibt der Einfluss der Bildungsleistungen auf das Wirtschaftswachstum bestehen. Ja, Wössmann (2015, S. 29) spricht sogar von einem „ursächlichen Effekt höherer Bildungsleistungen auf das Wachstum.

Gerade wenn Martis Diskreditierungsthese des außermarktlichen Wissens stimmt, sollte unabhängige Bildung als Rohstoff und Grundlage für gesellschaftliche Innovation, aber auch als Treibstoff für die Demokratie verstanden werden – insbesondere gegen Halbwahrheiten egal welcher Art, gegen Ideologisierung von Grundhaltungen und nicht zuletzt gegen populistische Verzerrungen gesellschaftlicher Wahrheiten.

Pierre Bourdieu (1982, 1983) hat darauf hingewiesen, dass das Bildungssystem und die Schulen in der Regel die bestehenden sozialen Gruppen und Klassen reproduzieren. Die Schulen vermitteln Werte der Oberschichten und der oberen Mittelschichten. Bildungsinhalte sind „hochkulturelles Kapital" und werden in Form von Universitätsabschlüssen formalisiert und von Generation zu Generation weitergegeben. Bekanntlich unterscheidet Bourdieu vier Formen von Kapital: ökonomisches Kapital (Vermögen, Einkommen), soziales Kapital (Beziehungen zu einflussreichen Personen und Gruppen), kulturelles Kapital (Wissen, handwerkliche Fertigkeiten, Bildung, akademische Titel usw.) und symbolisches Kapital (persönliche Anerkennung, Prestige, guter Ruf usw.; vgl. Feldmann 2005, S. 53). Bildung als Bestandteil des kulturellen Kapitals kann laut Bourdieu (vgl. Feldmann 2005, S. 254) drei Formen annehmen: Erstens inkorporiertes Kapital wie körpergebundene, verinnerlichte Dispositionen, Einstellungen und Kompetenzen, zweitens objektiviertes Kulturkapital wie Bücher, Bilder, Instrumente, Gebäude usw., drittens institutionalisiertes Kulturkapital wie Schulabschlüsse und andere hochwertigen

Qualifikationsnachweise. Zwar betont Bourdieu, dass das Kulturkapital vor allem von den Eltern auf die Kinder übergeht, was sich etwa in der relativen Undurchlässigkeit der Bildungssysteme für Angehörige verschiedener sozialer Schichten oder Gruppen erweist. Wenn sich auch in den 1970er-Jahren die soziale Durchlässigkeit des Bildungssystems vorübergehend vergrößerte, hat sich dieser Trend ab Ende der 1980er-Jahre wieder umgekehrt. Doch trifft es sicher bis heute zu, dass – auch wenn es einigen Unterprivilegierten gelingt, aufzusteigen, „die wichtigsten Gruppen … in ihren Relationen relativ konstant und die hierarchische Ordnung … stabil" bleiben (Feldmann 2005, S. 255). Ja, Bourdieu (vgl. Feldmann 2005, S. 255) spricht von „symbolischer Gewalt" (vgl. auch Kramer 2013, S. 118 ff.), die im Bildungssystem auf bildungsferne Kinder ausgeübt wird. Umso wichtiger ist nach wie vor für alle Menschen und egal welcher sozialer Herkunft, dass sie ständig ihr Bildungskapital vergrößern oder zumindest bewahren. Denn immer noch lässt sich kulturelles Kapital weitaus leichter erwerben als etwa ökonomisches, soziales oder symbolisches Kapital.

Dabei sollte man jedoch nicht den Fehler machen, Chancengleichheit im Bildungssystem mit mangelnder Leistungsfähigkeit gleichzusetzen, wie dies von gewissen neoliberalen Bildungspolitikern gemacht wurde. Die OECD (2001, S. 1919 f., 2002, S. 107) hat gezeigt, dass Gleichheit und hohe Leistung, aber auch Ungleichheit und niedrige Leistung parallel gehen können, wie die Matrix in Tab. 3.3 zeigt (Achtung: die Aufstellung bezieht sich auf 2001/2002):

In jüngster Zeit hat – wohl als Gegenbewegung zu den Bildungsreformen und zur Reformpädagogik der 1960er- und 1970er-Jahre – das Pendel wieder in die andere Richtung ausgeschlagen: Angebliche oder wirkliche Leistung wird als Hauptkriterium für die Qualität von Bildungsangeboten genommen, obwohl das Bildungssystem vor allem Selektion produziert. Das zeigt sich unter anderem daran, dass die soziale Mobilität im Bildungsbereich in den letzten 20 Jahren eher abgenommen hat. So war noch 2010 die Wahrscheinlichkeit für ein Kind, dessen Eltern der untersten sozialen Schicht angehörte, in die höchste Bildungskategorie aufzusteigen, rund 40mal tiefer als bei einem Kind, dessen Eltern bereits der obersten Bildungs- und Einkommensgruppe angehörten (vgl. El-Mafaalani 2012, S. 42). So sprach etwa El-Mafaalani (2012, S. 23) von einer „Illusion Chancengleichheit" und folgerte: „die deutsche Schule ist also nur unzureichend in der Lage, sozial ungleiche Startchancen auszugleichen", weil „sich im deutschen Bildungssystem wie kaum in einem anderen soziale Ungleichheiten reproduzieren", (vgl. El-Mafaalani 2012, S. 23).

Tab. 3.3 Leistungs-Gleichheits-/Ungleichheitsmatrix. (Quelle: Feldmann 2005, S. 266, nach OECD 2001, S. 191 f., 2002, S. 107)

	Hohe Leistung	Niedrige Leistung
Gleichheit	Kanada, Finnland, Schweden	Italien, Spanien
Ungleichheit	Belgien (fläm. Teil), Großbritannien	Deutschland, Ungarn, Portugal

Im Unterschied zu Organisationen wie die Weltbank oder die OECD, welche Bildung oft eng ökonomisch verstehen und instrumentalisieren und mit Bildung nicht mehr als „short-term retraining and adaption" meinen (Singh 2002, S. 18, zitiert nach Spring 2009, S. 67), legt die UNESCO das Schwergewicht auf die Entwicklung des Individuums und auf lebenslanges Lernen. Madhu Singh (2002, S. 18) kritisiert die anderen Organisationen, dass sie und die meisten nationalen Regierungen stärker um die nationale Wettbewerbsfähigkeit und um das Wirtschaftswachstum besorgt sind als um die Entwicklung des Individuums. Demgegenüber stellt die UNESCO die Einheit der Kulturen und der politischen Organisationen auf der Basis der Menschenrechte ins Zentrum. Ziel ist eine lernende Gesellschaft und lebenslanges Lernen der Menschen auf der Basis der Menschenrechte. Ein zweiter Schwerpunkt liegt auf dem Aufbau der Demokratie. Und als dritten Schwerpunkt formulierte die UNESCO die persönliche, individuelle Entwicklung im Gegensatz zur wirtschaftlichen Entwicklung: Der Bericht der Internationalen Kommission über die Entwicklung der Bildung formulierte das so: „the aim of development is the complete fulfillment of man, in all the richness of his personality, the complexity of his forms of expression and his various commitments – as individual, member of a familiy and of a community, citizen and producer, inventor of techniques and creative dreamer" (Faure et al. 1972, zitiert nach Spring 2009, S. 67).

Neuere Studien haben gezeigt, dass Bildung und Bildungsangebote volkswirtschaftlich äußerst wichtig sind. Das zeigt sich etwa beim Angebot vorschulischer Betreuungsmöglichkeiten. So schnitten etwa Schülerinnen und Schüler, die zuvor mehr als ein Jahr lang vorschulische Einrichtungen besucht haben, in den Pisa-Tests deutlich besser ab als ihre gleichaltrigen Kolleginnen und Kollegen (vgl. Müller 2011). Andere Studien ergaben, dass je besser die Leistungen der Schülerinnen und Schüler eines Landes zwischen 1960 und 2000 bei internationalen Vergleichstests waren, umso höher das durchschnittliche Wachstum des realen Bruttoinlandprodukts pro Kopf im betreffenden Land lag (vgl. Müller 2011). Allerdings müsste man hier einwenden, dass die besseren Leistungen der Schülerinnen und Schüler auch die Folge des besseren Bildungssystems in Ländern mit größerer Wirtschaftsleistung sein könnte.

OECD-Studien haben ergeben, dass Hochschuldiplome und berufsorientierte Weiterbildungen in der Regel zu einem erhöhten Einkommen führen (vgl. Rist 2013). Laut OECD ist der Zusammenhang zwischen guter Ausbildung und Einkommen eindeutig: „Eine tertiäre Ausbildung verschafft in der Regel nicht nur mehr Selbstvertrauen und Sozialprestige, sie wirkt gemäß der umfassenden Erhebung auch eindeutig als Schutzschild gegen Arbeitslosigkeit und garantiert klare Einkommensvorteile" (Rist 2013). Die Vorteile heben dabei die Opportunitätskosten – also die entgangenen Einkommen in der Studienzeit – unzweifelhaft auf. Allerdings ist der Einkommensvorteil durch ein tertiäres Studium in den einzelnen Ländern unterschiedlich.

Jedoch kommt es auch darauf an, welche Bildungsinhalte vermittelt werden. Nach Meinung von Papst Franziskus müsste Bildung „ein ‚ökologisches Bürgertum' ... schaffen" (Laudato si 2015, S. 211), das aus einer tragfähigen Motivation heraus Gesetze und Regeln akzeptiert, um ein besseres ökologisches und soziales Verhalten sicherzustellen und eine persönliche Verwandlung eines jeden zu ermöglichen: „Nur von der Pflege solider Tugenden aus ist eine Selbsthingabe in einem ökologischen Engagement möglich. Wenn jemand, obwohl seine wirtschaftlichen Verhältnisse ihm erlauben, mehr zu verbrauchen und auszugeben, sich gewohnheitsmäßig etwas wärmer anzieht, anstatt die Heizung anzuzünden, bedeutet das, dass er Überzeugungen und eine Gesinnung angenommen hat, die den Umweltschutz begünstigen" (Laudato si 2015, S. 211). Ja, Franziskus forderte eine „ökologische Umkehr" (Laudato si 2015, S. 217), ohne die eine nachhaltige Änderung unserer Gewohnheiten nicht möglich sei. Bestandteil einer solchen ökologischen Umkehr seien Genügsamkeit und Demut (vgl. Laudato si 2015, S. 224).

Doch wenden wir uns nun der Finanzierung der Bildung zu. Während in den 1970er-Jahren in den meisten hoch entwickelten Ländern für freie und allen zugängliche Bildung gekämpft wurde und sich durch eine Vielzahl von Bildungsreformen – trotz verschiedener Rückschläge – die Durchlässigkeit der Bildungssysteme verbesserte, verkehrte sich diese Entwicklung ab Ende der 1980er-Jahre unter dem Einfluss des Neo-Liberalismus.

In den USA nahmen zwischen 1989 und 2014 die staatlichen Bildungskosten nominal von 37,5 auf 83,5 Mrd. $ zu, was inflationsbereinigt eine Zunahme von 7,9 % bedeutete (vgl. Braunschweig 2016, S. 29). Allerdings stieg die Zahl der Studierenden um 50 % bei gleichzeitiger Zunahme der Kosten um 50 %, was bedeutet, dass in den vergangenen 25 Jahren die staatlichen Beiträge an die Ausbildung pro Person netto um 24 % gefallen waren (vgl. Braunschweig 2016, S. 29).

Die USA sind das Land mit den größten jährlichen Ausbildungskosten pro Student, nämlich 26.000 $. Damit belaufen sich die Bildungskosten während vier Jahren – ohne Lebenshaltungskosten – auf über 100.000 $ pro Student. Auch noch sehr hoch, aber doch deutlich tiefer sind die Bildungskosten – bei über 20.000 $ pro Jahr – in Kanada, Dänemark, Schweden und in der Schweiz (vgl. Braunschweig 2016, S. 29).

Nicht nur in den USA, sondern auch zunehmend in Europa wurden die Kosten der Bildung zunehmend den Auszubildenden und Studierenden auferlegt. Während 1989 in den USA die noch deutlich tieferen Ausbildungskosten zu knapp 25 % von den Studierenden selbst getragen wurden, lag 2014 die Belastung der Studierenden und ihrer Familien bei 47 % der deutlich höheren Bildungskosten, also bei über 12.000 $ pro Jahr – ohne Lebenshaltungskosten. Deshalb nahmen 2016 von den rund 20 Mio. neuen Studierenden 12 Mio. ein Studiendarlehen auf, Tendenz steigend. Dieses muss in der Regel über einen Zeitraum von 10 Jahren abgestottert werden (vgl. Braunschweig 2016, S. 29).

Während etwa in der Schweiz nach 1985 die öffentlichen Stipendien kaum oder nur wenig anstiegen, wurden die Studiendarlehen, welche von den Studierenden nach Studienabschluss zurückzuzahlen sind, massiv ausgebaut. In der Schweiz sind die Stipendienzahlungen an Studierende seit 2004 zurückgegangen, und zwar sowohl, was die Zahl der Stipendienempfänger/innen als auch die ausbezahlten Stipendienbeiträge anbetrifft. Gleichzeitig entstanden private Firmen, welche private Studienkredite als Investition propagierten.

Es scheint, dass der Vorschlag des liberalen Ökonomen Milton Friedmans von 1955 zunehmend Tatsache wird, wonach die Studierenden einen bestimmten Prozentsatz ihres künftigen Einkommens über dem Existenzminimum an einen Gläubigen verpfänden sollen, um ein Darlehen zu erhalten, das sie dann nach dem Eintritt in das Berufsleben abbezahlen.

In den USA, wo die Privatisierung der Bildungskosten sehr viel weiter fortgeschritten ist, übertraf 2012 die Verschuldung über Studiendarlehen erstmals die Kreditkartenschulden (vgl. Eisenring 2012). Viele junge Familien in den USA ächzen über die Rückzahlung ihrer Studienkosten. Oft haben Eltern im Alter von 40 Jahren noch Schulden aus der eigenen Studienzeit, wenn sie eigentlich bereits Geld für die Ausbildung ihrer Kinder sparen sollten. So zahlten sogar der ehemalige Präsident Barack Obama und seine Frau Michelle erst vier Jahre vor seiner Wahl zur Präsidentschaft ihre letzten Studiendarlehen zurück (vgl. Eisenring 2012).

In den USA wachsen die Studiengebühren seit Jahren fast ungebremst. 2010 mussten die Amerikaner 26 % des Durchschnittsgehalts für Ausbildungsgebühren bezahlen, 1980 waren es erst 11 % gewesen (vgl. Eisenring 2012).

Bis 25 Jahre lang müssen ehemalige Studierende in den USA ihre Darlehensschulden zurückzahlen. Obwohl danach, wenn das Darlehen nicht vollständig zurückbezahlt ist, der Rest erlassen wird, ist die Schuldenlast drückend. Wenn man dann noch berücksichtigt, dass längst nicht jeder Studienabgänger nach dem Studium einen bezahlten Job erhält – die Generation Praktikum lässt grüßen – kann man sich die Belastung vorstellen. So hatten 2012 mehr als 10 % nach dem Studienabschluss mehr als 39.000 US$ Schulden. 2015 lag der Anteil der Studienschulden bei immerhin 10 % der Gesamtverschuldung der Privathaushalte (vgl. Lanz 2016, S. 29). Mögliche Konsequenz: Ein Leben voller Schulden für einen erheblichen Teil der Bevölkerung: Kreditkartenschulden, Studiendarlehen, Haushypothek, Ausbildungskosten der Kinder und später kein Geld oder gar Verarmung im Pensionsalter. 2015 nahmen die Studien-Schulden in den USA um 10 % oder 75 Mrd. US$ zu, also fast so viel wie die Autokredite (Zunahme 100 Mrd. $ oder 11 %) (vgl. Lanz 2016, S. 29). Erheblich – und deutlich größer als in anderen Kreditbereichen – sind auch die Ausfälle bei der Rückzahlung von Studienkrediten. So waren Ende 2015 11,6 % aller Studien-Darlehen mit der Rückzahlung um mehr als 90 Tage im Rückstand, während es bei den Autokrediten nur 3,4 % waren (vgl. Lanz 2016, S. 29).

Selbst wenn die Schuldenlast und die Rückzahlungspflicht verringert wird – wie etwa in einem Dekret von Barack Obama, der eine Begrenzung der Rückzahlung auf höchstens 10 % des Jahreseinkommens und während längstens 20 Jahren erließ – kann die Verschuldung der Studierenden während des Studiums nicht die Lösung für das Finanzierungsproblem des Bildungswesens sein. Dies umso mehr, als immer mehr private Bildungsanbieter versuchen, mit der Bildung das große Geschäft zu machen.

Angesichts der Tatsache, dass in den letzten 20 Jahren die steigenden Bildungskosten zunehmend den einzelnen Individuen auferlegt wurden, stellt sich die Frage, wie die Bildung in Zukunft finanziert werden soll.

Das Recht auf Bildung gehört zu den Menschenrechten und wird von kaum jemandem bestritten. Leider konnte ein umfassendes Recht auf Bildung bis jetzt nur für einen kleinen Teil der Weltbevölkerung durchgesetzt werden, und für viele Menschen auch in den entwickelten Ländern nur teilweise.

Im Bildungs- und Weiterbildungsbereich gibt es zwei grundsätzliche Probleme, die miteinander zusammenhängen: Zum einen erhalten die Menschen je nach sozialer Stellung, finanziellen Möglichkeiten und sozio-kulturellem Umfeld sehr unterschiedliche Bildung. Die Unterschiede sind sowohl qualitativer als auch quantitativer Art. Abgesehen von einigen unverbesserlichen Neo-Liberalen glaubt heute wahrscheinlich niemand mehr, dass der unterschiedliche individuelle Bildungsstand einzig auf unterschiedliche Lernleistungen und Begabungen zurückzuführen ist. Während in den 1960er- und 1970er-Jahren des 20. Jahrhunderts die Bildung als Möglichkeit zum sozialen Aufstieg verstanden und propagiert wurde, unterlag Bildung in den letzten 25 Jahren einem immer stärkeren Kommerzialisierungsdruck. Wie in den USA schon seit langem, wurde – vor allem die höhere – Bildung auch in der übrigen Welt immer mehr zu einem normalen Marktprodukt, das beim Nachfrager wirtschaftliche Ressourcen voraussetzt. Das Ideal des allgemeinen Rechts auf Bildung unabhängig von der wirtschaftlichen Leistungsfähigkeit wurde mehr und mehr durchlöchert.

Zum anderen werden die Bildungsleistungen immer stärker standardisiert, zertifiziert und vereinheitlicht – wie etwa das europaweit eingeführte Bologna-System im Hochschulbereich sehr schön zeigt. Es ist bedauernswert, dass viele Bildungs- und Erwachsenenbildungsverbände diesen Trend brav nachvollziehen. Dabei wird es immer schwieriger, neue, innovative Bildungsangebote, Bildungsinhalte und -methoden auf den Markt zu bringen. Gleichzeitig rufen alle nur noch nach anerkannten Zertifikaten oder Diplomen, die jedoch – wenn überhaupt – nur über oberflächliche, quantitativ standardisierte Verfahren vergeben werden. Sie sagen über die Qualität eines Angebots überhaupt nichts aus – und trotzdem werden sie zum Beispiel als Voraussetzung für die Subventionierung von Bildungsangeboten benutzt.

Die immer stärkere Kommerzialisierung und Ökonomisierung der Bildung zeigt sich insbesondere – aber nicht nur – auch im tertiären Aus- und Weiterbildungsbereich. Wenn ein MBA an einer renommierten Wirtschaftshochschule 80.000 oder 100.000 EUR oder mehr kostet, wird Bildung sehr schnell zu einem Exklusivrecht der Wohlbetuchten.

Dazu passt auch, dass zum Beispiel in der Schweiz Studien über die Weiterbildung gezeigt haben, dass genau diejenigen Menschen, die über keine oder geringe Ausbildung verfügen, in der Folge auch am wenigsten Weiterbildungen besuchen, während die bestausgebildeten Menschen auch am meisten Weiterbildungen belegen. Es entsteht also so etwas wie eine Schere zwischen gut und immer besser Ausgebildeten auf der einen Seite und den schlecht Ausgebildeten und wenig Qualifizierten auf der anderen Seite.

Dagegen sollte – nicht zuletzt aus volkswirtschaftlichen Überlegungen – etwas unternommen werden. So wurde vorgeschlagen, dass jeder Mensch – unabhängig von seiner Intelligenz, unabhängig von seiner Vorbildung, unabhängig von seinen wirtschaftlichen Ressourcen oder von seiner sozialen Zugehörigkeit – im Laufe seines Lebens Anspruch auf Aus- und Weiterbildungen haben, die eine für alle geltende Mindestdauer umfassen sollten.

Zwei Wissenschaftler an der Universität Freiburg/Schweiz, Reiner Eichenberger, Professor für Theorie der Finanz- und Wirtschaftspolitik, und Anna Maria Koukal, Assistentin im Fachbereich Volkswirtschaft, haben vorgeschlagen, dass jeder Einwohner und jede Einwohnerin der Schweiz bei Erreichen der Volljährigkeit ein Bildungskonto von Fr. 40.000 bis Fr. 70.000 (also rund 37.000 bis 65.000 EUR) erhalten soll (vgl. Fischer 2014). Dabei soll das Bildungskonto sukzessive aufgestockt und jedem Kind jährlich ein bestimmter Betrag gutgeschrieben werden. Auf der anderen Seite sollen die – teilweise sehr unterschiedlich hohen – Subventionen abgebaut und die Studiengebühren erhöht werden. Was an Bildungsguthaben bis zur Pensionierung nicht beansprucht wird, soll in die Altersvorsorge fließen. Zur Finanzierung des Bildungskapitals schlagen die beiden Wissenschaftler eine Bildungsgenossenschaft vor, die mit angesparten Vermögenswerten und -ansprüchen der Schweiz bzw. staatlicher Unternehmen alimentiert wird, zum Beispiel von Swisscom, Post, überschüssigen Reserven der Nationalbank, Bundesbesitz an Liegenschaften und den gigantischen Reserven der Schweizerischen Unfallversicherungsanstalt SUVA von aktuell 42 Mrd. Franken (vgl. Fischer 2014). Aus den Erträgen dieser Vermögenswerte sollen die Bildungsbeiträge finanziert werden. Als Schwachstelle dieses Konzepts nennen die beiden Initiatoren die Tatsache, dass die ausländischen Studierenden – die zur Qualitätssteigerung des Bildungssystems beitragen – daraus heraus fallen. Deshalb sollte auch sie aus den allgemeinen staatlichen Mitteln unterstützt werden, meinen die beiden Wissenschaftler. Eichenberger und Koukal begründen ihr Modell unter anderem damit, dass die realen Einkommen in der Schweiz heute weit weniger als früher von der Wirtschaftspolitik abhängen, sondern künftig fast nur durch die individuellen Fähigkeiten und die formelle Ausbildung des Einzelnen bestimmt sein werden (Fischer 2014). Zu dieser Voraussage mag man stehen, wie man will – auf jeden Fall ist das vorgeschlagene Modell bedenkenswert.

Grundsätzlich sollte **jeder Mensch bei seiner Geburt ein Bildungskonto** erhalten, das es im Laufe seines Lebens ausschöpfen kann. Das Bildungskonto sollte mit einem zeitlich definierten Bildungsguthaben gefüllt sein. Mit jeder Aus- und Weiterbildung wird das Bildungskonto entsprechend belastet. Dabei muss das im Bildungskonto angesammelte Bildungskapital finanziell durch staatliche Beiträge sichergestellt werden.

Der zeitliche Umfang und die finanzielle Höhe des für alle Menschen gleichen Bildungsguthabens muss im Rahmen der politischen Diskussion ausgehandelt und regelmäßig neu festgelegt werden.

Der liberale Think Tank Avenir Suisse hat die Idee eines Bildungskonto einmal konkret durchgerechnet. Er schlug vor, jedem Kind – etwa im Alter von 4 Jahren – einen gleich hohen Betrag auf ein Bildungskonto gutzuschreiben. Laut Avenir Suisse soll ein solches Bildungskonto wie folgt funktionieren:

Aus diesem Konto können ausschließlich zu definierende Bildungsleistungen finanziert werden, die nun kostenpflichtig sind. Die Preise werden durch die Bildungsanbieter festgesetzt, die miteinander im Wettbewerb stehen. Bis zur Volljährigkeit entscheiden die Eltern über die Verwendung der Gelder. Das Konto darf weder auf andere Personen übertragen noch für fremde Zwecke (z. B. Betreuungsleistungen) gebraucht werden. Die Mittel stammen aus den allgemeinen Haushalten der Staatsebenen, der zentrale Unterschied zu den heutigen Verhältnissen besteht aber darin, dass die Verfügungsmacht von den Anbietern zu den Nachfragern der Bildungsleistungen wechselt. Die Ausstattung des Kontos sollte im Grundsatz so berechnet werden, dass der Staat im Endeffekt (und bei gleich großen Jahrgängen) gleich viel wie heute für die Bildungsleistungen bezahlt. Im Jahr 2009 flossen – unter Ausklammerung der Grundlagenforschung – gut 29 Mrd. Franken (oder 5,2 % des BIP) öffentlicher Gelder in die Bildung. Die einfachste Variante eines Bildungskontos besteht darin, diesen Gesamtbetrag gleichmäßig auf die Mitglieder eines Jahrgangs aufzuteilen. Angesichts sehr unterschiedlicher Bildungskarrieren würde dies aber zu massiven Umverteilungen führen, denn diese Ausstattung reicht genau für die ‚Durchschnittskarriere‘. Während Studierende an den Hochschulen mit einer massiven Finanzierungslücke konfrontiert wären, bliebe für die Absolventen einer Berufslehre ein beträchtlicher Teil der Mittel übrig (Avenir Suisse 2013).

Obwohl sich bei der Errichtung solcher Bildungskonten eine Reihe von Fragen stellen – so etwa wie teure Ausbildungen wie z. B. Medizinstudium, Ingenieurausbildung usw. insbesondere für Studierende aus wenig finanzkräftigen Familien finanziert werden können, wie verhindert werden kann, dass zu viele teure Ausbildungen ohne entsprechenden Berufschancen auf dem Arbeitsmarkt gewählt werden, ohne die freie Berufswahl einzuschränken, und wie die konkrete Verwaltung dieser Konten erfolgen soll (Bürokratie!) – ist die Idee von Bildungskonten auf jeden Fall bedenkenswert.

Zur konkreten Ausstattung und Organisation der Bildungskonten schrieb Avenir Suisse (2013):

Eine pragmatische und gangbare Lösung besteht somit darin, die Kontoausstattung gestaffelt zu gestalten. Die erste Tranche „Basis" ist für die obligatorische Schulzeit vorgesehen. Für diese ersten elf Schuljahre (inklusive Kindergarten) ist ein Betrag von 200 000 Franken zu veranschlagen. Fast 95 % eines Jahrgangs durchlaufen eine nachobligatorische Ausbildung auf Sekundarstufe II, sei es eine Berufslehre (65 %), eine schulische Berufsbildung (5 %), ein Gymnasium (20 %) oder eine Fachmittelschule (5 %). Für diese große Mehrheit der Jugendlichen wird das Bildungskonto am Beginn dieser Programme um weitere 50 000 Franken aufgestockt (Tranche „Aufbau"). Zu beachten ist, dass – abhängig vom Lehrberuf – viele Absolventen einer Berufslehre diesen Betrag nicht vollständig aufbrauchen werden. Der betriebliche Teil der typischen Lehre verursacht dem Lehrbetrieb keine Kosten, sondern es verbleibt ihm über die Lehrzeit ein Nettoertrag aus den produktiven Leistungen der Lernenden. Angesichts der steigenden organisatorischen Komplexität sind die Kosten für den schulischen Teil der Berufslehre und die überbetrieblichen Kurse in den letzten Jahren zwar gestiegen, aber noch immer deutlich günstiger als die Aufwände für ein Gymnasium. Die Gymnasiasten werden einen kleinen Teil (rund 15 %) der Kosten privat zu tragen haben. Das Gleiche gilt für einige vollschulische Berufsbildungsgänge. Absolventen einer Berufslehre, die kein Fachhochschulstudium absolvieren, können die nicht benötigten Mittel der Tranche „Aufbau" für die höhere Berufsbildung verwenden. Darunter sind einerseits die eidgenössischen Prüfungen (eidg. Berufsprüfung, höhere Fachprüfung) und die entsprechenden Vorbereitungskurse sowie die höheren Fachschulen (HF) zu verstehen. Dieser Zweig der Tertiärbildung (Tertiär B) wird heute überwiegend privat finanziert. Berufsbildungs- und Gewerbekreise kritisieren seit langem eine Ungleichbehandlung: Während der Staat den Maturanden die Ausbildung bis zum Doktorat fast vollständig bezahlt, erhalten Lehrlinge nach der obligatorischen Schule kaum mehr staatliche Ausbildungszuschüsse. Indem die Tranche „Aufbau" für alle gleich viele Mittel enthält, wird hier ein gewisser Ausgleich geschaffen. Wer den Zugang an eine Hochschule erlangt, erhält zusätzlich die Tranche „Tertiär" ausbezahlt. Für den Besuch einer Fachhochschule (FH) oder einer Pädagogischen Hochschule (PH) beträgt die Ausstattung 80 000 Franken, wer sich an einer Universität (UH) einschreibt, erhält 100 000 Franken. Obwohl die jährlichen Kosten der öffentlichen Hand pro Studierenden für die beiden Hochschultypen in etwa gleich hoch sind, rechtfertigt sich diese Differenzierung, denn die Berufsmaturanden werden die Tranche „Aufbau" in der Regel nur teilweise aufbrauchen. Die erwähnten Beträge sind ausreichend, um ein Bachelorstudium in der vorgesehenen Regelstudienzeit von 3 Jahren zu absolvieren. Das Masterstudium und das Doktorat sollen grundsätzlich privat finanziert werden (Avenir Suisse 2013).

Literatur

20 Minuten 10.2.2017: Smartphone-App erstellt eine Lärm-Landkarte. 21.

Abel, Thomas 2014: Gesundheitskompetenz. In: Egger, Matthias/Razum, Oliver (Hrsg.): Public Health. Sozial- und Präventivmedizin kommt. 2. Auflage. Berlin: Walter de Gruyter. 150 f.

Abel, Thomas/Sommerhalder, Kathrin/Bruhin, Eva 2011: Health Literacy/Gesundheitskompetenz. In: Blümel, Stephan/Franzkowiak, Peter/Kaba-Schönstein, Lotte/Nöcker, Guido/Trojan, Alf (Hrsg.): Leitbegriffe der Gesundheitsförderung und Prävention. Glossar zu Konzepten, Strategien und Methoden. Köln: Bundeszentrale für gesundheitliche Aufklärung BZgA. 337 ff.

Alber, Christoph 2004: Zum Rechtsschutz gegen Fluglärm. Insbesondere gegen die Festlegung so genannter Flugrouten. Frankfurt/Main: Peter Lang.

Amrein, Marcel 2016: Eine Erde soll reichen. Die Grünen wollen mit ihrer Volksinitiative die Wirtschaft umbauen. In: Neue Zürcher Zeitung vom 29.6.2016:15.

Amrein, Marcel 2017: Ein durchschlagender Erfolg der SP. Deutliches Volksverdikt gegen die Unternehmenssteuerreform III. In: Neue Zürcher Zeitung vom 13.2.2017. 9.

Avenir Suisse 2013: Ideen für die Schweiz. 44 Chancen, die Zukunft zu gewinnen. Zürich: Avenir Suisse und Verlag Neue Zürcher Zeitung, zitiert nach: http://www.avenir-suisse.ch/23678/ideen-fur-die-schweiz/?article=book&id=23728. Zugriff 29.1.2013.

Bardi, Ugo 2013: Der geplünderte Planet. Die Zukunft des Menschen im Zeitalter schwindender Ressourcen. München: Oekom.

Baumann, Stefanie/Püschner, Michael 2016: Nutzungsszenarien I. In: Flügge, Barbara (Hrsg.): Smart Mobility. Trends, Konzepte, Best Practices für eine intelligente Mobilität. Wiesbaden: Springer Vieweg. 91 ff.

Beck, Ulrich 1986: Risikogesellschaft. Auf dem Weg in eine andere Moderne. Frankfurt/Main: edition suhrkamp.

Bielefeldt, Heiner 2016: Der Menschenrechtsansatz im Gesundheitswesen. Einige Grundsatzüberlegungen. In: Frewer, Andreas/Bielefeldt, Heiner (Hrsg.): Das Menschenrecht auf Gesundheit. Normative Grundlagen und aktuelle Diskurse. Reihe Menschenrechte in der Medizin. Band 1. Bielefeldt: Transcript. 19 ff.

Böhme, Olaf J. 2011: Meher Innovationskraft durch Ideen-Management. In: Böhme, Olaf J./Hauser, Eduard (Hrsg.): Innovationsmanagement. Erkennen und Überwinden von Innovationsbarrieren. Bern: P. Lang. 39 ff.

Bourdieu, Pierre 1982: Die feinen Unterschiede. Kritik der gesellschaftlichen Urteilskraft. Frankfurt: Suhrkamp.

Bourdieu, Pierre 1983: Ökonomisches Kapital, kulturelles Kapital, soziales Kapital. In: Kreckel, Reinhard (Hrsg.): Soziale Ungleichheiten. Göttingen: O. Schwartz.

Braunschweig, Oliver 2016: Wenn Bildung zum Risiko wird. In: Neue Zürcher Zeitung vom 6.4.2016. 29.

Buber, Martin 1966: Ich und Du. Köln: Jakob Hegner.

Bundes-Immissionsschutzgesetz (BImSchG) 2012: Kommentar unter Berücksichtigung der Bundes-Immissionsschutzverordnungen, der TA Luft sowie der TA Lärm. 9. Auflage. Von Hans D. Jarass. München: CH. Beck.

Bundesministerium für Wirtschaft 2010: Rohstoffstrategie der Bundesregierung. Sicherung einer nachhaltigen Rohstoffversorgung Deutschlands mit nichtenergetischen mineralischen Rohstoffen. Berlin: Bundesministerium für Wirtschaft und Technologie. Oktober 2010.

Buwal 2002: Lärm. Lärmbekämpfung in der Schweiz. Stand und Perspektiven. Schriftenreihe Umwelt Nr. 329. Bern: Bundesamt für Umwelt, Wald und Landschaft (Buwal).

Chorus, Silke 2013: Care-Ökonomie im Postfordismus. Perspektiven einer integralen Ökonomie-Theorie. Münster: Westfälisches Dampfboot.

Clifford, James 1997: Routes: Travel and Translation in the Late Twentieth Century. Harvard: Harvard University Press.

Cross, Lilo/Neumann, Bernd 2008: Die heimlichen Krankmacher. München/Zürich: Pendo.

CSR Germany 2017a: CSR Konkret. http://www.csrgermany.de/www/csr_cms_relaunch.nsf/id/csr-konkret-de (Zugriff 25.1.2017).

CSR Germany 2017b: Praxisbeispiele von Unternehmen. http://www.csrgermany.de/www/csr_cms_relaunch.nsf/id/praxisbeispiele-de (Zugriff 25.1.2017).

de Soto, Hernando 1992: Marktwirtschaft von unten. Die unsichtbare Revolution in Entwicklungsländern. Zürich: Orell Füssli.

Dietzsch, Claudius R. 2011: Steigerung der Innovationskraft dank erfolgreicher Bewertung von Ideen. In: Böhme, Olaf J./Hauser, Eduard (Hrsg.): Innovationsmanagement. Erkennen und Überwinden von Innovationsbarrieren. Bern: P. Lang. 61 ff.

Dorsch, Monique 2016: Verkehr und Tourismus. Plauen: M&S-Verlag.

Eisenhut, Peter 2006: Aktuelle Volkswirtschaftslehre. Zürich/Chur: Verlag Rüegger.

Eisenring, Christoph 2012: Studienkredite in den USA – die nächste Blase? In: Neue Zürcher Zeitung vom 24.8.2012.

Ekardt, Felix/Schmidtke, Patrick Kim 2009: Die Reichweite des neuen Fluglärmrechts. Zugleich zu einigen Grundproblemen von Grenzwerten. In: DöV 2009. 187 ff. www.sustainability-justice-climate.eu/files/texts/Vorsorge_und_Grenzwerte.pdf (Zugriff 23.11.2016).

El-Mafaalani, Aladin 2012: BildungsaufsteigerInnen aus benachteiligten Milieus. Habitustransformation und soziale Mobilität bei einheimischen und Türkeistämmigen. Wiesbaden: VS Verlag für Sozialwissenschaften.

Faure, Edgar et al. 1972: Learning To Be: The World of Education Today and Tomorrow. Paris: UNESCO.

Feldmann, Klaus 2005: Soziologie kompakt. Eine Einführung. Wiesbaden: VS Verlag für Sozialwissenschaften.

Ferber, Michael 2011: Ein weites Feld an „grünem Geld". Marketingaufwand der Finanzhäuser für nachhaltige Anlagen trägt Früchte. In: Neue Zürcher Zeitung vom 19.12.2011.

Figge, Frank/Schaltegger, Stefan 2004: Stakeholder Value. Konzept und Messung. In: Schneider, Gerhard (Hrsg.): Ökologie und Shareholder Value – (k)ein Widerspruch? Zürich/Chur: Rüegger. 55 ff.

Finger, Matthias/Jaag, Christian 2016: Flexible Kombination von Verkehrsträgern. In: Neue Zürcher Zeitung vom 23.12.2016. 10.

Fischer, Evelyn 2017: Bauern sollen Hochstammbäume besser pflegen. In: Neue Luzerner Zeitung vom 27.2.2017. 21.

Fischer, Max 2014: Startkapital fürs Leben verlangt. In: Neue Luzerner Zeitung vom 6.1.2014.

Flade, Antje 2003: Vom Homo migrans zum Homo sustinans. In: Politische Ökologie, Mai/Juni 2003. 18 ff.

Flitner, Michael 2007: Lärm an der Grenze. Fluglärm und Umweltgerechtigkeit am Beispiel des binationalen Flughafens Basel-Mulhouse. Stuttgart: Franz Steiner Verlag.

Flügge, Barbara 2016a: Ausgangssituation. In: Flügge, Barbara (Hrsg.): Smart Mobility. Trends, Konzepte, Best Practices für eine intelligente Mobilität. Wiesbaden: Springer Vieweg. 7 ff.

Flügge, Barbara 2016b: Das Ökosystem Mobilität. In: Flügge, Barbara (Hrsg.): Smart Mobility. Trends, Konzepte, Best Practices für eine intelligente Mobilität. Wiesbaden: Springer Vieweg. 37 ff.

Flügge, Barbara 2016c: Einführung. In: Flügge, Barbara (Hrsg.): Smart Mobility. Trends, Konzepte, Best Practices für eine intelligente Mobilität. Wiesbaden: Springer Vieweg. 1 ff.

Flügge, Barbara 2016d: Nutzungsszenarien II. In: Flügge, Barbara (Hrsg.): Smart Mobility. Trends, Konzepte, Best Practices für eine intelligente Mobilität. Wiesbaden: Springer Vieweg. 99 ff.

Franck, Georg 2017: Resonanz und Ressentiment. In: Neue Zürcher Zeitung vom 6.2.2017. 8.

Fraser, Nancy 1997: Justice Interruptus. Critical Reflections on the „Postsocialist" Conditions. New York/London: Routledge.

Gallusser, Martin/Heilmann, Thomas/Ringger, Beat/Schäppi, Hans/Wickli, Johannes 2013: Zu reich für den Kapitalismus. In: VPOD Bildungspolitik vom Mai 2013. 19 ff.

Gentinetta, Katja 2011: Innovation – die beste Form der Anpassung. In: Böhme, Olaf J./Hauser, Eduard (Hrsg.): Innovationsmanagement. Erkennen und Überwinden von Innovationsbarrieren. Bern: P. Lang. 69 ff.

Grasberger, Thomas/Kotteder, Franz 2003: Mobilfunk. Ein Freilandversuch am Menschen. Verlag Antje Kunstmann.

Hackl, Andreas et al. 2016: Bounded Mobilities: An Introduction. In: Gutekunst, Miriam/Hackl, Andreas/Leoncini, Sabina/Schwarz, Julia Sophia/Götz, Irene (Hrsg.): Bounded Mobilities. Ethnografic Perspectives on Social Hierarchies and Global Inequalities. Bielefeld: Transcript. 19 ff.

Hansjürgens, Bernd/Lienhoop, Nele 2015: Was uns die Natur wert ist. Potenziale ökonomischer Bewertung. Marburg: Metropolis.

Henckel, Dietrich 2001: Die Überholspur als der gerade Weg ins Glück? In: Brieskorn, Norbert/Wallacher, Johannes (Hrsg.): Beschleunigen, Verlangsamen. Herausforderung an zukunftsfähige Gesellschaften. Stuttgart: W. Kohlhammer. 1 ff.

Hess, Sabine/Tsianos, Vassilis 2010: Ethnographische Grenzregimeanalysen. Eine Methodologie der Autonomie der Migration. In: Hesse, Sabine/Kasparek, Bernd (Hrsg.): Grenzregime. Berlin/Hamburg: Assoziation A. 243 ff.

Höltschi, René 2017: Die Schweiz riskiert neuen Streit mit der EU. In: Neue Zürcher Zeitung vom 13.2.2017. 10.

Huffschmid, Jörg/Köppen, Margrit/Rhode, Wolfgang (Hrsg.) 2007: Finanzinvestoren. Retter oder Raubritter? Hamburg.

Huo, Jingjing 2015: How Nations Innovate. Oxford: Oxford University Press.

Huster, Stefan 2012: Gesundheit – ein Geschäft? Ethische und rechtliche Grundlagen der Gesundheitspolitik. In: Klein, Bodo/Weller, Michael (Hrsg.): Masterplan Gesundheitswesen 2020. Baden-Baden: Nomos. 21 ff.

Jäggi, Christian J. 2016a: Auf dem Weg zu einer inter-kontextuellen Ethik. Übergreifende Elemente aus religiösen und säkularen Ethiken. Reihe Ethik interdisziplinär. Band 23. Münster: Lit Verlag.

Jäggi, Christian J. 2016b: Volkswirtschaftliche Baustellen. Analyse – Szenarien – Lösungsansätze. Wiesbaden: Springer Gabler.

Jäggi, Christian J./Krieger, David J. 1997: Natur als Kulturprodukt. Kulturökologie und Umweltethik. Basel/Boston/Berlin: Birkhäuser.

Janssen, Annika 2015: Investments für Idealisten. In: Schweizerische Handelszeitung vom 26.2.2015. 30 f.

Kahneman, Daniel 2014: Schnelles Denken, langsames Denken. 19. Auflage. München: Pantheon.

Kannegiesser, Matthias 2015: Klimabilanz im Unternehmen. Herne: NWB-Verlag.

Karafyllis, Nicole C. 2000: Nachwachsende Rohstoffe. Technikbewertung zwischen den Leitbildern Wachstum und Nachhaltigkeit. Opladen: Leske & Budrich.

Klein, Bodo/Weller, Michael (Hrsg.) 2012: Masterplan Gesundheitswesen 2020. Baden-Baden: Nomos.

Knoflacher, Hermann 2014: Das Auto im Kopf. In: oekom e.v. – Verein für ökologische Kommunikation (Hrsg.): Postfossile Mobilität. Zukunftstauglich und vernetzt unterwegs. München: oekom. 25 ff.

Koslowski, Peter 2009: Ethik der Banken. Folgerungen aus der Finanzkrise. München: Wilhelm Fink Verlag.

Kotulla, Michael 2014: Umweltrecht. Grundstrukturen und Fälle. 6., neu bearbeitete Auflage. Stuttgart: Richard Boorberg Verlag.

Kramer, Caroline 2005: Zeit für Mobilität. Räumliche Disparitäten der individuellen Zeitverwendung für die Mobilität in Deutschland. Stuttgart: Franz Steiner Verlag.

Kramer, Rolf-Torsten 2013: Abschied oder Rückruf von Bourdieu? Forschungsperspektiven zwischen Bildungsentscheidungen und Varianten der kulturellen Passung. In: Dietrich, Fabian/Heinrich, Martin/Thieme, Nina (Hrsg.): Bildungsgerechtigkeit jenseits von Chancengerechtigkeit. Theoretische und empirische Ergänzungen unter Alternativen zu ‚PISA‘. Wiesbaden: Springer VS. 115 ff.

Kröner, Anna 2014: Effektivitätsanforderungen an die Lärmaktionsplanung. Strassenverkehrslärm in Ballungsräumen und an Hauptverkehrsstrassen. Marburg: Tectum.

Lanz, Martin 2016: Das Schuldenproblem verlagert sich. In: Neue Zürcher Zeitung vom 13.2.2016. 29.

Latouche, Serge 2015: Es reicht! Abrechnung mit dem Wachstumswahn. München: oekom Verlag.

Laudato si 2015: Enzyklika „Laudato si“ von Papst Franziskus über die Sorge für das gemeinsame Haus. Rom: 24. Mai 2015.

Maio, Giovanni 2014: Geschäftsmodell Gesundheit. Wie der Markt die Heilkunst abschafft. Berlin: Suhrkamp.

Marti, Urs 2009: Die Krise der Demokratie und die Diskreditierung des Wissens. In: Brenner, Robert P. et al. (Hrsg.): Kapitalismus am Ende? Hamburg: VSA. 181 ff.

Meyer, Bernd 2008: Wie muss die Wirtschaft umgebaut werden? Perspektiven einer nachhaltigen Entwicklung. Frankfurt/Main: Fischer Taschenbuch.

Moos, Gabriele 2015: Innovationen aus volkswirtschaftlicher und betriebswirtschaftlicher Perspektive. In: Moos, Gabriele/Peters, André (Hrsg.): Innovationsmanagement in der Sozialwirtschaft. Baden-Baden: Nomos. 23 ff.

Müller, Carsten 2015: Nachhaltige Ökonomie. Ziele, Herausforderungen und Lösungswege. Berlin/Bosten: De Gruyter Oldenbourg.

Müller, Matthias 2011: Es mangelt an vorschulischen Betreuungseinrichtungen. In: Neue Zürcher Zeitung vom 10.8.2011.

Müller, Matthias 2013: Ökonomen in der Pflicht. In: Neue Zürcher Zeitung vom 21.9.2013.

Neubacher, Alexander 2012: Ökofimmel. Wie wir versuchen, die Welt zu retten – und was wir damit anrichten. 4. Auflage. München: Deutsche Verlags-Anstalt.

Neue Zürcher Zeitung 27.10.2016: Gegen dauernde Bestrahlung. 20.

Nowell-Smith, David 2011: David: Studieren für Geld. Die britische Bildungspolitik wird von einem Unternehmer diktiert. In: Le Monde Diplomatique (deutsche Ausgabe). März 2011.

OECD (Hrsg.) 2001: Knowledge and Skills for Life. First Results from PISA 2000. Paris.

OECD (Hrsg.) 2002: Bildung auf einen Blick. OECD-Indikatoren 2002. Paris.

Rat für Nachhaltige Entwicklung 2015: Was ist Nachhaltigkeit? www.nachhaltigkeitsrat.de/nachhaltigkeit. Zugriff 14.9.2016.

Rechsteiner, Rudolf 2014: Können Shareholder die Umweltpolitik ersetzen? In: Schneider, Gerhard (Hrsg.): Ökologie und Shareholder Value – (k)ein Widerspruch? Zürich/Chur: Rüegger. 37 ff.

Reheis, Fritz 2003: Entschleunigung. Abschied vom Turbokapitalismus. München: Riemann Verlag.

Reisner, Marc 2011: Nachhaltigkeit ist nicht gleich Nachhaltigkeit. In: Swiss Sustainability Guide 2011. Eine gemeinsame Beilage der Schweizerischen Handelszeitung, der Bilanz und Stocks.

Rist, Manfred 2013: Eine höhere Ausbildung lohnt sich. In: Neue Zürcher Zeitung vom 26.6.2013.

Rogall, Holger 2015: Grundlagen einer nachhaltigen Wirtschaftslehre. Volkswirtschaftslehre für Studierende des 21. Jahrhunderts. 2. Auflage. Marburg: Metropolis-Verlag.

Rohnheimer, Martin 2016: Armut: Business ist die Lösung. In: Neue Zürcher Zeitung vom 5.4.2016. http://austrian-institute.org/armut-business-ist-die-loesung/ (Zugriff 23.12.2016).

Rosa, Harmut 2005: Beschleunigung. Die Veränderung der Zeitstrukturen in der Moderne. Frankfurt/Main: Suhrkamp Taschenbuch Wissenschaft.

Rosa, Harmut 2012: Was heisst und zu welchem Ende sollen wir entschleunigen? Veränderungen in modernen Zeitstrukturen. In: Fischer, Ernst Peter/Wiegandt, Klaus (Hrsg.): Dimensionen der Zeit. Die Entschleunigung unseres Lebens. Frankfurt/Main: Fischer Taschenbuch. 35 ff.

Saliger, Frank 2012: Umweltstrafrecht. München: Franz Vahlen.

Schebek, Liselotte/Becker, Beatrix F. 2014: Substitution von Rohstoffen – Rahmenbedingungen und Umsetzung. In: Kausch, Peter/Bertau, Martin/Gutzmer, Jens/Matschullat, Jörg (Hrsg.): Strategische Rohstoffe – Risikovorsorge. Berlin/Heidelberg: Springer Spektrum. 3 ff.

Schieritz, Mark 2009: Unternehmen oder Staat? Der Beitrag der Corporate Social Responsibility zur Transparenz in der Rohstoffindustrie. In: Bleischwitz, Raimund/Pfeil, Florian (Hrsg.): Globale Rohstoffpolitik. Herausforderungen für Sicherheit, Entwicklung und Umwelt. Baden-Baden: Nomos.

Schmidt-Radefeldt, Roman 2000: Ökologische Menschenrechte. Ökologische Menschenrechtsinterpretation der EMRK und ihre Bedeutung für die umweltschützenden Grundrechte des Grundgesetzes. Dissertation. Baden-Baden: Nomos.

Schneider, Markus et al. 2016: Gesundheitswirtschaftliche Gesamtrechnung 2000–2014. Gutachten für das Bundesministerium für Wirtschaft und Energie. Europäische Schriften zu Staat und Wirtschaft. Band 40. Baden-Baden: Nomos.

Schöchli, Hansueli 2016: Die 5-Rappen-Gebühr hat gewirkt. Starke Reduktion des Gebrauchs von Plasticsäcken durch Migros-Kunden. In: Neue Zürcher Zeitung vom 19.11.2016.

Schumacher, Lutz 2015: Innovationskultur als Treiber des Unternehmenserfolgs. In: Moos, Gabriele/Peters, André (Hrsg.): Innovationsmanagement in der Sozialwirtschaft. Baden-Baden: Nomos. 35 ff.

Schumpeter, Joseph A. 2010: Konjunkturzyklen. Eine theoretische, historische und statistische Analyse des kapitalistischen Prozesses. Band 1. Stuttgart: UTB.

Schutkin, Andreas 2015: Das Geheimnis des Neuen: Wie Innovationen entstehen. Ein Plädoyer für mehr Abenteuer im Unternehmen. Wiesbaden: Springer Gabler.

Sen, Amartya 2003: Ökonomie für den Menschen. Wege zu Gerechtigkeit und Solidarität in der Marktwirtschaft. 2. Auflage. München: Deutscher Taschenbuch Verlag.

Siegenthaler, Claude Patrick 2006: Ökologische Rationalität durch Ökobilanzierung. Eine Bestandsaufnahme aus historischer, methodischer und praktischer Perspektive. Marburg: Metropolis-Verlag.

Singh, Madhu 2002: The Global and International Discourse of Lifelong Learning from the Perspective of UNESCO. In: Harney, Klaus/Heikkinen, Anja/Rahn, Sylvia/Shemmann, Michael (Hrsg.): Lifelong Learning: One Focus, Different Systems. Frankfurt/Main: Peter Lang.

Spring, Joel 2009: Globalization of Education. An Introduction. New York/London: Routledge.

Stefano, Roberto 2011: Nachhaltige Ernüchterung. In: Schweizerische Handelszeitung vom 26.5.2011.

Stieglitz, Nils 2014: Das Risiko kreativer Lösungen. In: Neue Zürcher Zeitung vom 17.12.2014. 28.

Stöcker, Birgit 2007: Elektrosmog – eine reale Gefahr. Aachen: Shaker Verlag.

Stoecker, Ralf/Neuhäuser, Christian/Raters, Marie-Luise (Hrsg.) 2011: Handbuch Angewandte Ethik. Stuttgart/Weimar: Verlag J. B. Metzler.

Stoermer, Nikolas Bernhard 2005: Der Schutz vor Fluglärm unter besonderer Berücksichtigung der luftverkehrsrechtlichen Zulassung von Flughäfen und der Festlegung der Flugverfahren. Dissertation. Berlin: Logos Verlag.

Stüttgen, Manfred 2014: Ethisch investieren. Chancen und Grenzen moralisch begründeter Geldanlage. Frankfurt/Main: Peter Lang.

Wackernagel, Mathis 2015: Die ideale Welt ist keine Footprint-Welt – Interview mit Mathis Wackernagel. In: Beyers, Bert et al. (Hrsg.): Grosser Fuss auf kleiner Erde? Bilanzieren mit dem Ecological Footprint. Anregungen für eine Welt begrenzter Ressourcen. 64 ff.

Wackernagel, Mathis/Beyers, Bert 2010: Der Ecological Footprint. Die Welt neu vermessen. Hamburg: Europäische Verlagsanstalt.

Weiss, Mario 2016: Zwischen Stören und Bewahren: Innovation bedeutet Wettbewerbsfähigkeit. In: Weiss, Mario (Hrsg.): Handlungskompetenz Innovation. Zugänge und Methoden für radikale Sprünge und Innovations-Managementsysteme. Bern: Haupt. 9 ff.

Wiesmann, Matthias 2014: Solidarwirtschaft. Verantwortung als ökonomisches Prinzip. Basel: Futurum Verlag.

Wolter, Stefan C. 2013: Ein ökonomischer Blick auf die Chancengerechtigkeit im (schweizerischen) Bildungswesen. In: Bucher, Rolf/Bühler, Patrick/Bühler, Thomas (Hrsg.): Bildungsungleichheit und Gerechtigkeit. Wissenschaftliche und gesellschaftliche Herausforderungen. Bern: Haupt. 229 ff.

Wössmann, Ludger 2015: Bildung schafft Wohlstand. In: Neue Zürcher Zeitung vom 21.10.2015. 29.

WWF 2009: Der touristische Klima-Fussabdruck. Hamburg: Internationales WWF-Zentrum für Meeresschutz.

Zimmermann, Friedrich M. 2016: Was ist Nachhaltigkeit – eine Perspektivenfrage? In: Zimmermann, Friedrich M. (Hrsg.): Nachhaltigkeit wofür? Von Chancen und Herausforderungen für eine nachhaltige Zukunft. Berlin/Heidelberg: Springer Spektrum. 1 ff.

Zimmermann, Friedrich M./Pizzera, Judith 2016: Nachhaltiger Tourismus – Realität oder Chimäre? In: Zimmermann, Friedrich M. (Hrsg.): Nachhaltigkeit wofür? Von Chancen und Herausforderungen für eine nachhaltige Zukunft. Berlin/Heidelberg: Springer Spektrum. 171 ff.

Fazit und Ausblick

4

Zuerst einmal fällt auf, dass die ökologische Sicht und das ökonomische Verständnis vieler gesellschaftlicher und besonders umweltspezifischer Fragestellungen diametral verschieden sind. Doch es bringt nichts, in eine sterile oder gar ideologische Frontstellung zu verfallen. Ebenso wenig produktiv ist es, die unterschiedlichen Sichtweisen und die damit verbundener divergierenden Interessen zu leugnen oder in ein ökonomisches „Greenwashing" abzugleiten.

Man könnte die ökologische und die betriebswirtschaftliche Sichtweise auf einem Kontinuum ansiedeln, allerdings eines mit Brüchen, Widersprüchen und Gegensätzen. Sozusagen dazwischen liegt der volkswirtschaftliche Approach, siehe Abb. 4.1.

Diese Darstellung zeigt auch, dass die Volkswirtschaftslehre eine vermittelnde Funktion zwischen Ökologie und Betriebswirtschaft einnimmt – oder stärker einnehmen könnte. Wichtige Ansätze dazu sind etwa Ökobilanzen oder das Konzept des „ecological footprints".

Dabei macht es durchaus Sinn, in der Ökologie betriebswirtschaftlich zu rechnen – und umgekehrt in der Betriebswirtschaft ökologisch zu denken. Jedoch müssen beide Seiten lernen, mit bestehenden Widersprüchen zu leben und ihre eigenen Grenzen zu akzeptieren.

Auch der Blickwinkel der Ökologie ist interessenbasiert, genau wie derjenige der Betriebswirtschaft. Welches Verständnis von Gemeininteresse steht hinter der jeweiligen ökologischen Sicht? Vertreten wir eine anthropozentrische Ethik, also eine Ökologie aus der (alleinigen?) Sicht der Menschen? Folgen wir einer pathozentrischen Ethik, die die (angenommenen) Interessen aller leidensfähigen Lebewesen ins Zentrum stellt? Oder orientieren wir uns an einer biozentrischen Ethik, die jegliches Leben als schützenswert ansieht? Jedes Ökosystem kann auf unterschiedlichsten Ebenen analysiert werden: auf der Ebene des Stoffwechsels, des Energieaustauschs, der Entwicklung von Populationen,

© Springer Fachmedien Wiesbaden GmbH 2017

C.J. Jäggi, *Ökologische Baustellen aus Sicht der Ökonomie,*
DOI 10.1007/978-3-658-16821-6_4

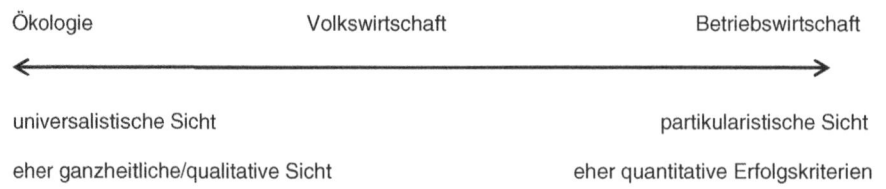

Abb. 4.1 Ökologie, Volkswirtschaft und Betriebswirtschaft als Kontinuum

der Interaktionen von Lebewesen oder als umfassende Biogeozönose, also als umfassendes und vielschichtiges System von abiotischen und biotischen Faktoren, Akteuren und Elementen.

Auch eine Fabrik, welche durch ungereinigte Abwässer die Umwelt schädigt oder durch ungereinigte Abgasen die Luft verpestet, stellt – langfristig – mit der sie umgebenden Umwelt ein Ökosystem dar, nur eines, das einzelnen Pflanzenarten, bestimmten Tieren oder den Menschen nicht mehr die erforderlichen Lebensbedingungen garantiert. Mit anderen Worten: Auch die ökologische Sicht hängt immer von der Perspektive einzelner Akteure oder Gruppen ab.

Umgekehrt gibt es durchaus auch betriebswirtschaftliche Konzepte, welche im Gegensatz etwa zu einer rein Shareholder-Value-zentrierten Sicht, welcher ausschließlich der Gewinnmaximierung und Steigerung der Aktienkurse verpflichtet ist, nicht nur Partikularinteressen verfolgen. So versucht der Stakeholder-Value-Ansatz direkt und indirekt am Produktionsprozess Beteiligte, aber auch das sozio-kulturelle Umfeld in seine Strategie und in sein unternehmerisches Handeln mit einzubeziehen.

Wirtschaftliche Innovationen haben immer auch ihre dunklen Seiten, die sich aber häufig erst nach längerer Zeit zeigen. Viele – wenn nicht gar die meisten – ökologischen Probleme sind von Menschen verursacht.

Umweltprobleme sind oft die Folge davon, dass ihre Verursacher nicht vorausschauend und ganzheitlich genug denken, um sie zu erkennen oder sie zu vermeiden. Die meisten ökologischen Schwierigkeiten sind nicht gottgewollt oder schicksalsbedingt, sondern direkte oder indirekte Folge unserer Lebensweise, unserer Technologie und unseres Wirtschaftssystems. Dabei gilt es, den Nutzen und die Kosten von Produkten, Dienstleistungen und Verhaltensweisen gegeneinander abzuwägen, und zwar sowohl marktintern als auch marktextern. Wenn die externen Kosten zu groß werden – z. B. in Form gravierender Auswirkungen auf die Umwelt oder den sozialen Frieden –, dann sollten die entsprechenden Güter und Dienstleistungen vom Markt genommen oder strikten Marktregeln unterworfen werden.

Nur wenn die Betriebswirtschaft lernt, ökologisch und längerfristig zu rechnen – und umgekehrt die Ökologie auch betriebswirtschaftlich kalkuliert, wird unsere Zivilisation auch in Zukunft eine Chance haben.

The manufacturer's authorised representative in the EU is Springer
Nature Customer Service Centre GmbH, Europaplatz 3, 69115 Heidelberg,
Germany. If you have any concerns regarding our products, please
contact ProductSafety@springernature.com

Printed and bound by CPI Group (UK) Ltd, Croydon, CR0 4YY
26/04/2026
02097302-0020